新・有機資源化学
エネルギー・環境問題に対処する

平野勝巳　古川茂樹　菅野元行
真下　清　鈴木庸一　山口達明

三共出版

序に代えて　　　　循環型社会と有機資源

　新世紀，新ミレニアムを迎えた高揚から10年。今年2011年には，自然の恵みということを改めて考えるべき時機到来が啓示された。
　E. ラザフォードによって原子核の存在が明らかにされてからちょうど100年目でもある。核反応による元素の転換に成功した核物理学者は，現代の錬金術師と称せられることもある。しかし，天空神ゼウスの禁を破って"天上の火"を持ち出し，神の怒りをかったプロメテウスの末裔だったのかも知れない。原子力と通称されるようになった原子核エネルギーの利用，つまり"原子の火"は，天空神が創造した元素を破壊する反自然的行為とみることができるからである。
　元来，生物は自然の恵みによって生かされている存在である。人類もその例外ではない。しかし，人類の才覚は，自然のエネルギーに加えて化石資源がエネルギーとして活用できることを見出し，工業を起し文明を興してきた。化石資源は人類誕生のはるか以前に想像もつかないほどの長時間をかけて地球が貯め込んだ貯蓄である。その貯蓄期間に比べたらごくごく短い時間で使い果たされてしまうことがいまや目に見えるようになってきた。枯渇の時がくれば，人類に残されるのは再び自然エネルギーのみである。自然エネルギーの超効率的活用に向けて人類の英知を振り絞らねば，現在の世界文明・世界人口を維持できなくなるのは自明の理である。
　自然エネルギーとしては，地表面にまんべんなく降り注ぐ太陽光とそのエネルギーがもたらす諸現象（風力・潮力など）・生命体（バイオマスなど）がある。また，地球内部から湧き出る地熱も見落としてはならない。太陽光系の自然エネルギーがいずれも地上に広く分散した状態にあるため，収集に余分なエネルギーを要するのに対して，地熱はまとまって直接手に入るエネルギー資源である。化石資源形成のエネルギーでもあった。

　これからの人類が目指すべきは，自然エネルギーを用いて物質を効率よく循環する（つまり浪費せず廃棄物を出さない）持続可能社会の構築である。それに向けてエネルギー問題あるいは環境問題に対処する新しい有機資源の化学を語ることが本書の目的である。有機資源には，太陽の恵みによる生命体の形成に始まり，地球の恵みによる化石資源の形成に終わる壮大なドラマがある。その筋書きに沿って，本書は構成されている。
　人間社会における有機資源の役割には，その化学的変換によるエネルギー供給（燃料利用）と製品供給（原料利用）がある。つまり，有機資源は，物質の人為的循環の主役であり，化学工業製品の原料としての役割には代役はいな

い．その化学的変換は，いずれも安定化の方向に進む自然の流れに沿うものであるが，外部からエネルギーの投入がなければ起こらないことも真理である．太陽光という外部エネルギーによるバイオマス合成が自然界における物質変換の最初の過程であるが，有機資源の工業的物質変換過程においても，化石エネルギーではなく自然のエネルギーが用いられる日がくるのが理想である．その日まで，残された化石資源（現在枯渇が視野に入ってきているのは石油だけである）を大切に効率よく，環境に配慮しつつ利用する技術を構築しなければならない．本書がその一助となることを切に望んでいる．

解題と謝辞 本書は，2002年に刊行した『有機資源化学―石炭・石油・天然ガス』（三共出版）を受け継いだ拡張新版です．化石資源のみを取り上げた前著の「まえがき」に示唆しておきましたが，今回，バイオマス，腐植の章を加えて曲がりなりにも有機資源全体をまとめ上げることができました．新たに著者に加わって下さった若手の方々のお蔭と大変喜ばしく思っています．また，化石資源に関しても，10年足らずの間に驚くほど大きな展開がみられ，改めて多くの文献資料を調べさせて頂きました．それらの先人著者の方々にも厚くお礼申し上げます．力不足ゆえに，間違った解釈をしている個所もあるかもしれません．読者諸氏からのご叱正・ご質問をお待ちしております．

本書編集に最後まで辛抱強くご主導下さった三共出版（株）秀島功氏に深甚なる感謝を捧げます．また，多くの図版の作成のみならず資料提供にご協力いただいた千葉工業大学非常勤講師 佐々木 理博士に謝意を表します．

2011年8月

節電酷暑の中で　山口達明

目　次

1　有機資源の形成

1.1　地質年代と有機資源の形成 …………………………………………… 2
1.2　地球上での炭素循環と貯蔵 …………………………………………… 3
1.3　太陽エネルギーと有機資源の関わり ………………………………… 5
　　コラム　各資源の燃料特性　6

2　生物資源（バイオマス）

2.1　バイオマスの分類 ……………………………………………………… 8
　　（1）糖質系　8／（2）デンプン系　8／（3）リグノセルロース系　9／
　　（4）油脂系　10／（5）農業廃棄物　10／（6）林産廃棄物　11／
　　（7）その他　11
2.2　バイオマスの化学構造 ………………………………………………… 12
　　（1）糖　質　12／（2）リグニン　15／（3）脂　質　16
2.3　エネルギー資源としてのバイオマス ………………………………… 17
　　2.3.1　概　論 ……………………………………………………………… 17
　　2.3.2　バイオマス発電 …………………………………………………… 18
　　2.3.3　液体燃料 …………………………………………………………… 19
　　2.3.4　合成ガス …………………………………………………………… 20
　　2.3.5　バイオエタノール ………………………………………………… 21
　　2.3.6　メタン燃料 ………………………………………………………… 22
　　2.3.7　バイオディーゼル燃料 …………………………………………… 23
2.4　原材料としてのバイオマス …………………………………………… 24
　　2.4.1　概　論 ……………………………………………………………… 24
　　2.4.2　水素製造 …………………………………………………………… 24
　　2.4.3　有機酸製造 ………………………………………………………… 25
　　2.4.4　フェノール系化合物合成 ………………………………………… 25
　　2.4.5　バイオプラスチック ……………………………………………… 25
2.5　今後のバイオマス利用 ………………………………………………… 27
　　コラム　バイオマスは本当に資源環境上ニュートラルか？　18
　　　　　　バイオマスが地球環境を変えられるのか？　28

3 腐植資源

- 3.1 腐植物質とは …………………………………………………… 30
  - 3.1.1 腐植物質の定義 ………………………………………… 30
  - 3.1.2 腐植物質の起源と賦存量 ……………………………… 30
  - 3.1.3 腐植物質の分類と分画 ………………………………… 30
  - 3.1.4 腐植物質のキャラクタリゼーション ………………… 32
  - 3.1.5 平均化学構造 …………………………………………… 33
- 3.2 自然環境における腐植物質の存在と役割 …………………… 36
  - 3.2.1 土壌中の腐植物質—土壌の肥沃化と汚染防除 ……… 36
  - 3.2.2 水中の腐植物質 ………………………………………… 39
  - 3.2.3 堆積物中の腐植物質 …………………………………… 39
- 3.3 腐植物質の利用 ………………………………………………… 40
  - 3.3.1 腐植物質の製造 ………………………………………… 40
  - 3.3.2 腐植物質の一般的特性 ………………………………… 41
  - 3.3.3 農業利用 ………………………………………………… 41
    - (1) 土壌改良剤 41／(2) 植物成長促進剤 42
  - 3.3.4 工業的利用 ……………………………………………… 42
    - (1) 油井掘削スラリー 42／(2) コンクリート減水剤 43／
    - (3) 重金属イオン吸着材 43／(4) その他の応用研究 43
  - 3.3.5 医薬学的利用 …………………………………………… 43
  - コラム 腐植物質研究の重要性 36
    - 腐植物質と自然環境 40
    - 資源埋蔵量の表示 44

4 石　炭

- 4.1 石炭資源 ………………………………………………………… 46
  - 4.1.1 石炭鉱床の形成 ………………………………………… 46
  - 4.1.2 石炭資源と埋蔵量 ……………………………………… 46
- 4.2 石炭化学 ………………………………………………………… 48
  - 4.2.1 コールバンドと石炭の分類 …………………………… 48
  - 4.2.2 石炭の諸性質 …………………………………………… 50
    - (1) 石炭組織 50／(2) 工業分析 50／(3) 発熱量 50／
    - (4) 孔隙率と孔隙構造 50／(5) 粘結性 51
  - 4.2.3 石炭の化学構造 ………………………………………… 51
    - (1) 概論 51／(2) 無機鉱物質 51／(3) 元素分析 53／
    - (4) 石炭の溶媒抽出 53／(5) 石炭液化生成物の
    - 溶媒抽出 55／(6) 赤外線吸収スペクトルによる
    - 官能基分析 55／(7) 核磁気共鳴吸収スペクトル 58／

　　　　　(8) 石炭の単位構造　61／(9) 石炭の分子構造モデル　62
4.3　石炭工業 …………………………………………………………… 67
　4.3.1　石炭の利用と環境対策 ……………………………………… 67
　4.3.2　石炭乾留（コークスとコールタール）………………………… 69
　　　　　(1) 石炭乾留の歴史　69／(2) 現行のコークス炉　70／
　　　　　(3) わが国における次世代コークス製造技術の開発　71／
　　　　　(4) 製鉄におけるコークスの作用　72／(5) 石炭乾留副産
　　　　　物の作用（コールケミカルズ）　73
　4.3.3　ガス化と石炭火力発電 ……………………………………… 75
　　　　　(1) ガス化の基本反応　75／(2) 原料石炭と触媒　77／
　　　　　(3) ガス化炉の発展　77／(4) わが国で開発された新し
　　　　　いガス化(水素製造)技術　79／(5) わが国の石炭火力
　　　　　発電の新動向　80
　4.3.4　石炭液化（石油代替液体燃料）……………………………… 82
　　　　　(1) 液化反応の機構　83／(2) 基本反応　85／(3) 水素源と触
　　　　　媒の役割　87／(4) わが国の石炭液化技術　87／(5) 原料
　　　　　石炭と液化触媒　90／(6) 石炭液化油と原油の比較　91
　　　コラム　フィッシャー・トロプッシュ法　78
　　　　　　　ベルギウス法石炭液化　82
　　　　　　　石炭サンプルと化学構造モデル　93

5　石　油

5.1　石油資源 …………………………………………………………… 96
　5.1.1　石油鉱床の形成 ……………………………………………… 96
　5.1.2　石油の採取 …………………………………………………… 97
　5.1.3　石油資源埋蔵量と枯渇 ……………………………………… 99
　5.1.4　日本の石油事情 ……………………………………………… 101
5.2　石油精製 …………………………………………………………… 103
　5.2.1　石油の利用 …………………………………………………… 103
　5.2.2　石油の分類 …………………………………………………… 104
　5.2.3　原油の組成 …………………………………………………… 106
　　　　　(1) 炭化水素　106／(2) 非炭化水素化合物　107
　5.2.4　石油精製工業 ………………………………………………… 110
　　　　　(1) 石油精製プロセス　110／(2) 原油の蒸留(直留)　111／
　　　　　(3) 水素化精製　113／(4) 石油の分解　114
　5.2.5　石油製品 ……………………………………………………… 123
　　　　　(1) 液化石油ガス　124／(2) ガソリン　124／
　　　　　(3) 航空タービン燃料油　126／(4) 灯　油　126／

　　　　　　(5) 軽　油　126／(6) 重　油　127／(7) 潤滑油　128／
　　　　　　(8) アスファルト　128
5.3　石 油 化 学 ………………………………………………………… 128
　5.3.1　石油化学工業 ……………………………………………… 128
　5.3.2　石油化学原料 ……………………………………………… 129
　　　　　　(1) ナフサの熱分解　130／(2) 熱分解生成物の分離，精製
　　　　　　130／(3) C4オレフィンの分離と製造　131／(4) C5オレフ
　　　　　　ィンの分離と製造　133／(5) 芳香族炭化水素の製造　134／
　　　　　　(6) 芳香族炭化水素の製造系統図　140
　5.3.3　石油化学製品 ……………………………………………… 141
　　　　　　(1) エチレンから得られる石油化学製品　142／(2) プロピ
　　　　　　レンから得られる石油化学製品　151／(3) ブタジエンから
　　　　　　得られる石油化学製品　158／(4) イソブチレンから得られ
　　　　　　る石油化学製品　160／(5) n-ブテンから得られる石油化学
　　　　　　製品　160／(6) ベンゼンから得られる石油化学製品　161／
　　　　　　(7) トルエンから得られる石油化学製品　164／(8) キシレ
　　　　　　ンから得られる石油化学製品　165

　　コラム　世界各国の一次エネルギー　102
　　　　　　オクタン価とセタン価　108
　　　　　　化石資源の生産曲線　168

6　天 然 ガ ス

6.1　天然ガス資源 ………………………………………………………… 170
　6.1.1　天然ガスの成因と分類 ……………………………………… 170
　6.1.2　資源量と消費量 ……………………………………………… 171
　　　　　　(1) 埋蔵量　171／(2) 分　布　172／
　　　　　　(3) わが国の輸入と消費動向　172
　6.1.3　非在来型天然ガス …………………………………………… 173
　　　　　　(1) タイトサンドガス，コールベッドメタン，シェールガス　173／
　　　　　　(2) メタンハイドレート　174／(3) 地球深層ガス　175
　6.1.4　天然ガスの輸送 ……………………………………………… 176
　　　　　　(1) 液化天然ガス　176／(2) 新しい構想　176／(3) パイプ
　　　　　　ライン　176
6.2　燃料としての利用 …………………………………………………… 178
　6.2.1　燃料としての天然ガスの評価 ……………………………… 178
　　　　　　(1) 資源寿命　178／(2) 環境性　178
　6.2.2　エネルギー利用の実際 ……………………………………… 179
　　　　　　(1) 都市ガス　179／(2) LNG発電　179／

(3) コージェネレーション　180／(4) 燃料電池　181／
　　　(5) 天然ガス自動車　183
6.3　化学工業原料としての利用 ……………………………………… 183
　6.3.1　メタンの化学的特性 ……………………………………… 183
　6.3.2　天然ガス化学工業 …………………………………………… 184
　　　(1) 天然ガス成分の化学的利用　184／(2) メタンを原料と
　　　する化学品　185
　6.3.3　天然ガスを原料とする合成ガス工業 ……………………… 186
　　　(1) 改　質　186／(2) メタノール製造　187／(3) 水素製
　　　造とアンモニア合成　188
　6.3.4　天然ガス利用化学プロジェクト ………………………… 189
　　　(1) Ｃ１化学プロジェクト　189／(2) 天然ガスから炭化水
　　　素製造法の開発　191
　6.3.5　メタノール化学 …………………………………………… 193
　　　(1) 原料用メタノール　193／(2) 燃料用メタノール　196／
　　　(3) 輸送用メタノール　196
　　コラム　化石燃料と原子力　198

索　引 …………………………………………………………………… 199

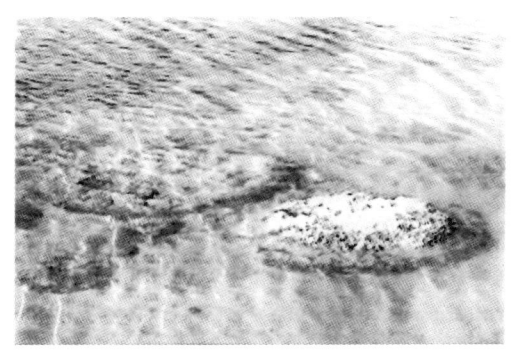

ストロマトライト（Stromatolite）
西オーストラリア州セティス（Thetis）湖

3章関連のホームページ掲載項目（http://www.sankyoshuppan.co.jp）

腐植物質の化学構造分析法
　(1)　腐植物質の分画精製法
　(2)　元素分析
　(3)　官能基分析
　(4)　分子量分布（GPC, TOFMS）
　(5)　核磁気共鳴スペクトル（NMR）による水素分布・炭素分布
　(6)　電子スピン共鳴（ESR）によるフリーラジカル濃度の測定
　(7)　紫外可視分光光度法による土壌フミン酸の分類

1

有機資源の形成

1.1 地質年代と有機資源の形成
1.2 地球上での炭素循環と貯蔵
1.3 太陽エネルギーと有機資源の関わり

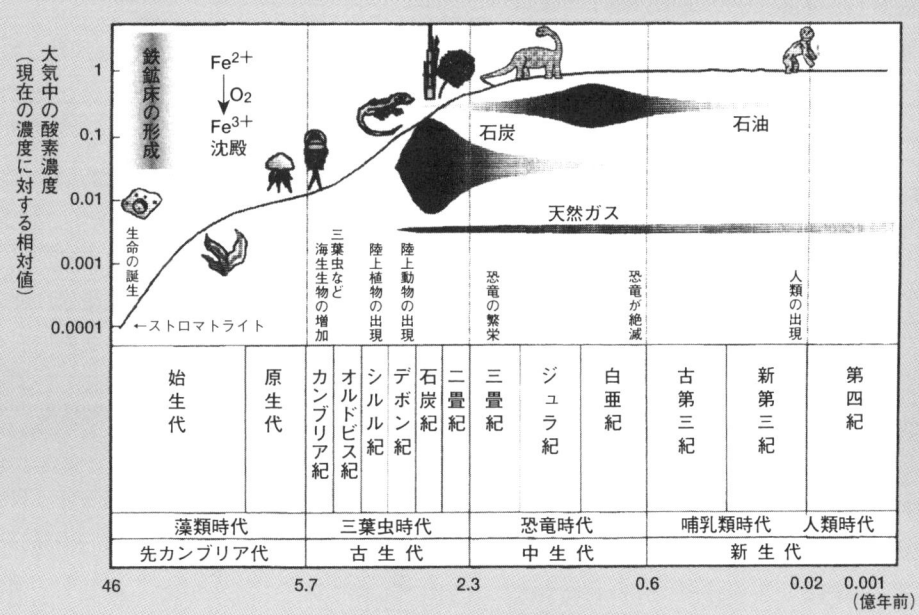

有機鉱床の形成時期と地質時代

1.1 地質年代と有機資源の形成

　地球ができたときの地球表面はマグマで覆われており，初期の大気は火山ガス類似のもので多量の水蒸気，二酸化炭素，窒素，硫化水素，塩化水素などが含まれていた。地表が徐々に冷えてくると水蒸気が凝縮して液体となり，雨として地表に降りそそぐようになり，そのとき酸性ガスを溶解して強酸性の海ができた。水は地球表面で蒸発→凝縮→流動の循環を繰り返すようになる。温度の高い酸性水溶液は周囲の岩石や河川から運びこまれた岩石粒子と反応してNa，K，Ca，Mg，Al，Feなどを溶かし，中和されて現在の海水に近くなる。強酸性の海水には溶けにくかった大気中の二酸化炭素も海水が中和されると溶けるようになり，海水中に溶存していたCa^{2+}，Mg^{2+}などと反応して炭酸塩となり沈殿する。35億年前の岩石から，かなり進化した光合成生物であるラン藻（シアノバクテリア）の化石（ストロマトライト）が見い出されており，最初の生命体はその頃二酸化炭素に富んだ海水中でそれを主材料に誕生したものと推定されている。

　海水中に原始的な生命が誕生し，海水中で進化し，本格的に光合成を行うラン藻類が誕生する。ラン藻類は二酸化炭素に富んだ海水中で大繁殖し，光合成を行って酸素を発生する。先カンブリア時代の27億年前から17億年前に世界各地で鉄鉱床が形成されている。これはこの時期にラン藻類による光合成が盛んになり，発生した酸素が海水中に溶けていたFe^{2+}イオンを水に不溶なFe^{3+}酸化物として沈殿堆積したものとされている。酸素と反応するFe^{2+}イオンなどが海水中になくなると，酸素ガスは大気中にも存在するようになり，地球全体を覆うようになる。二酸化炭素と入れ替わるようにして酸素濃度が高くなると，大気の上空で酸素が太陽光により分解されてオゾンが生成し，やがてオゾン層が形成される。生物が生きていくうえで有害な太陽光中の紫外線がオゾン層に吸収され，地表に到達しなくなると，生物は陸上に進出できるようになった。

　本章トビラ絵には，地球誕生以来，46億年間の地質年代と酸素濃度の変化を図示した。最も古い陸棲生物の化石は，植物で4.2億年前，動物で3.8億年前のものが発見されている。石炭の形成年代がデボン紀・石炭紀から始まりジュラ紀まで，石油の形成が三畳紀・ジュラ紀に始まり新生代の人類誕生以前には終わっていることに注目すべきである。このことから，これらは再生できない資源と認識されている。

　地球の内部は，地表から地殻→マントル→核の順に構成されている。地殻の表層部は土や砂で覆われているがその下は岩石である。地殻を構成する岩石は火成岩，堆積岩，変成岩に分類されるが，有機資源の鉱床に関係するのは堆積岩である。堆積岩は地表の岩石が風化により砕かれ，泥や砂などになって水に運ばれ，海底や湖底に堆積して固化した岩石である。この堆積岩中には堆積が行われた当時の動植物が有機物として含まれている。この化石有機物が凝集しやすい沼沢地，湖，内湾などで有機鉱床が形成される。これらの場所では生物が繁殖しやすく，また周囲から多くの生物の遺骸と一緒に泥や砂が運び込まれ堆積が進行する。継続的な堆積作用により生物遺骸は地下深部に埋没され，長い年月をかけて，地熱と圧力の作用により化石資源へと変化する。化石資源の鉱床（有機鉱床）が形成されるまでの地質環境の推移は図1.1のように考えられている。

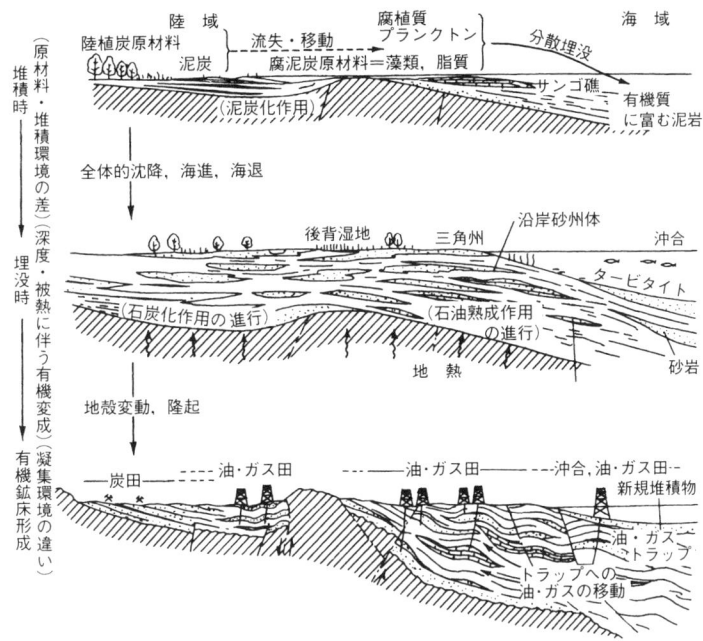

図1.1 有機鉱床形成の場の模式的な地質環境
(田口一雄,「有機鉱床形成の地球化学」(佐々木昭ら編,『地球の資源／地表の開発(岩波地球科学選書)』, p.67, 岩波書店 (1991)))

1.2 地球上での炭素循環と貯蔵

　太陽の輻射エネルギーと地熱によってもたらされる地球上での炭素循環の概略を示したのが図1.2である。大気中の二酸化炭素(本章トビラ絵に示した酸素濃度とは逆に地球の進化とともに減少してきた)が,光合成作用によってまず糖質,脂質さらにタンパク質へと同化されることから始まる。これらの物質を摂取・代謝して成長した生命体がやがてその活動を終え,遺骸となって堆積層を形成する。泥炭層に代表される比較的若い有機質堆積は微生物あるいは化学的作用により大部分がCO_2あるいはCH_4のような低分子に分解して大気中へ揮散し循環するが,一部は逆に高分子化して腐植物質となり堆積層中に貯留する。これが,さきに述べたように長い地球の進化における地殻変動とともに地熱の作用を受けてさらに分解が進み,ケローゲン(油母)と呼ばれる高分子量の炭化水素化合物へと変化する。有機鉱床は,これが地中深く凝集・貯留したものである。

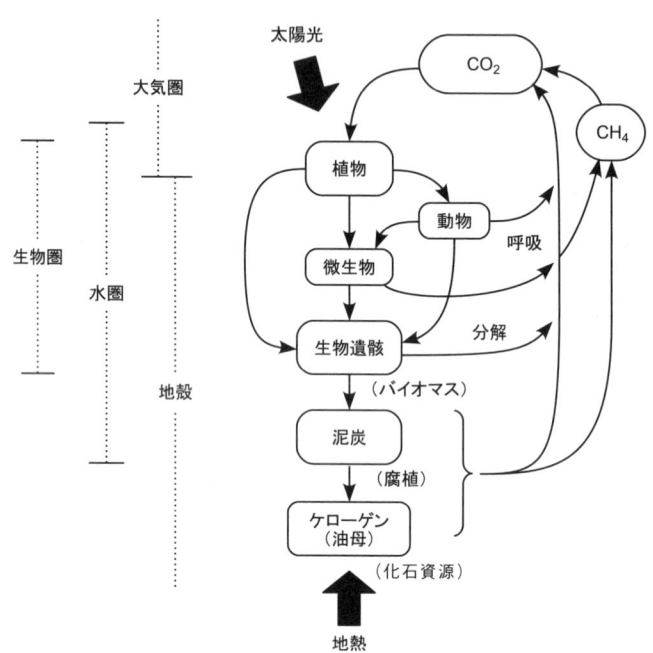

図1.2　自然界における炭素の循環

地球上に存在する炭素の分布を陸域，海域に分けて示したのが図1.3である。この図から，炭素の大部分は石灰（炭酸カルシウム）に代表される炭酸塩として貯留していることが読み取れる。海水域では溶解しているCO_2や炭酸塩が大部分で，生物体炭素はわずかである。陸上の生物体炭素（バイオマスに相当）の総量は，海域よりも遥かに多いが，

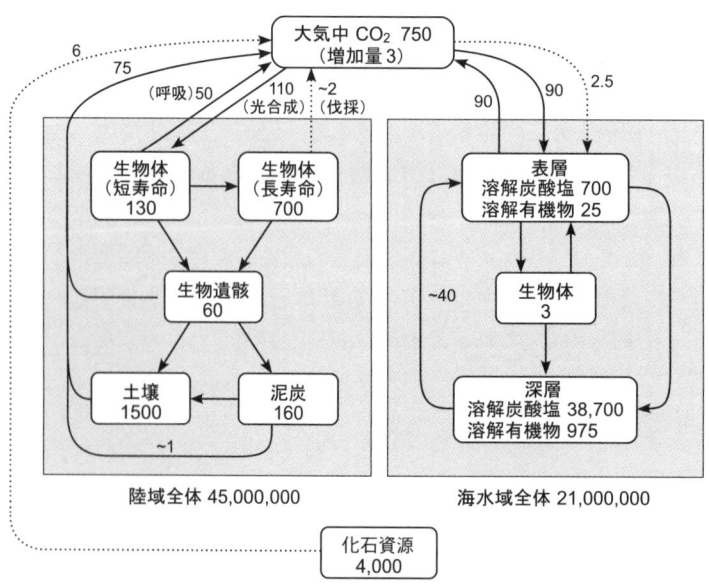

図1.3　陸・海域における炭素の貯蓄量（10^9 t）と循環速度（10^9 t/年）
（貯蓄量のほとんどは石灰石（$CaCO_3$）の形状である。………は人為的な流れ）

土壌・泥炭層の有機炭素（腐植に相当）の半分程度である。有機態の炭素は，全炭素のわずか0.01％あまりに過ぎない。その有機炭素のうち最も多いのが化石資源で，次いで腐植，バイオマスの順である。

地表における炭素の循環は主にCO_2によっている。自然の状態では，海面におけるその吸収・放出の収支はほぼバランスしているが，地表面では光合成による吸収が呼吸作用による放出のほぼ2倍となっている。この差に相当する炭素が遺骸として地中に残り，さらに分解沈着している勘定になる。このようなバランスを保っていた自然界の炭素循環に対して，人為的な炭素の移動（これを点線で表す）である化石燃料の燃焼と木材などの伐採が加わって大気中のCO_2濃度が増加する。その増加量のうちのある程度の部分は海洋によって吸収されるが，その量も海面温度によって大きく左右される（温度が高くなると溶解度が減少する）ので限界がある。

1.3　太陽エネルギーと有機資源の関わり

前述の有機資源の形成を単純化してまとめると次のようになる。

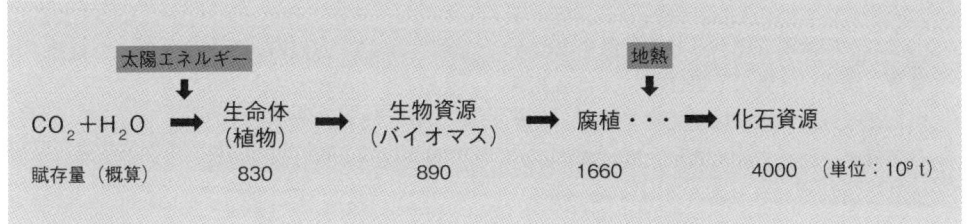

このようにまとめてみると，我々の地球は，その系外から供給され続ける太陽エネルギーを有機資源という形で営々と貯蔵してきたことがわかる。そして，その貯蔵量は形成期間の長さに相応していることもわかる。ただし，化石資源の形成は地殻変動に伴う地熱や地圧の作用によるもので，人類出現の遥か以前に終息している。

このため，化石資源は再生不能（non-renewable）である。これに対して，バイオマス（生物量）と呼び慣らされてきた生物資源は，分解して（つまり資源として利用しエネルギーを取り出して）CO_2とH_2Oとなっても太陽エネルギーによって再生可能（renewable）である。生命体同様，バイオマスは太陽エネルギーを地表面に化学エネルギーとして貯蔵したものと解釈することができる。この意味から，バイオマスを資源として利用しようとする際には，太陽エネルギーの利用の場合と同様，収集コストの問題が起こる。

さらに，腐植は，地表の土壌中に広く分散し，植生を豊かにするなどの作用がある環境資源として認識されている。さらに泥炭地のように局所的に堆積し続けている個所があり，資源として採取活用が可能な部分もある。バイオマスの分解残滓として地表に堆積賦存しつづけているわけであるから，腐植を半再生可能（semi-renewable）資源として認識することができるであろう（近い将来資源としてもっと活用されることを期待して，本書第3章のタイトルをあえて「腐植資源」とした）。

> **コラム** 各資源の燃料特性

特　性	木　材 (バイオマス)	ピート (腐植)	褐　炭	瀝青炭	原　油
炭　素（％）	48～50	50～60	65～75	76～87	83～86
水　素（％）	6.0～6.5	5.0～6.5	4.5～5.5	3.5～5.0	11.5～12.5
酸　素（％）	38～42	30～40	20～30	2.8～11.3	1.5～2.5
窒　素（％）	0.5～2.3	1.0～2.5	1～2	0.8～1.2	0.2～2.8
硫　黄（％）	—	0.1～0.2	1～3	1～3	2.0～2.8
灰　分（％）	0.4～0.6	2～10	6～10	4～10	0.3
揮発分（％）	75～85	60～70	50～60	10～50	—
嵩密度 (g/cm³)	0.32～0.42	0.3～0.4	0.65～0.78	0.72～0.88	0.92～0.97
市場品水分 （％）	30～55	40～60	40～60	3～8	0.1
乾物熱量 (MJ/kg)	18.04～18.86	19.27～20.91	19.68～23.78	27.80～32.39	40.59～41.00
含水品熱量 (MJ/kg)	6.80～12.46	7.30～12.30	6.40～13.28	25.42～31.32	40.55～40.96

（概略値）

　これらの資源を燃料として評価するとき重要な炭素・水素の組成は木材→原油の順に増加する。含水率は逆の順となる。褐炭は瀝青炭に比べて含水率が非常に高いため低品位炭に分類される。全体を眺めると，原油（石油）が燃料として最も優れた資源であることがわかる。

　なお，成分組成の割合は，乾物重量に対する重量パーセントである。

参考文献

1) 大野惇吉，『137億年の「もの」がたり―ビッグ・バンから生命誕生まで』，三共出版（2006）．
2) 三原俊太郎，『こうして地球は地球になった』，雄鶏社（1994）．
3) P.M.ハーレー（竹内均訳），『地球の年齢―45億年の謎』，河出書房（1967）．
4) ルーシン・フリート（竹内均，木下肇訳），『太陽エネルギーと地球』，東京図書（1973）．
5) E.N.deC.アンドレード，『ラザフォード―20世紀の錬金術師』，河出書房（1967）．
6) 槌田敦，『エントロピーとエコロジー―「生命」と「生き方」を問う科学』，ダイヤモンド社（1986）．
7) 鈴木啓三，『エネルギー・環境・生命―ケミカルサイエンスと人間社会』，化学同人（1990）．
8) 北野大編著，『資源・エネルギーと循環型社会』，三共出版（2003）．
9) 及川紀久雄編著，『低炭素社会と資源エネルギー』，三共出版（2011）．

2 生物資源（バイオマス）

2.1 バイオマスの分類
2.2 バイオマスの化学構造
2.3 エネルギー資源としてのバイオマス
2.4 原材料としてのバイオマス
2.5 今後のバイオマス利用

固定床二段階式 BDF 製造装置（日本大学）
自己再生型イオン交換樹脂を用いて遊離脂肪酸のエステル化反応～油脂のエステル交換
反応を連続的に行う装置。廃食油や動物油脂からもバイオディーゼル油を製造できる。

2.1 バイオマスの分類

バイオマス（biomass）とは，特定地域に生息する生物の乾重量を指す。地球上には現在2兆t程度存在し，毎年約2,000億tが新たに生産されると見積もられている[1]。これらは，栄養段階により階層の低いものほど大きく高いものほど小さく分布しており，生態ピラミッドを構成している。このうち資源としてのバイオマスは，図2.1に示すように糖質系やリグノセルロース系などの生産系バイオマスと，それらに由来する廃棄物系バイオマスに大別される。

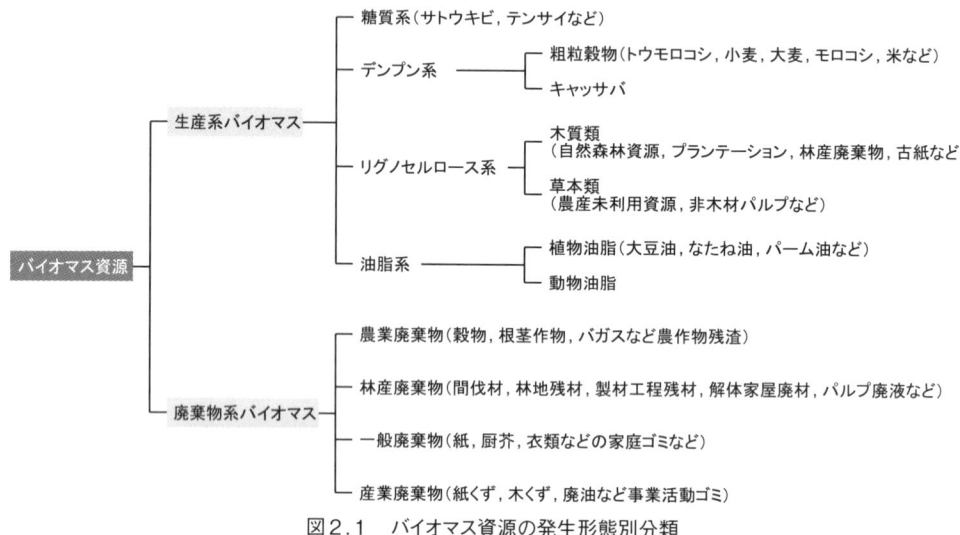

図2.1　バイオマス資源の発生形態別分類

(1) 糖質系

糖質は単糖を構成成分とする有機化合物で，タンパク質や脂質と並ぶ主要生体物質の1つである。このうち代表的な砂糖は，サトウキビやテンサイから年間約1.6億t生産されている。原料の70%程度を占めるサトウキビは主にブラジル，インド，中国で生産され，原料の約30%を占めるテンサイは主にEU各国，アメリカ，ロシアで生産されている[2]。全生産量の約30%は貿易によって取引されている。

(2) デンプン系

デンプン（starch）はグルコース（glucose）が直鎖状に繋がったアミロース（amylose）と短鎖のアミロースが枝分かれしたアミロペクチン（amylopectin）の複合物で，種類により両者の比率が異なる。デンプンは食糧として重要な穀物の主成分である。

世界の三大穀物の1つであるトウモロコシは，図2.2(a)に示すように年間約8億t生産され，このうち4割をアメリカが占める[3]。日本は図2.2(b)に示すように1,600万tを輸入する世界最大のトウモロコシ輸入国である。同じく小麦は，図2.3(a)に示すように年間約7億t生産され，このうち半分を中国，インド，アメリカ，ロシア，フランスで占め，三大穀物の中で最も多い1億t以上が貿易によって取引されている（図2.3(b)）。米

は,図2.4に示すように年間約5億t生産され,そのうち9割を中国,インド,インドネシアなどのアジア圏が占める。日本の生産量は中国の1/20程度の約1,000万tである。

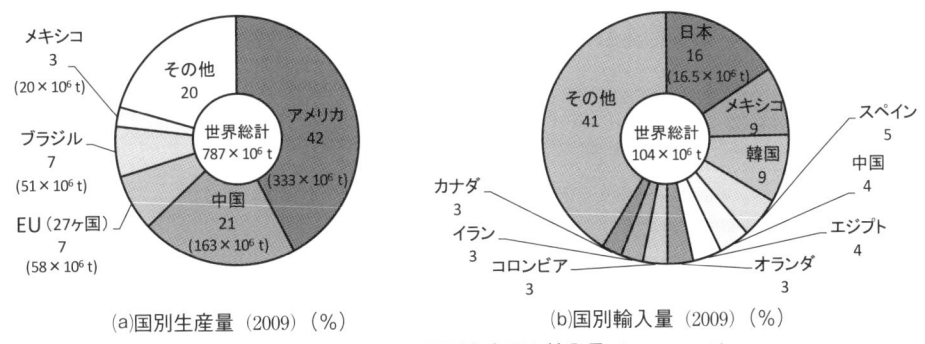

(a)国別生産量(2009)(%)　　　(b)国別輸入量(2009)(%)
図2.2　トウモロコシの国別生産量と輸入量(FAO, 2010)

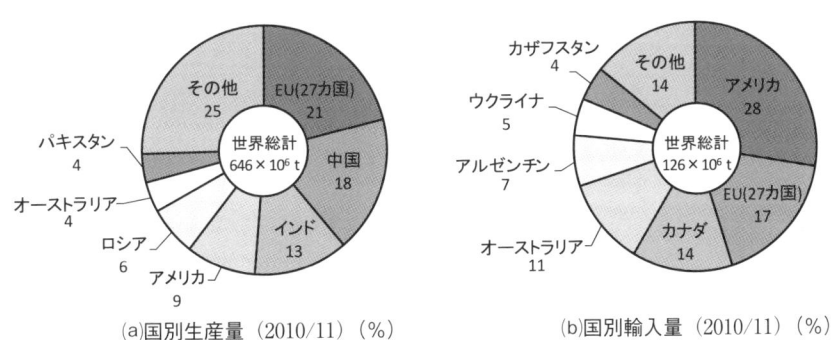

(a)国別生産量(2010/11)(%)　　　(b)国別輸入量(2010/11)(%)
図2.3　小麦の国別生産量と輸入量(USDA, 2011)

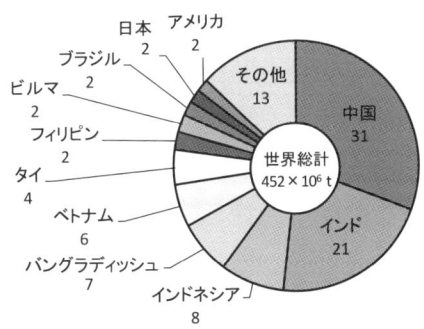

図2.4　米の国別生産量(USDA, 2011)(%)

(3) リグノセルロース系

リグノセルロース系バイオマスには木質系と草本系があるが,いずれも主にセルロース(cellulose),ヘミセルロース(hemicellulose),リグニン(lignin)によって構成される。

世界の森林面積は39億ha程度で陸地面積の約1/3を占める[4]。この面積は減少傾向にあり,1990年から10年間で約2％減少した。森林の木材蓄積量は4,300億m³以上,成

長量は年間50億m³程度で,産業用材や燃料材としての伐採量は年間30億m³程度だが,森林災害や病虫害などによる蓄積低下量を加えると,年間40〜60億m³減少していると見積もられる。日本は森林率(森林面積÷陸地面積)が約66％と世界有数の森林国だが,年間9,000万m³程度を輸入する世界有数の木材輸入国でもある。

(4) 油脂系

油脂には植物油脂と動物油脂があるが,いずれもグリセリンと脂肪酸のエステル化合物である。植物油脂は年間1億t以上生産され,このうち6割を熱帯油脂(主にマレーシア,インドネシアで生産されるパーム油など)と大豆油(主な生産国はアメリカ,ブラジル,アルゼンチン)が占める。日本国内の供給量は表2.1に示すように250万t程度で,原料の95％以上を輸入に頼っている[5]。動物油脂には牛や豚などの畜産系と魚類から採取される水産系がある。供給量は植物油脂に比べてはるかに少ない年間50万t程度で,そのうち7割が原料を含めて国内生産されている。製品の6割は石鹸や化粧品などに加工される。動物油脂は植物油脂に比べて飽和脂肪酸濃度が高く,中性脂肪やコレステロールなど健康への影響が懸念されることから食用として敬遠され,日本国内の生産量は減少傾向にある。

表2.1 日本における油脂生産量 (2006年)

(単位:万t)

輸 入						国 産		植物油合計	動物油合計	合計
製品	植物油原料	小計	製品	動物油原料	小計	植物油	動物油			
85.6	170.5	256.1	11.9	0	11.9	6.4	32.8	262.5	44.7	307.2

(農林水産省,「わが国の油脂事情」(2010))

(5) 農業廃棄物

日本で産業廃棄物として排出される農業廃棄物は表2.2に示すように統計上その大部分は動物の糞尿で,年間9,000万t程度である。図2.5に示すように約96％が再生利用

表2.2 日本における産業廃棄物の種類別排出量 (2007年)

種 類	排出量(万t)	割合(％)	種 類	排出量(万t)	割合(％)
燃え殻	203	0.5	動物系固形不要物	8	0.0
汚 泥	18,531	44.2	ゴムくず	6	0.0
廃 油	361	0.9	金属くず	1,146	2.7
廃 酸	566	1.3	ガラスくず,コンクリートくずおよび陶磁器くず	518	1.2
廃アルカリ	278	0.7	鉱さい	2,072	4.9
廃プラスチック類	643	1.5	がれき類	6,090	14.5
紙くず	147	0.3	動物のふん尿	8,748	20.9
木くず	597	1.4	動物の死体	20	0.0
繊維くず	8	0.0	ばいじん	1,696	4.0
動植物性残さ	307	0.7	合 計	41,943	100.0

(環境省大臣官房廃棄物・リサイクル対策部産業廃棄物課,「産業廃棄物の排出および処理状況等」(2010))

されている。この他に動植物性残渣（約300万 t ／年）などがあり，再生利用率は動物の糞尿に比べて低い。世界的には年間1億 t 程度排出されるバガス（bagasse, サトウキビ搾汁後の残渣）などの草本系未利用バイオマスが注目されている。

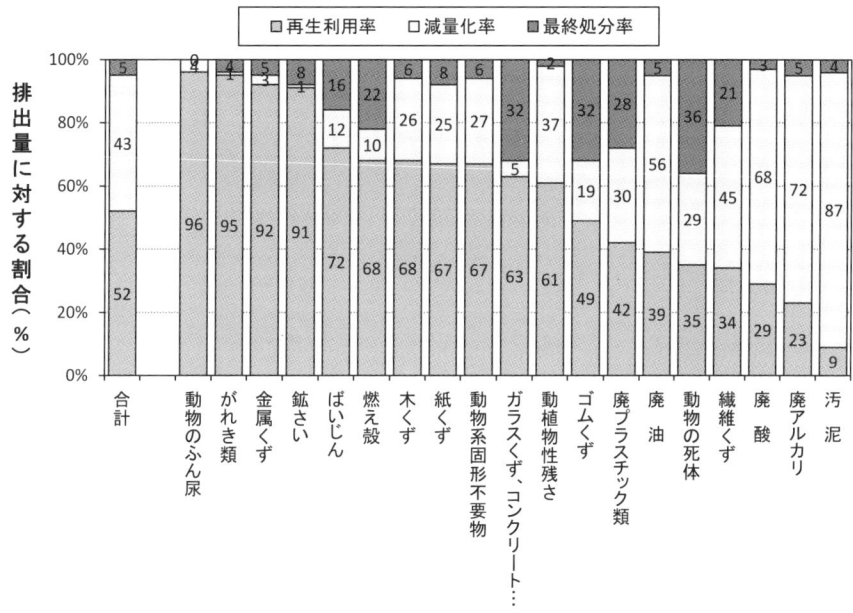

図2.5　日本における産業廃棄物の再生利用率（2007年）
（環境省大臣官房廃棄物・リサイクル対策部産業廃棄物課，「産業廃棄物の排出および処理状況等」(2010)）

(6) 林産廃棄物

日本で発生する間伐材（民有林）は表2.3に示すように年間400万 m³ 程度で，そのうち約54％が未利用である。この他に林地残材が160万 t 程度（約360万 m³）発生していると見積もられる。さらに，木製品製造工程で発生する残材や解体家屋廃材（紙屑として約150万 t ／年，木屑として約600万 t ／年）などの有効利用が求められている。

表2.3　日本における間伐材の利用状況（1993～1997年の平均値）

間伐面積 (千ha)	間伐材積 (万m³)	間伐材利用量 (万m³)				未利用量 (万m³)	利用率 (％)	未利用率 (％)
		製材	丸太	原材料	計			
214	406	131	34	22	187	219	46	54

（新エネルギー・産業技術総合開発機構，「林地残材賦存量，利用可能量の推進方法」，成果報告書データベース(2006)）

(7) その他

日本では産業廃棄物約4億 t ／年および一般廃棄物約4,000万 t ／年を含む6億 t 近い廃棄物が毎年発生し，そのうち約56％がバイオマスと見積もられている[5]。これら全体の循環利用率は41％程度に止まっている。産業廃棄物のうち農業，パルプ・紙・紙加工品業に次いでバイオマス系廃棄物を排出する業種は，表2.4に示すように食料品製造業（約1,000万 t ／年）と飲料・煙草・飼料業（約300万 t ／年）である。一般廃棄物につ

いては明確な分類がなされていないが，上記と同様に食品廃棄物や古紙などのバイオマスが多く含まれていると考えられる．

表2.4　日本における産業廃棄物の業種別排出量（2007年度）

業　種	排出量 （千t）	割合 （%）	業　種	排出量 （千t）	割合 （%）
農　業	87,811	20.9	ゴム製品製造業	394	0.1
林　業	0	0.0	なめし皮・同製品・毛皮製造業	58	0.0
漁　業	25	0.0	窯業・土石製品製造業	10,097	2.4
鉱　業	12,509	3.0	鉄鋼業	38,265	9.1
建設業	77,253	18.4	非鉄金属製造業	4,891	1.2
製造業	141,613	33.8	金属製品製造業	3,576	0.9
食料品製造業	9,811	2.3	一般機械器具製造業	2,172	0.5
飲料・たばこ・飼料製造業	3,168	0.8	電気機械器具製造業， 情報通信機械器具製造業 電子部品・デバイス製造業	5,149	1.2
繊維工業	766	0.2	輸送用機械器具製造業	3,911	0.9
衣服・その他の繊維製品製造業	115	0.0	精密機械器具製造業	263	0.1
木材・木製品製造業	1,405	0.3	その他の製造業	366	0.1
家具・装備品製造業	320	0.1	電気・ガス・熱供給業・水道業	95,810	22.8
パルプ・紙・紙加工品製造業	35,479	8.5	情報通信業，運輸業	697	0.2
印刷・同関連業	960	0.2	卸売・小売業，飲食店・宿泊業	1,683	0.4
化学工業	17,578	4.2	医療・福祉	249	0.1
石油製品・石炭製品製造業	1,572	0.4	教育，学習支援，複合サービス業， サービス業	1,744	0.4
プラスチック製品製造業	1,297	0.3	公　務	30	0.0
			合　計	419,425	100.0

（環境省大臣官房廃棄物・リサイクル対策部産業廃棄物課，「産業廃棄物の排出および処理状況等」(2010)）

2.2　バイオマスの化学構造

　地球上に最も多く存在するバイオマスの形態は糖質である．このうち，デンプンは生物のエネルギー源であり，セルロースは骨格組織の主要構成成分である．また，植物系バイオマス中には芳香族化合物のリグニンが含まれ，糖質のヘミセルロースと共に植物細胞間に沈着して細胞壁を構成する．脂質は細胞膜の主要構成成分であり，これにタンパク質が結合した膜タンパク質を含めてさらに糖質が結合している．

　以下にバイオマス主要構成成分の化学構造について概括的に説明する．

(1)　糖　質

　多価アルコールの酸化物で広義には炭水化物と呼ばれ，1個のアルデヒド基（-CHO）またはケトン基（＞CO）を持つ．単位構造体（単糖）の炭素数は3～9だが，炭素数5のペントース（pentose）と炭素数6のヘキソース（hexose）が天然には最も多く存在する．このうち，図2.6(a)に示すようにアルデヒド基を持つ単糖はアルドース（aldose，リボースとアロースはいずれもアルドース），図2.6(b)に示すようにケトン基を持つ単糖はケトース（ketose）と分類される．単糖が脱水縮合してグリコシド結合で数個繋がっ

たものはオリゴ糖，多数繋がったものは多糖という。また，単位構造体が環状構造をとる場合，図2.7に示すように5員環はフラノース（furanose）型，6員環はピラノース（pyranose）型と呼ばれる。

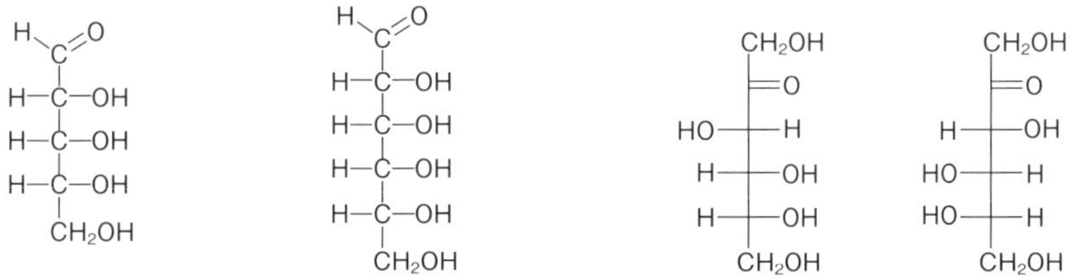

L-リボース（ペントース）　　L-アロース（ヘキソース）　　　D-フルクトース　　　L-フルクトース
(a)アルドース　　　　　　　　　　　　　　　　　　　　　　　　(b)ケトース

図2.6　ペントースとヘキソースの化学構造

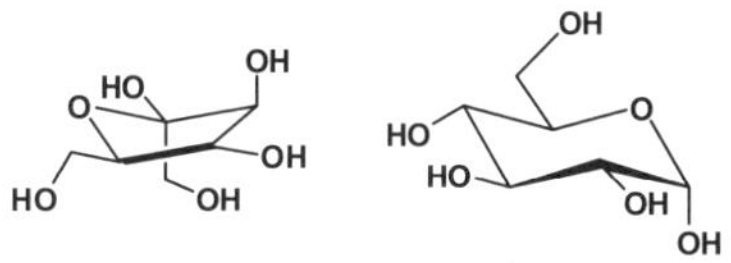

フラノース　　　　ピラノース

図2.7　フラノースとピラノースの化学構造

　代表的な単糖のグルコースはヘキソースでアルドースに分類される。グルコースには立体異性が存在し，アルデヒド基を上に置いて下の不斉炭素原子付加する水酸基の向きにより，D型とL型がある。生物中に存在するグルコースのほとんどはD型である。さらに，環状グルコース（グルコピラノース）には，図2.8に示すようにピラン環の酸素原子を右上に置いて隣り合うアノマー炭素原子に付加する水酸基の向きにより，α型とβ型が存在する。

α-D-グルコース　　　　　β-D-グルコース

図2.8　D-グルコースの化学構造

　デンプンは図2.9(a)のようにα-D-グルコピラノースがグリコシド結合で直鎖状に繋がったアミロースと，図2.9(b)のように短鎖のアミロースが枝分かれしたアミロペクチンの複合物で，単位構造体のグルコースとは異なった性質を示す。アミロースの重合度は数1,000程度で，アミロペクチンの分子量はアミロースより高い。直鎖部分は水素結合によりグルコース6個で1巻となるらせん構造をとる。さらに，らせん構造同士が水素結合

により平行に並んで結晶構造をとっている。

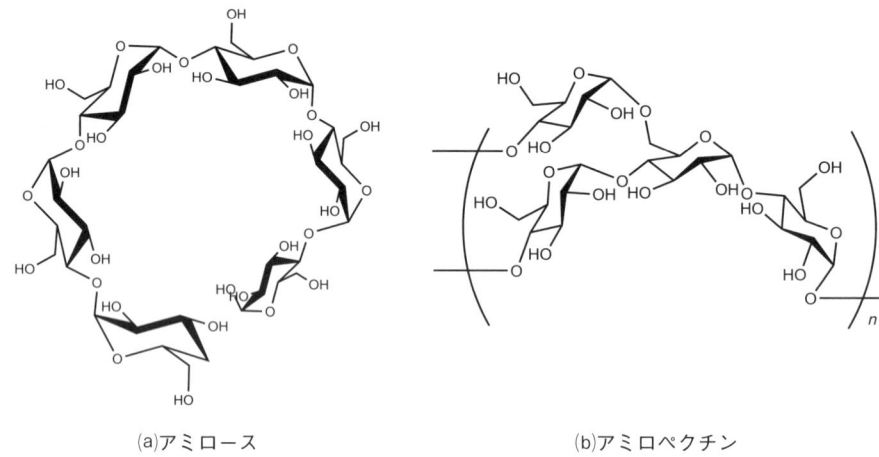

(a)アミロース　　　　　　　　　　(b)アミロペクチン
図2.9　アミロースとアミロペクチンの化学構造

　糖質中に最も多く存在するセルロースは，図2.10(a)に示すように β-D-グルコピラノースがグリコシド結合で直鎖状に繋がり，デンプンとは異なった性質を示す。重合度は数千から 10,000 程度とされている。ピラン環上の水酸基が分子内，分子間で強固な水素結合を形成するため，高い結晶性を有する（図2.10(b)）。一方，ヘミセルロースは図2.11に示すように各種5炭糖や6炭糖を構造単位とし，分岐構造を有する非晶性高分子である。重合度はセルロースより低い。

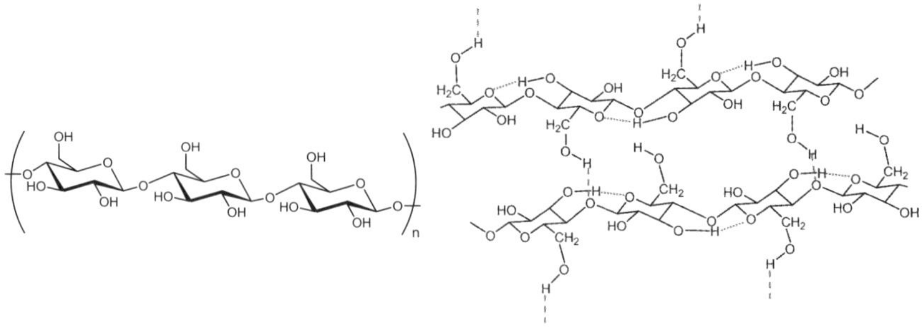

(a)化学構造　　　　　　　　　　(b)結晶構造
図2.10　セルロースの化学構造と結晶構造

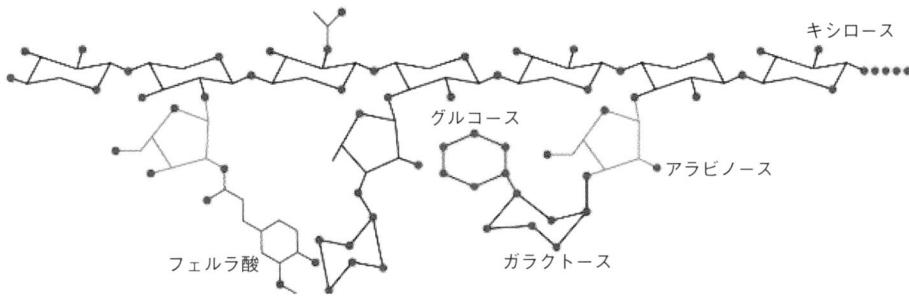

図2.11 ヘミセルロースの化学構造

(2) リグニン

植物系バイオマスに存在する芳香族化合物には，リグニン (lignin) やタンニン (tannin) がある。このうちリグニンは，光合成（一次代謝）により同化した炭素化合物が二次代謝を受けてリグニンモノマーを合成し，さらに脱水素架橋重合して図2.12にモデル的に示するような三次元網目構造を有する巨大生体高分子となったものである。生産されたリグニンはヘミセルロースと共に細胞間層に堆積し，徐々に細胞壁へと沈着する。やがてランダムでアモルファスなリグニン構造だけ残存して死細胞となり，通導・樹体支持を担う。

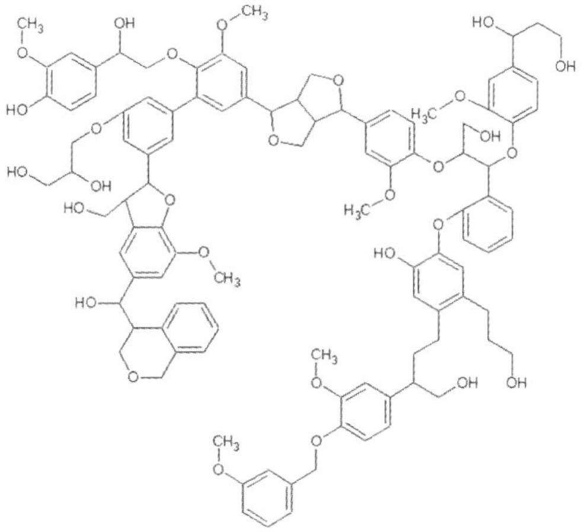

図2.12 リグニンの化学構造（モデル）

また植物系バイオマスには，図2.13に示すようにグルコースと多価フェノールカルボン酸とのエステル化合物である加水分解性タンニンや，複数のカテキン類の縮合物である縮合型タンニンなどの水溶性ポリフェノール化合物が含まれている。分子量が500程度のものから，タンパク質などの巨大分子と強固に結合した分子量が20,000程度のものまである。

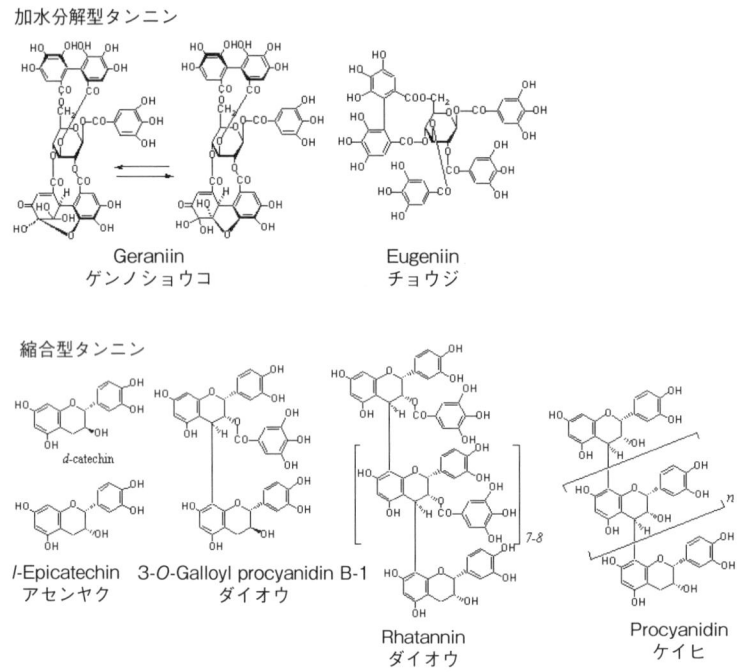

図2.13 タンニンの化学構造

(3) 脂　質

　脂質には，図2.14(a)に示すようにアルコールと脂肪酸がエステル結合した単純脂質，図2.14(b)に示すように分子中にリン酸や糖を含む複合脂質，図2.14(c)に示すように単純脂質や複合脂質から加水分解によって誘導される疎水性の誘導脂質がある。単純脂質のうちグリセリンと脂肪酸のエステル化合物は油脂と呼ばれ，炭素数（鎖長）が8～24程度の脂肪酸鎖を有する。鎖長や不飽和度によって性質が異なり，一般的に鎖長が長いほど融点が高くなり，不飽和度が高いほど融点が低くなる。また，不飽和度が高いほど酸化して固化しやすくなり，固まりやすい順に乾性油，半乾性油，不乾性油と呼ばれる。

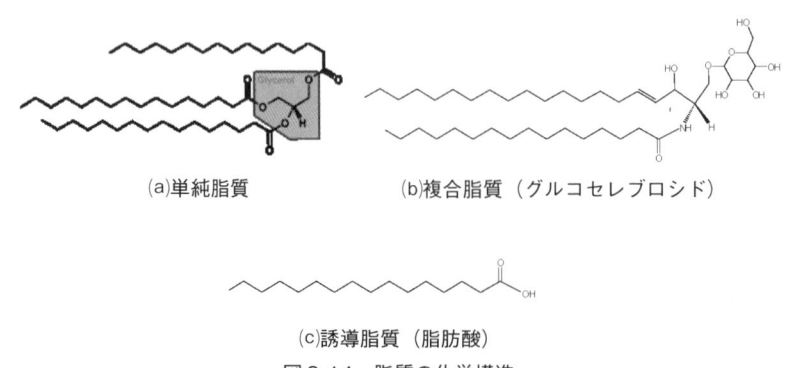

図2.14 脂質の化学構造

2.3 エネルギー資源としてのバイオマス

2.3.1 概論

　生態ピラミッドのうち最も階層の低い生物は太陽エネルギーを用いて無機物の水と二酸化炭素から自身を構成する有機物を合成しているため，これを底辺とする生態ピラミッドは太陽エネルギーを蓄えた電池とみなすことができる。地球に到達する太陽エネルギーは 5×10^{24} J 程度であり，そのうち 2/3 が地表に降り注いでいるが，これによって生産されるバイオマスはエネルギー換算で 3×10^{21} J 程度であり，バイオマスによって蓄えられる太陽エネルギーは 0.1 % にすぎない[1]。しかし，これは世界の年間一次エネルギー供給量 4×10^{20} J に比べてはるかに大きい。

　さらに，バイオマスを直接燃焼して熱を得ても，大気中に放出される二酸化炭素の量はバイオマス育成時に固定化された二酸化炭素と相殺されるため，バイオマスのエネルギー利用は地球規模の炭素バランスを崩さないと考えられている（これをカーボンニュートラルと称している）。このため，太陽エネルギーの間接的な利用法としてバイオマスのエネルギー利用が再び注目されている。

　バイオマスは地上，地中，海洋などに広く分布しており，これらを全て人類がエネルギー利用できるわけではない。バイオマスは単位面積当たりの生産量が低く，供給に季節変動性がある上，嵩高く収穫や収集時のハンドリング性が悪い。また，人類にとってバイオマスは単なるエネルギー資源ではなく，燃料（fuel）の他に食料（food），飼料（feed），肥料（fertilizer），衣料（fiber），薬品（fine chemicals），工業原料（feedstock）を加えた 7F の用途がある。このため，エネルギー利用可能なバイオマスは純生産量の 10 % 程度と見積もられており，これによって世界の一次エネルギー供給量の 7 割が賄える計算になる。

　バイオマスのエネルギー利用方法の 1 つとして，森林や微細藻類などのバイオマスを育成した後にエネルギー変換し，化石燃料の削減と大気中の二酸化炭素濃度の上昇抑制を図るシナリオが提案されている。バイオプランテーションが造成可能な面積は世界全体で 250 ～ 850 Mha と見積もられており，この面積を 480 Mha，1 ha 当たりの木材成長を 10 t／年，木材 1 kg 当たりの発熱量を 16 MJ と仮定すると，世界の年間一次エネルギー供給量の約 2 % に相当する 8×10^{18} J のエネルギーを創出できるとの計算がある[6]。耕地面積の狭い日本でバイオプランテーションの確保は困難であるが，林地残材，食品廃棄物などの廃棄物から発電等により国内一次エネルギー供給量の約 1 % を得る計画がある[7]。

　代表的な化石エネルギー資源である石油は，植物や藻類などの遺骸が土砂の堆積層に埋没し，長時間地圧や地熱による脱水，熱分解作用を受けて油母（ケローゲン kerogen）に変化し，さらに多孔質岩石に補足されたものと考えられている。低分子化，液化する間に脱炭酸反応などが生起して酸素の割合が低下し，大きな熱量を生む水素の割合が上昇したため，現在最も広く使われている。一方，石炭は枯死した植物が完全腐敗する前に地中に埋没し，長時間地圧や地熱を受けて脱水，固化したものと考えられている。この間に不均質な固体のまま脱メタン反応などが生起して水素の割合が低下したため，石油に比べて単

位発熱量とハンドリング性が劣り利用価値が低い。これらのことから，化石エネルギー資源の原料であるバイオマスを短時間で石油化して有効にエネルギー利用するためには，これと同等まで低分子化，脱酸素する必要があることがわかる。

一方，バイオマスをエネルギー変換するために新たなエネルギーを投入する必要があり，これに石油などの化石エネルギー資源を用いることは資源枯渇問題の解決にならないとの議論がある。これについては，上記の通りバイオマスは太陽エネルギーの電池であり，栽培やエネルギー変換のための投入エネルギーに比べてバイオマスから取り出されるエネルギーの方が大きいので，的を射ていないといえる。化石エネルギー資源の枯渇問題やエネルギー変換時の環境負荷問題を解決するためにも，バイオマスのエネルギー利用は積極的に推進すべきである。バイオマスの主なエネルギー利用技術は図2.15に示すとおりであり，以下に詳細を示す。

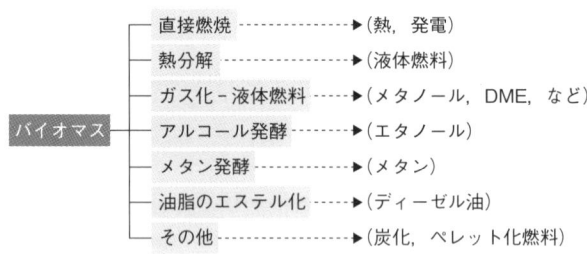

図2.15　バイオマスのエネルギー利用技術
（湯川英明，『バイオマス』，化学工業日報社（2001））

コラム　バイオマスは本当に資源環境上ニュートラルか？

バイオマスの単位構造はCH$_2$O（炭水化物）と書ける。バイオマスは水と二酸化炭素から合成（光合成）されるので，これはH$_2$O + CO$_2$ → CH$_2$O + O$_2$と表される。バイオマスからエネルギーを得るために完全燃焼すると，CH$_2$O + O$_2$ → H$_2$O + CO$_2$となり，この循環は資源的に閉回路となるためカーボンニュートラルと言える。ただし，この回路にはバイオマス育成のための太陽エネルギーや肥料，さらには伐採や収集，乾燥や形態変化（ガス化や液化）などのエネルギーが必要で，これが燃焼時に得られるエネルギーと相殺されるか否かが問題である。実は，必要エネルギーに対して蓄えられる太陽エネルギーの方がはるかに多く，バイオマス利用はエネルギー的にニュートラルではなく，むしろ「得」なのである。

2.3.2　バイオマス発電

バイオマスを薪炭の形で直接燃焼することは古来より行われており，分別が困難で原料濃度が変動する一般廃棄物に対して有効な減量化方法である。ここでバイオマスのポテンシャルエネルギーを利用するため，廃棄物焼却に伴って発生する高温燃焼ガスを用いてボイラーで蒸気を作り，蒸気タービンで発電するごみ発電（廃棄物発電）が注目されている。アメリカ，スウェーデン，デンマーク，フィンランドではすでに10 MW以上の発電

所が稼動しており，日本でも一般廃棄物と産業廃棄物を合わせて200万kW程度が発電されている。これらは電力需要地に直結した分散型電源として連続的にエネルギーを発生し，カーボンニュートラルの観点から二酸化炭素の追加的な環境負荷を与えないことが特長と考えられている。その反面，混在する不純物（とくに塩素）のために蒸気温度や圧力を上げることができず，発電効率が10％程度と低いことが課題である。また，発生するダイオキシンや焼却灰が新たな環境負荷となることも問題である。そこで，図2.16に示すように焼却炉で回収した低温蒸気を化石燃料等で再加熱して高温化し，高効率発電を行うスーパーごみ発電（リパワリングシステム）や，図2.17に示すように廃棄物中の水分や不純物を除去後固形化し，これを燃料として発電するRDF（refuse derived fuel）発電などの研究開発が進められている。

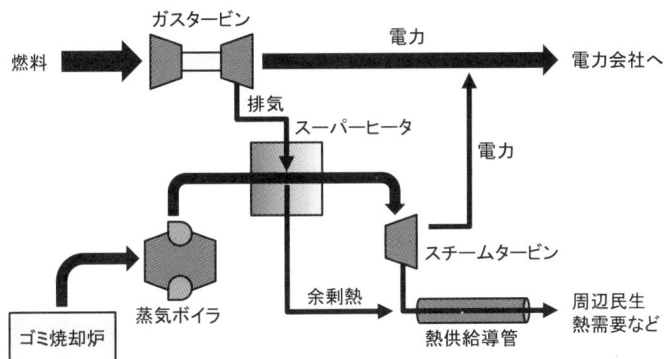

図2.16　スーパーごみ発電（リパワリングシステム）

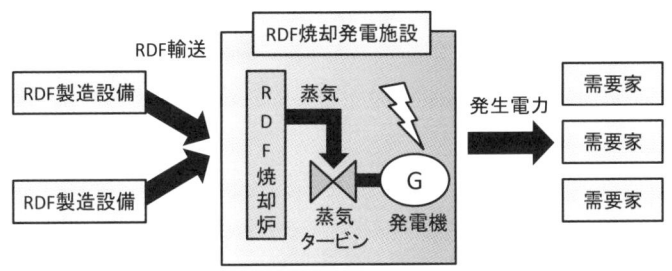

図2.17　RDF発電

2.3.3　液体燃料

急速熱分解は図2.18に示すように常圧または減圧条件下で400〜600℃まで急速に加熱後急速に凝縮させる方法で（反応時間数秒以下），70％以上の低粘性タールが得られる。直接液化は図2.19に示すように一般的に急速熱分解よりやや低い温度の常圧または高圧条件下で温和に熱分解させ，芳香族性に富む燃料油を得る方法である。急速熱分解についてはアメリカ，カナダで100 t／日規模の改質油製造プラントが稼動し始めている[8]。いずれの方法による生成物もガス化に比べて分子量と芳香族性が高く，燃料油としては低品質だが高収率のためエネルギー回収率が高く（70％以上），エネルギー的に自立したプラントを構築できることが特長である。

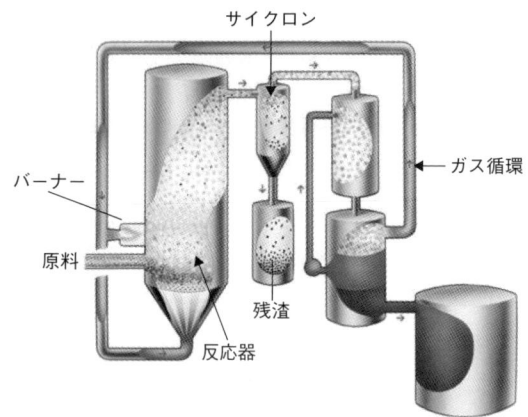

図2.18 急速熱分解の一例（Dynamotive）

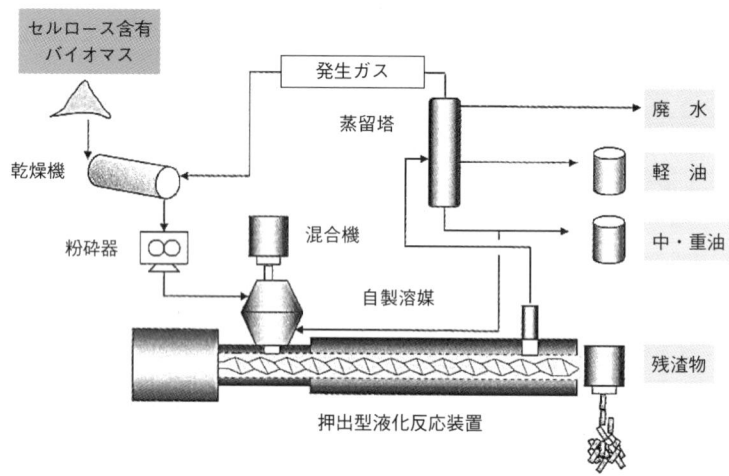

図2.19 直接液化の一例（日本大学-JFEテクノリサーチ）

2.3.4 合成ガス

ガス化は通常800〜1,000℃の常圧または減圧条件下で反応させて一酸化炭素や水素を得る方法である。図2.20に示すようにバイオマスを空気や水蒸気（ガス化剤）の存在下で熱分解，部分酸化して一酸化炭素，水素などにガス化し，発生した高温ガスを発電に使用するガス化発電と，図2.21に示すように高温ガスから種々の触媒を用いてフィッシャー・トロプシュ（FT）合成（鎖状炭化水素の燃料油を生成，p.78コラム参照），DME合成（ジメチルエーテルを生成6.3.5(1)参照），メタノール合成などを行う間接液化がある。

ガス化発電についてはブラジルやアメリカで5〜30MW規模の実証運転が行われており，日本でも2,000kW規模のプラントが稼動を始めている。これらは上記のごみ発電に比べてシステムが複雑になるが，複合発電方式（コージェネレーションシステム，6.2.2(3)参照）により発電効率を向上させることが可能である。

FT合成反応
$$nCO + (2n+1)H_2 \longrightarrow C_nH_{(2n+2)} + nH_2O$$
DME合成反応
$$3CO + 3H_2 \longrightarrow CH_3OCH_3 + CO_2$$
メタノール合成反応
$$CO + 2H_2 \longrightarrow CH_3OH$$

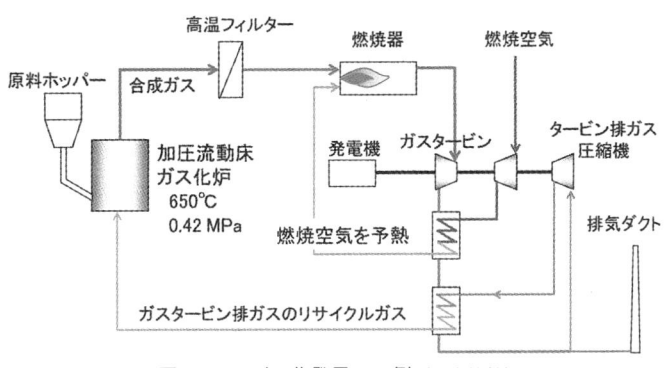

図2.20　ガス化発電の一例（月島機械）

間接液化については日本で2t/日規模のメタノール製造プラントが稼動している。FT合成は石炭を原料とするSASOL社プロセス，メタノール合成は天然ガスを原料とするプロセス（6.3.3(2)）など，既存プロセスを応用した研究開発が進められている（図2.21，6.3.4(2)参照）。ガス化と同時に液体成分のタール（tar）と固体成分のチャー（char）が副生することから，ガス成分の選択性を改善するために種々のガス化炉の形式や加熱方式，反応条件などが検討されている。

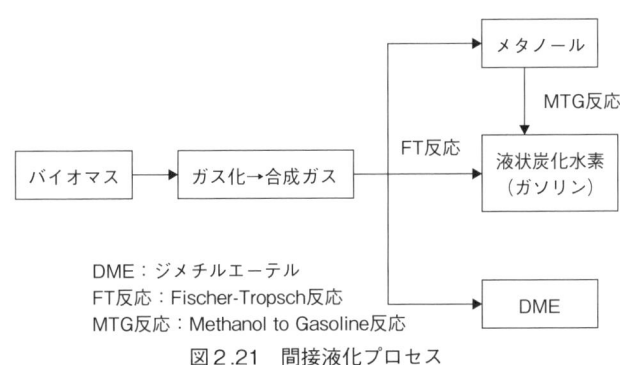

DME：ジメチルエーテル
FT反応：Fischer-Tropsch反応
MTG反応：Methanol to Gasoline反応

図2.21　間接液化プロセス
（湯川英明，『バイオマス』，化学工業日報社（2001））

2.3.5　バイオエタノール

エタノール発酵は古来より糖やデンプンを原料に行われてきたが，セルロース系バイオマスについては実用化の緒についた段階にある。セルロース系バイオマスをエタノール発酵する場合は，図2.22に示すように他のヘミセルロースやリグニンと分離する前処

理工程，グルコースに加水分解または酵素分解する糖化工程，酵母を用いて嫌気性条件下でエタノールに発酵させる発酵工程の三段階を経る．前処理工程には粉砕，蒸煮，爆砕などの物理的処理法または酸，アルカリなどの化学的処理法が用いられ，糖化工程には酸加水分解法，アルカリ加水分解法，酵素分解法などが用いられる．世界最大のサトウキビ生産国であるブラジルは1975年からバイオエタノール混合ガソリンの利用を国策化し，年間約1,700万 kL のバイオエタノールを生産して E20 ガソリン（バイオエタノール混合率20％）を輸送用燃料に用いている[9]．アメリカでは年間約1,500万 kL のバイオエタノールを生産し，一部の州で E10 ガソリンの使用を義務付けている．日本のバイオエタノール生産量は年間約30万 kL，ガソリンに混合できるバイオエタノールの割合は3％（E3）である．エタノール発酵における課題は，酵母の耐性により生成水溶液中のエタノール濃度を10％以下にせざるを得ないことと，アセトアルデヒドなどの副生成物を含むことである．このため分離精製工程が必要になり，これに全製造エネルギーの70～80％が使われると見積もられている．前処理工程や糖化工程における分解速度と変換効率を改善すると共に，遺伝子工学技術を用いて酵母の性能を向上させる研究開発が進められている．

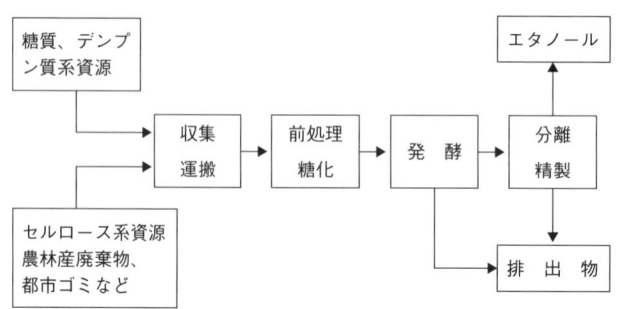

図2.22　エタノール発酵プロセス
(湯川英明，『バイオマス』，化学工業日報社 (2001))

2.3.6　メタン燃料

メタン発酵はバイオマスを嫌気性消化してメタンを主成分とするガスを発生させ，ガスエンジンを用いて発電したり地域暖房用の熱エネルギーとして利用する方法である．ドイツやデンマークなどでは1980年代半ばから実用プラントが建設されており，技術的にはすでに確立している[5]．日本では下水処理場から排出される汚泥を用いて発電するシステムが採用されているが，図2.23に示すように動物の糞尿や農業廃棄物などの高含水バイオマスも適用可能である．発電後の排ガスの熱を消化タンクの保温に用いるなどにより，エネルギー効率は80％程度に達する．嫌気性消化の反応速度が遅いことが課題であり，律速段階である糖化をより効率的に行わせる研究開発が進められている．

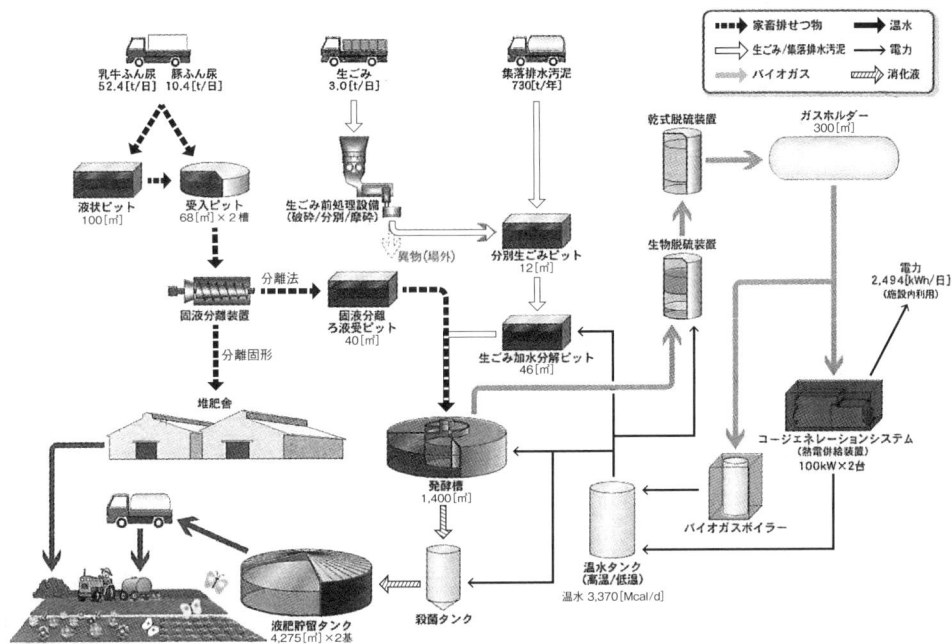

図2.23 メタン発酵の一例（山鹿市バイオマスセンター）

2.3.7 バイオディーゼル燃料

脂肪酸とグリセリンのエステル化合物である油脂を触媒存在下でメタノールとエステル交換させ，脂肪酸メチルエステル（バイオディーゼル燃料）を製造する方法がある。輸送用燃料として軽油を使用する割合が高いドイツ，フランス，スペインなどのヨーロッパではすでに年間約600万tが生産され，B5～B100軽油（バイオディーゼル混合率5～100％）として用いられている（図2.24）。2010年には全燃料消費量に占めるバイオマス由来燃料（バイオエタノールを含む）の割合が6％に達する見込みである。日本では2010年までに輸送用燃料に占めるバイオディーゼル燃料の割合を0.6％（約50万kL）に引き上げる計画がある。ただし，バイオディーゼル燃料は油脂由来のエステル化合物であるため，酸化劣化や低温における物性低下（凝固など）を引き起こす脂肪酸の鎖長や飽和度が原料油脂によって異なることが課題である。また，残留するメタノールや副生するグリセリンの処理も課題である。これらの問題を引き起こさないため，遊離脂肪酸のエステル化～油脂のエステル交換の二段階法（本章トビラ写真）やエステル交換以外によるバイオディーゼル燃料製造法の研究開発が進められている。

エステル交換反応

$$\begin{array}{c} CH_2\text{-}COO\text{-}R^1 \\ CH\text{-}COO\text{-}R^2 \\ CH_2\text{-}COO\text{-}R^3 \end{array} + 3CH_3OH \longrightarrow \begin{array}{c} R^1\text{-}COOCH_3 \\ R^2\text{-}COOCH_3 \\ R^3\text{-}COOCH_3 \end{array} + \begin{array}{c} CH_2\text{-}OH \\ CH\text{-}OH \\ CH_2\text{-}OH \end{array}$$

油脂（トリグリセリド）　　メタノール　　　メチルエステル　　グリセリン

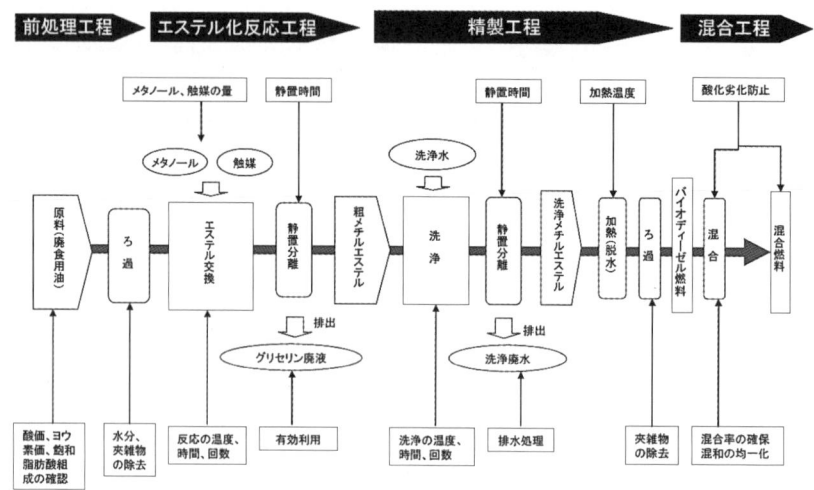

図2.24 バイオディーゼル燃料製造プロセス
(新エネルギー・産業技術総合開発機構,「NEDO海外レポート No.1026」(2008))

2.4 原材料としてのバイオマス

2.4.1 概論

現在,人類が使用する食物以外の化学物質や材料物質の多くは石油から分離精製,合成されているが,これらのほとんどは石油の原料であるバイオマスからも生産可能であり,すでにトウモロコシや大豆,パルプなどを原料としたバイオリファイナリー工業が興りつつある。ただし,バイオマスは石油と異なり単位面積当たりの生産量が低く,供給に季節変動性がある上,嵩高く収穫や収集時のハンドリング性が悪いため,石油由来製品に比べてコスト競争力が劣ることが課題である。このため,地域偏在性に応じた輸送距離の短い収集システムを構築すると共に,収穫量と市場規模に応じた製品生産システムを適用することにより,より効率化する必要がある。バイオマスの主な原材料利用用途を図2.25にまとめて示す。以下に具体的な製造方法を述べる。

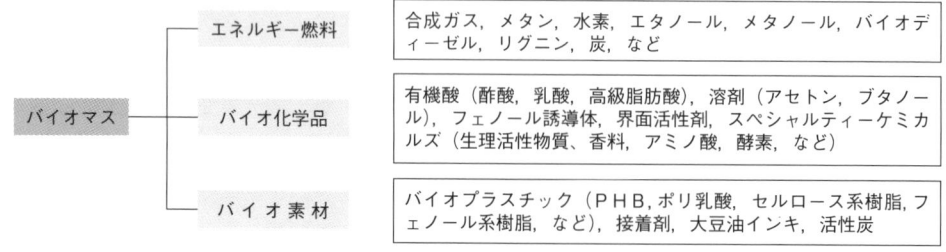

図2.25 バイオマスの原材料利用用途
(湯川英明,『バイオマス』,化学工業日報社 (2001))

2.4.2 水素製造

微細藻類や光合成細菌は光エネルギーを利用して,嫌気性細菌は発酵により水素を生成

する。嫌気性発酵の場合はグルコース1 molから理論的に4 molの水素が得られるが，その発生速度は遅く実際の収率もはるかに低い。この生成効率を向上させ，エネルギー物質または化学原料に用いる研究開発が進められている[10]。アメリカでは複数の酵素を用いてデンプンやセルロースなどの多糖類から多量の水素を生成させる研究が行われており，日本ではバイオマスからギ酸を経由することにより水素生成速度を向上させる研究が行われている[11]。

2.4.3 有機酸製造

グルコースをエタノール発酵させる工程でピルビン酸が生成する。ピルビン酸は酸素呼吸する生物が酸化的代謝によりエネルギーを生産するTCAサイクル（クエン酸回路）の出発物質であり，図2.26のように還元的代謝によりアセチル-S-CoAを経由して酪酸などの有機酸やアセトンなどの溶剤類を合成することができる。また，次のように嫌気性発酵によりエタノールや乳酸などの有機酸を合成できる。

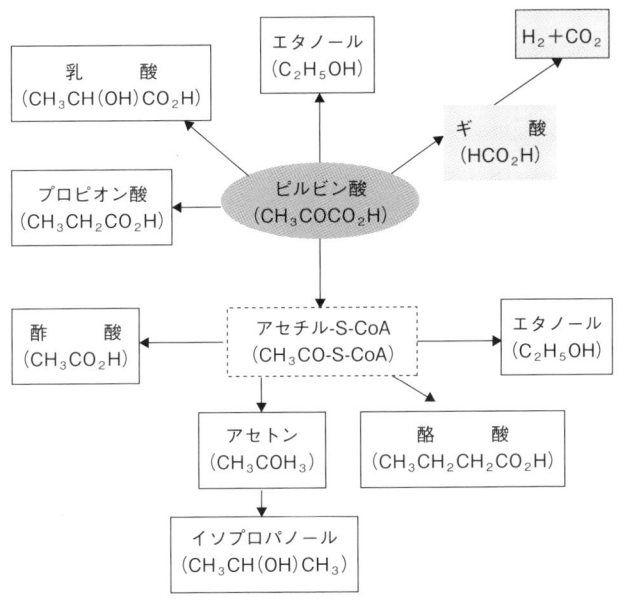

図2.26 ピルビン酸の還元的代謝生成物

2.4.4 フェノール系化合物合成

リグノセルロース系バイオマスに含まれるリグニンを水素化分解して炭素-炭素間あるいは炭素-酸素エーテル結合を解裂させ，各種フェノール系化合物を得ることができる。これを効率的に進める触媒の開発が進められているが，元来リグニンの化学構造が複雑なため生成物も多岐に亘り，目的物の分離，精製にコストがかかることが課題である。そこで，リグニン自体を化学的に修飾して機能性を高める研究が行われている。

また，リグノセルロース系にはグルコースと多価フェノールカルボン酸とのエステル化合物である加水分解性タンニンや，複数のカテキン類の縮合物である縮合型タンニンなどの水溶性ポリフェノール化合物が含まれている。タンニンとは本来植物に由来するタンパ

ク質，アルカロイド，金属イオンと反応し，強く結合して難溶性の塩を形成する水溶性化合物の総称であり，これらの性質を利用して古くから医薬品，化粧品，染料などに使用されている。

2.4.5　バイオプラスチック

多くの微生物がエネルギー貯蔵物質として体内に蓄えているポリヒドロキシブチレート（PHB，図2.27(a)）は，ヒドロキシバリレートやヒドロキシヘキサノエートなど他のポリエステルと共重合させることにより，使用後自然界に戻すと微生物の働きにより低分子化合物に分解され，やがて水と二酸化炭素に分解される生分解性プラスチックとなる。これは，微生物がPHBを分解してエネルギーを得る本来の作用を利用したものである。この他に図2.27(b)に示すポリ乳酸などの化学合成系や，デンプンとポリカプロラクトンなど植物と石油由来物質のブレンド系が生分解性プラスチックとして開発されている。

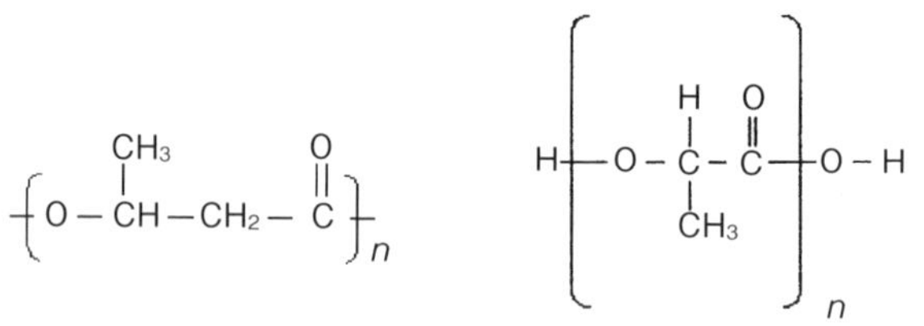

(a)ポリヒドロキシブチレート　　　(b)ポリ乳酸

図2.27　ポリヒドロキシブチレートとポリ乳酸の化学構造

また，図2.28に示すようにセルロースの水酸基を化学的に修飾して高機能化したセルロース系樹脂や，図2.29に示すようにリグニンの水酸基を化学的に修飾して反応性を高めたフェノール系樹脂が開発されている。

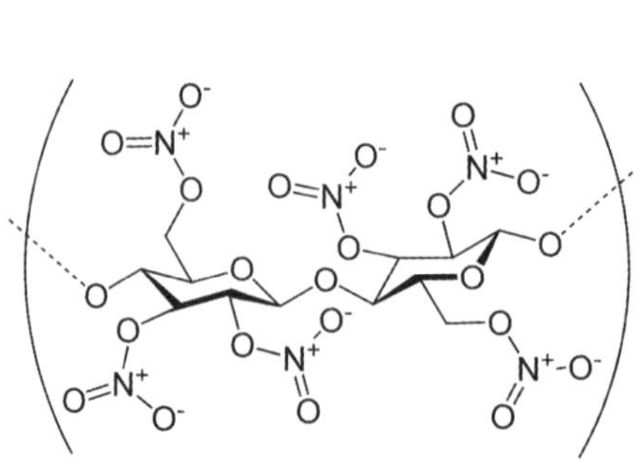

図2.28　セルロース系樹脂の一例（ニトロセルロース）

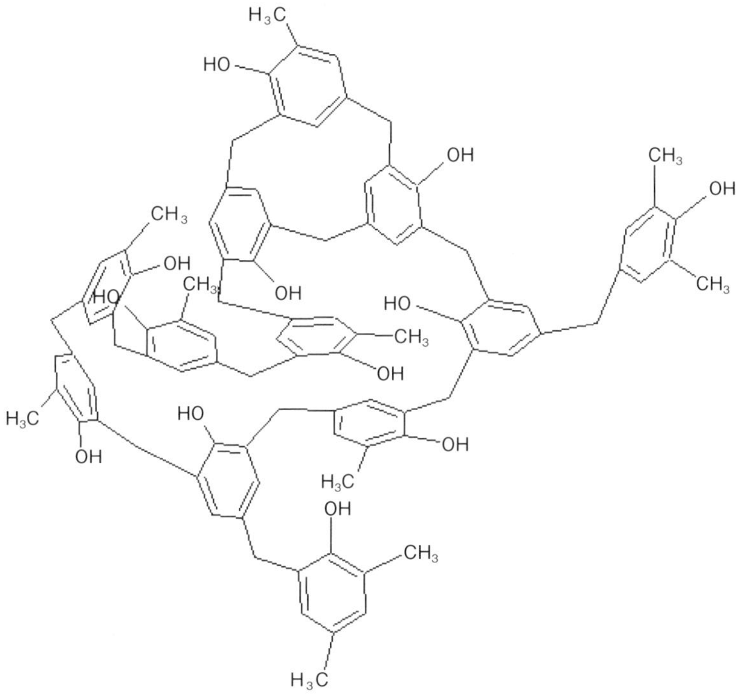

図2.29 フェノール樹脂の化学構造

2.5 今後のバイオマス利用

　アメリカでは，1999年に発布された「バイオ製品とバイオエネルギーの開発と促進」に関する大統領令以降バイオマス利用技術の研究開発が積極的に進められ，2050年には国内エネルギー需要の半分をバイオマスで賄う目標が掲げられている。これは，日本に比べて国土面積が25倍，農地面積が80倍あるアメリカならではの戦略で，広大な平地で原燃料用のバイオマスを大規模集約的に栽培できる前提がある。また，畜産先進国の北ヨーロッパ各国では動物の糞尿や食品廃棄物を原料とするごみ発電プラントが多く建設されている。

　石油と同様にバイオマス資源に恵まれていない日本では，廃棄物系バイオマスの再利用が不可欠である[12]。これらからメタン，エタノールなどの石油代替燃料や電気などのエネルギーを創出すると共に，プラスチックなどの原材料を生産する技術を早期実用化することにより，貴重な石油など化石資源との使い分けを進める（ノーブルユース）。さらに，大都市には大規模集約的なバイオマスリファイナリーを設置し，収集時のエネルギーロスが補える高効率生産を行う。一方，収集規模の小さな地方都市には小規模分散型のプロセスを導入する。これらにより，それぞれの規模に応じたエネルギー循環システムが構築できる。今後は，産・官・学および住民が一体となった日本独自の戦略を展開する必要がある。

> **コラム**　バイオマスが地球環境を変えられるのか？
>
> イギリスの科学者であり哲学者でもあるジェームズ・ラブロックが唱えたデイジーワールドというコンピュータモデルがある。これは，太陽の光度が年々増加する地球上に白色と黒色のデイジーしか生存していないと仮定した地表温度シミュレーションモデルである。これによると，① 光度が低いときはデイジーが生育するための熱が必要で（数10億年前），熱を吸収できる黒色のデイジーが選択的に生い茂って地表を暖める。② さらに光度が増すと冷却が必要になり（現代），光を反射して地表を低い温度に保つ白色のデイジーがこれに替わる。③ 最終的に熱流量が非常に大きくなると（数10億年後），白色のデイジーをもってしても生き延びられる温度に地表を保つことができず，全てが滅びてシステムが作動しなくなる。このように，生命体のシステムは意志の有無によらず，一定範囲内では人間の体温調節のように地球環境を自動的に調節する機能を持っている。

参考文献

1) 湯川英明,『バイオマス』, 化学工業日報社（2001）.
2) 農畜産業振興機構,「砂糖類情報」(2010.11).
3) United States Department of Agriculture, 'World Agricultural Supply and Demand Estimates' (2010).
4) Food and Agriculture Organization of the United Nations, 'Global Forest Resources Assessment' (2005).
5) 新エネルギー・産業技術総合開発機構,「バイオマスエネルギー導入ガイドブック」(2010).
6) エネルギー・資源学会編,『エネルギー・資源ハンドブック』, オーム社（1997）.
7) 総合資源エネルギー調査会需給部会編,「長期エネルギー需給見通し」(2005).
8) 新エネルギー・産業技術総合開発機構,「バイオマスを原料とする合成燃料の生産技術および利用に関する最新動向調査」(2010).
9) 新エネルギー・産業技術総合開発機構,「NEDO 海外レポート No.1026」(2008).
10) 新エネルギー・産業技術総合開発機構,「NEDO 海外レポート No.1004」(2007).
11) 機械システム振興協会,「革新的バイオマス利用システムの実現可能性に関する調査研究報告書」(2007).
12) 小宮山宏, 迫田章義, 松村幸彦,『バイオマス・ニッポン』, 日刊工業新聞社（2003）.
13) 横山伸也,『バイオエネルギー最前線』, 森北出版（2001）.
14) 武内和彦, 田中学編,『生物資源の持続的利用』, 岩波書店（1998）.

3

腐植資源

3.1 腐植物質とは
3.2 自然環境における腐植物質の存在と役割
3.3 腐植物質の利用

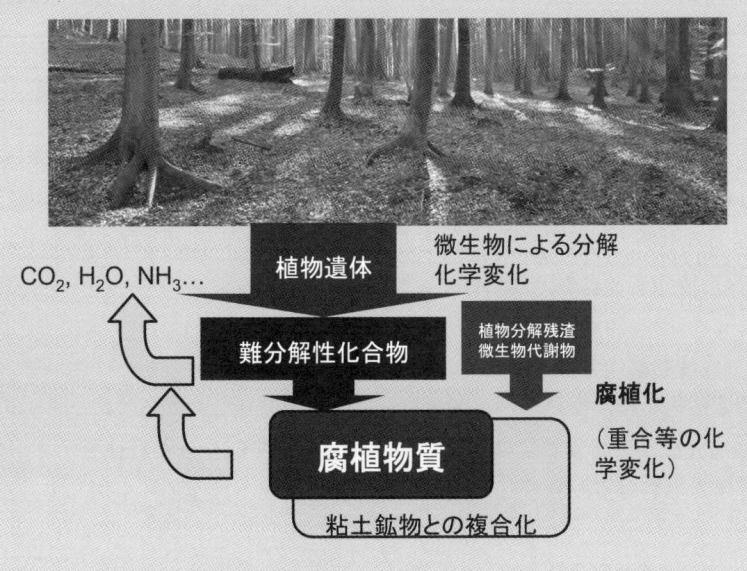

腐植物質の生成と蓄積
生命と大地が腐植物質を産み出し，生命を支える豊かな土壌を形成する。

3.1 腐植物質とは

3.1.1 腐植物質の定義

多様な側面を持つ腐植物質（humic substance）については，次のようにいろいろな定義が提案されている。

① 土壌や河川をはじめとする地球表層圏の環境中に広く存在する天然有機高分子成分
② 生体成分を起源として化学的・生物的な生体外反応を通じて生成された黄色から黒色を呈する成分
③ リグニンやメラニン，メラノイジンなどの成分が土壌や河川中で長い時間をかけて分解や変質を受けて生成した成分
④ 生物体の分解によって生成するアミノ酸や糖類，脂質，リグニンなど化学構造が特定される物質とは区別され，化学構造が特定されない高分子有機物の総称

3.1.2 腐植物質の起源と賦存量

陸上生物・海洋生物全体の生命体を構成している炭素量（つまりはバイオマス量）は，地球全体に存在する炭素量のわずか0.02％に過ぎないが，土壌中にはその倍量の様々な土壌有機物が存在する。それらは動植物の遺骸が様々な作用により分解されたものである。完全に分解されれば二酸化炭素や水となり自然の循環に帰るが，一部は定義③にあるようにゆっくりと変性し粘土鉱物と複合化しながら土壌中に溜まっていく。その経路の概略を本章トビラに示した。

石炭や石油など化石資源以外で地中に存在する全有機炭素は，第1章図1.3によれば，2550×10^9 tと見積もられている。その内のおよそ6割が「化学構造が特定されない有機物」であり，定義④による腐植物質であると推察される。すなわち，化石資源の約4割に相当する膨大な腐植物質がわれわれの足元に存在していることになる。ただし，全体的な賦存量の正確な推算は非常に困難である。すべての土壌を掘り返すわけにもいかず，また我々が容易に近づくことができない場所（深海や氷床など）はごく一部のサンプリングから推量せざるを得ないからである。

このように膨大な賦存量がある腐植物質は，大部分地表面に拡散しているとはいえ，一部集積している個所もあるので，今後有用資源として有効活用されることが期待される（そのような期待のもとに本章の題目を「腐植資源」とした）。

3.1.3 腐植物質の分類と分画

特定の化学構造を持たないため，腐植物質は一定の共通した類似性はあるものの，その性質は微妙に異なる。高分子量の天然物には往々にしてこうした特性を示すものがある。石炭を熱分解あるいは接触分解して得られる液化生成物（液化油）も同じような挙動を示す。

このような場合，その中に含まれているものを1つ1つ取り出して構造を調べてもその全体的な性質を裏付けるような情報を得ることは難しい。むしろマクロ的な分類をするこ

とができれば，グループごとの性質や特徴を端的に把握できる。そのため，腐植物質は，塩基水溶液に対する溶解性によって表3.1のような分類がなされている。

表3.1 腐植物質の分類

フミン酸（humic acid）	塩基水溶液に溶解し，酸水溶液において沈殿を形成する。腐植酸とも呼ばれる。
フルボ酸（fulvic acid）	塩基水溶液に溶解し，酸水溶液においても沈殿しない。pHに関わらず水に溶解する成分
ヒューミン（humin）	不溶性有機物（ケローゲンとも呼ばれる）

塩基水溶液を使う理由は，腐植物質中には酸性を示す官能基が多数存在するため，塩基水溶液と混合すると塩を形成し，水に溶けやすくなるためである。低分子の酸性化合物の多くはこの反応により水に溶ける（フミン酸）。また，水酸基やカルボキシ基は水と親和しやすい性質をもつ。これらの置換基が多く結合した化合物は，塩形成に関わりなく水に溶けるようになる（フルボ酸）。ところが分子が巨大であったり，分子の三次元ネットワーク構造の状態や酸性官能基の含有量や結合位置によっては，アルカリにほとんど溶解しないようになる（ヒューミン）。

また，カルボキシ基やフェノール性水酸基，アルコール性水酸基の酸性度（pK_a）が大きく異なるように，官能基の種類だけでなく，官能基が結合している骨格構造によっても酸-塩基反応の反応性は全く異なってくるので，上記のグループを明確に分画することは難しい。巨大な分子でも塩基水溶液に溶けるものあれば，比較的低分子であっても溶解しないと言ったことが往々にして起こる。実際，pHに依存せず水に溶解するフルボ酸の分離方法を変えると，さらに別の画分として分画されることが確認されている。例えばフルボ酸として分画された成分中には，フミン酸として分画された分子構造と類似した物質も少なからず存在する。したがって分画方法が異なると，同じサンプルでも分画された成分中の組成が異なってしまい，結果として実験結果に大きなばらつきを与える可能性がある。

国際的な統一を図るため国際腐植物質学会（International Humic Substances Society）によってIHSS法と呼ばれる分画手順が提案されており，異論はあるものの腐植物質を分離精製する手段の1つとして認知されている。IHSS法は土壌や堆積物あるいはその他の固体試料から腐植物質を分離精製する方法であり，水溶性腐植物質の分離には，IHSS法に準ずる水溶性腐植物質の分離精製法が実質的に標準的な方法として用いられている。ここではその概略を示す（図3.1）。

IHSS法に従って，異なった原料から抽出したサンプルに関してMALDI-TOFMS法によって測定した絶対的な分子量分布（従来のサイズ排除型クロマトグラフィー法は標準サンプルに対する相対的な測定法である）は，図3.2のように抽出原料によって大きく異なる。また，フミン酸とフルボ酸で部分的に重なっていることもわかる。これは，化学的な手法であるIHSS法による分画が化学構造の違いによって大きく影響を受けることを示

している。

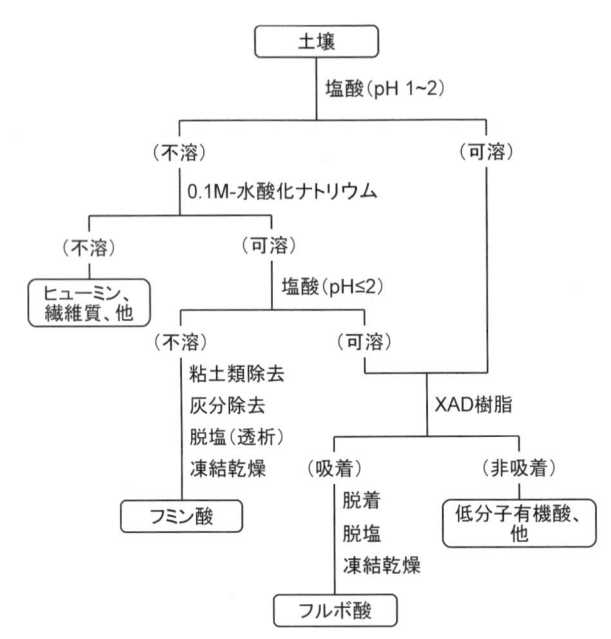

図3.1 土壌試料から腐植物質の分画の概略

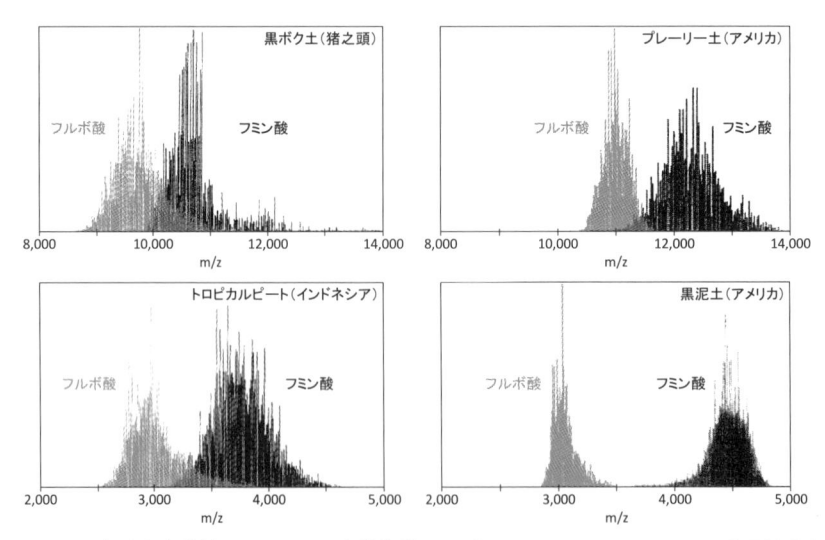

図3.2 各種土壌試料より分画した腐植物質サンプルのMALDI-TOFMSによる分子量分布

3.1.4 腐植物質のキャラクタリゼーション

腐植物質の構造や物理化学的性質を調べるための手法は通常の天然高分子化合物，さらには石炭および石炭液化物のそれと同様である（そのため旧来の分析法の説明は三共出版ホームページ中に譲り（p.46参照），以下本書では比較的新しい手法について紹介する）。

石炭構造と腐植物質の化学構造が決定的に異なるのは，腐植物質の酸素含有量が非常に高い点である。そのため，当然腐植物質の炭素含有量は石炭より低い。炭素含有量と酸素官能基の含有割合の関係を図3.3に示す。ただし，この含有割合は，異なった原料について化学的分析法による結果で，概略的な値であることに注意しなければならない。

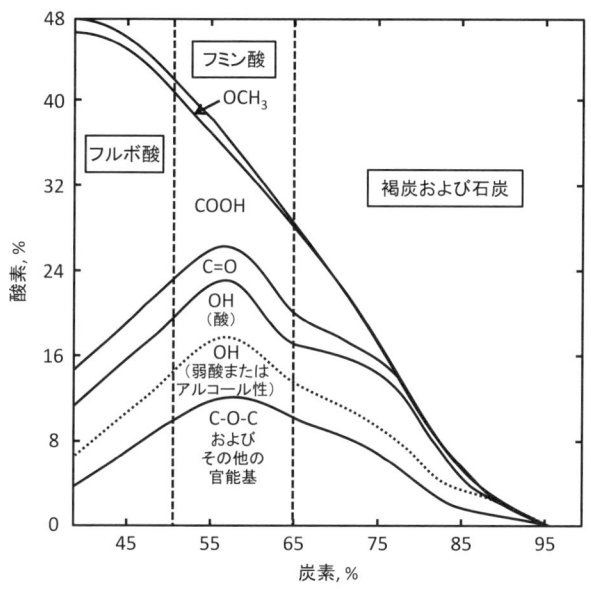

図3.3　フルボ酸，フミン酸，褐炭および石炭の含酸素官能基酸素分布
(D.W.van Krevelen, *et al.*, *Fuel*, 36, 135(1957))

　腐植物質にはカルボキシ基，水酸基，メトキシ基など含酸素官能基が多く存在する。フェノール性水酸基やカルボキシ基が特に多いため，酸としての機能を有する。腐植物質の仲間がフミン酸，フルボ酸‥というように名前の中に"酸"がつくのは，これらの官能基が多数含まれているためである。腐植物質にはイオン交換能や保水作用，吸着作用といった機能が認められており，天然の機能材料として期待されているが，こうした能力も腐植物質の中のこれらの官能基が主たる役割を担っている。

3.1.5　平均化学構造

　腐植物質の化学構造は，元素分析，官能基分析，水素分布，炭素分布，平均分子量，分子量分布などの結果を総合して評価する。

　図3.4にSchultenらが，^{13}C-NMR，酸化分解物のデータなどを基にして提案したフミン酸の平均化学構造式を示した。石炭と同様非常に複雑な構造であるが，一見して石炭に比べて酸素の割合が多いことがわかる（4.2参照）。

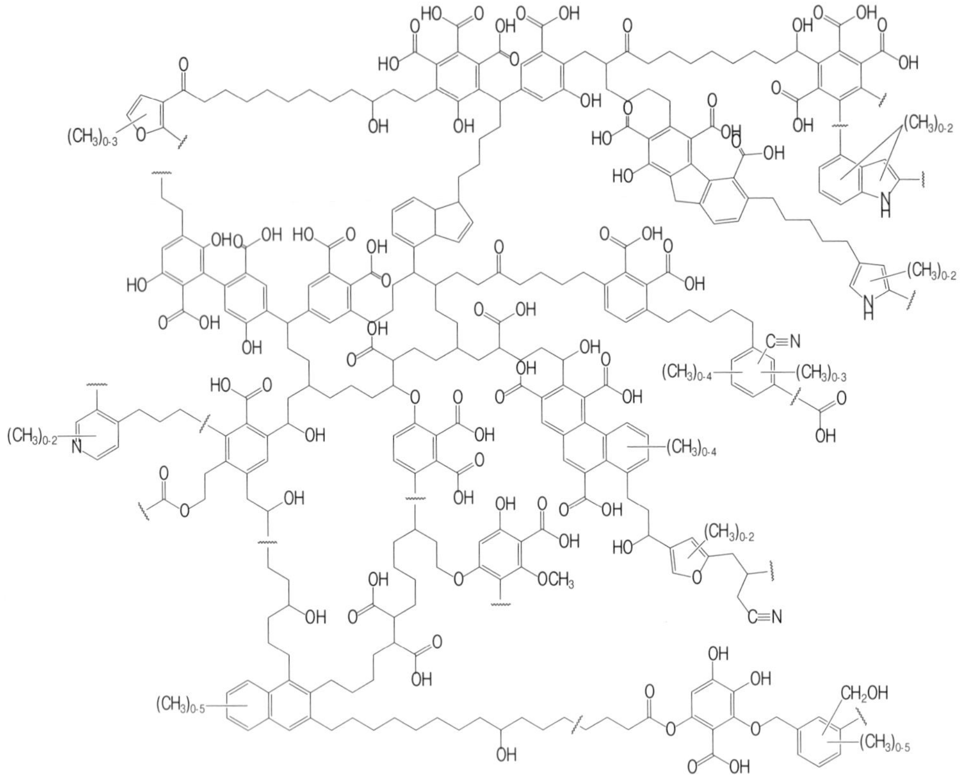

この構造式の元素組成は$C_{308}H_{328}O_{90}N_4$，分子量は5540

図3.4 土壌フミン酸の平均化学構造 (H. R. Schulten and M. Schnitzer, 1993)

注意すべきことは，ここに示したのは，あくまでも特定の原料から特定の方法で抽出した試料に関する分析値を平準化した構造の提案であり，すべてのフミン酸がこの構造をしているわけではない。原料が異なれば分析結果も異なるので当然平均化学構造も変化する。また，同一試料中の分子が全てこの構造をしているという意味でもない。このことが腐植物質の研究を難しくしている。

図3.5には各種原料から抽出したフルボ酸画分の各種分析値から推算した平均化学構造を示す。全体的に分子量はフミン酸に比べて低いが，カルボキシ基の占める割合が大きいことがわかる。このことがフルボ酸の水溶性の理由である。同じ抽出法（IHSS法）による試料でも，平均化学構造は，原料によって大きく異なる。とくに地下かん水から取り出されたフルボ酸は全く芳香族性の炭素を含まないのが特徴である。これら化学構造は，官能基分析のほかNMRによる炭素種・水素種の解析（表3.2）とともにMALDI-TOFMSで絶対的な平均分子量分布（図3.2参照）の測定値をもとに推定される。

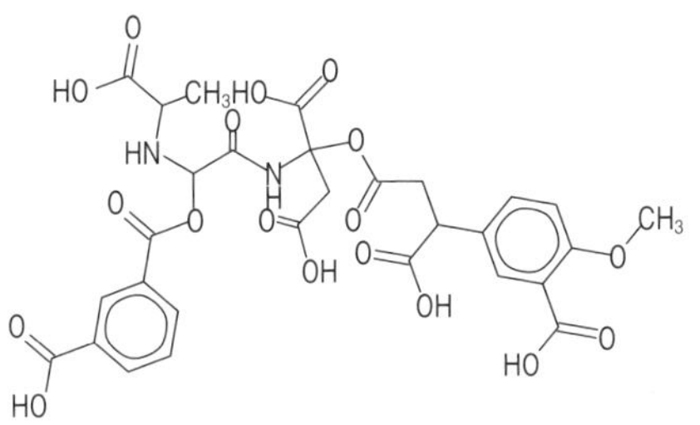

(a)黒ボク土フルボ酸 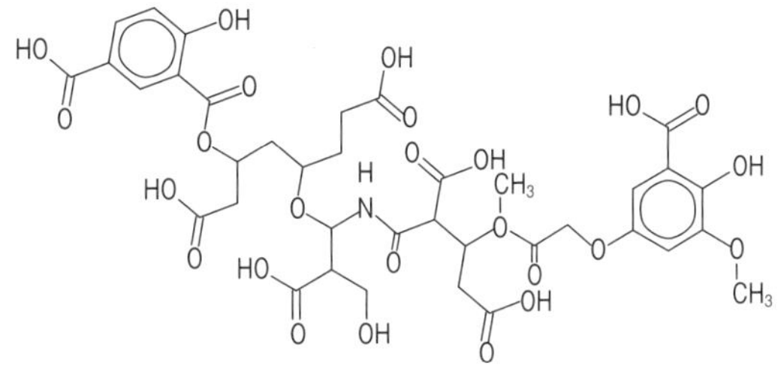　　　　　　　　　　(b)風化炭フルボ酸

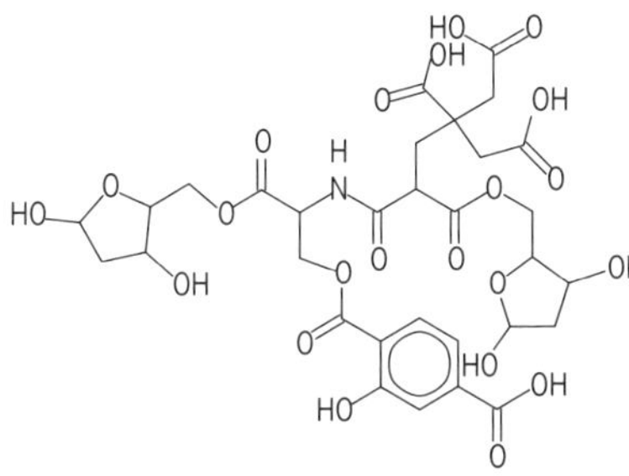

(c)草炭フルボ酸 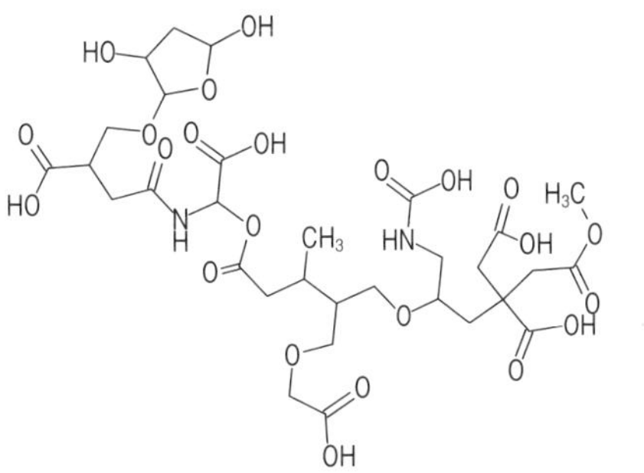　　　　　　　　　　　　(d)地下かん水フルボ酸

図3.5　各種腐植資源から抽出されたフルボ酸の平均化学構造

表3.2　各種フルボ酸の ^{13}C, ^1H-NMRによる炭素種および水素種の割合（％）

	化学シフト(ppm)	黒ボク土FA*	風化炭FA	草炭FA	地下かん水FA
^{13}C	脂肪族C(0〜50)	31.9	35.8	26.4	57.2
	C（4級）	0.0	0.8	4.5	4.4
	CH	11.1	14.2	7.9	21.9
	CH_2	19.3	12.9	13.0	24.4
	CH_3	1.5	7.9	0.9	6.6
	置換C(50〜110)	5.9	12.6	36.1	26.9
	C（4級）	3.7	1.1	1.2	8.4
	CH	1.1	1.6	23.9	7.5
	CH_2	0.7	8.4	5.5	10.9
	CH_3	0.4	1.6	5.2	0.0
	芳香族C(110〜145)	30.7	28.7	18.8	1.6
	C	26.3	14.2	3.9	0.3
	CH	4.4	14.5	14.8	1.6
	フェノールC(145〜165)	0.0	2.9	3.3	0.6
	カルボキシルC(165〜185)	31.5	20.0	15.5	13.8
	ケトンC(185〜210)	〜	〜	〜	〜
^1H	末端アルキル(0〜1.9 ppm)	23.6	35.8	23.4	40.6
	α-H(1.9〜3.2 ppm)	40.1	41.6	21.1	44.6
	CH-O-(3.2〜6.2 ppm)	29.6	6.9	41.6	13.0
	芳香族(6.2〜8.6 ppm)	6.7	15.7	13.9	1.8

＊FA：フルボ酸

> **コラム** 腐植物質研究の重要性
>
> ところで科学者はなぜ多くの苦労を強いられながら腐植物質の研究を続けているのだろう？それは腐植物質が我々の身近に存在する有機化合物としてはいまだに構造すら明らかとなっていない未知なる物質であることに加え，植物の生長促進作用，抗酸化作用，保水作用などの機能を有することが見出されており，それらの機能を解明することで環境の保全や食物の大量生産を実現できる可能性を持つからである。
>
> これまで我々は人工的な新規化合物を合成し，動植物の生長促進や除菌，殺虫剤により豊かな社会を築いてきたが，21世紀の今日，より自然環境に調和した対策が望まれている。腐植物質はそうした意味で今後環境適合性の高い機能物質として注目されている。

3.2 自然環境における腐植物質の存在と役割

3.2.1 土壌中の腐植物質—土壌の肥沃化と汚染防除

土壌は様々な生命を育むために必要な栄養源の巨大な貯蔵タンクであり，多くの命を育む苗床であり，命がつきた生物を静かに埋葬し自然の流れに戻す場でもある。

土壌中の腐植物質は土壌を肥沃にし，植物の成長を促す。また，水分の保持や金属イオンの補足や輸送に関わっているといわれる。水を媒介して土壌から河川から海へ輸送され，海草やプランクトンの栄養素として利用され，水生生物の営みを支える役割を担っている。

土壌中の腐植物質含有量は土壌の種類により，著しく異なり，鉱質土壌では0.5〜5％，黒ぼく土では8〜40％，泥炭土と呼ばれる土壌では20〜100％となる。

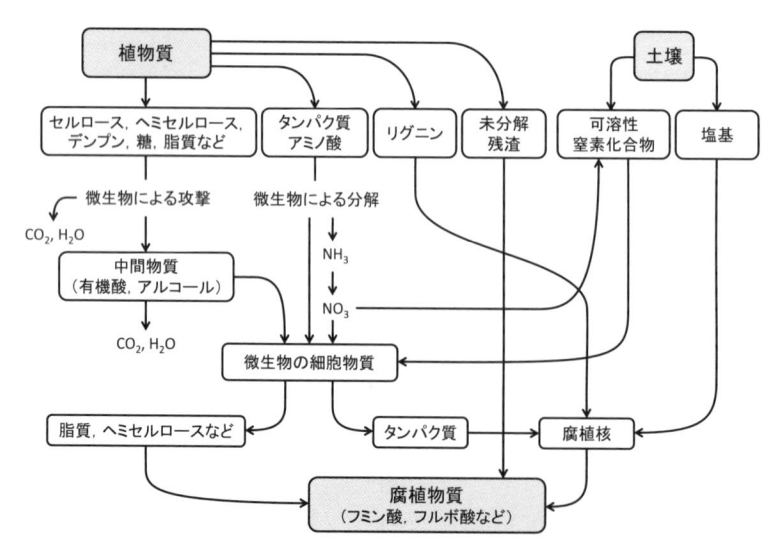

図3.6 土壌中の植物残渣の分解における腐植生成機構の概略図
(S. A. Waksman, "Humus", Williams & Wilkins (1936))

植物遺体が土壌中埋没すると微生物による分解や化学的な反応を受けて分解し，水や二酸化炭素を放出しながら不規則に重合し難分解性の化合物へと変成して次第に腐植物質へと変化する。その化学的生成機構について図3.6に示す。

　土壌中には鉄やアルミニウムイオンが共存し，それらが腐植物質に取り込まれ安定化した複合体となるために分解作用を受けにくくなる。このように地表に植物が生育している限り表面土壌からは絶えず原料が供給されるため，次第に腐植物質が濃縮されていく。こうした一連のプロセスは"腐植の更新過程"と呼ばれる。しかし土壌中の腐植物質は長い年月をかけてゆっくりと変性し，より分解しにくい化合物へと変化する，"腐植の進行過程"が生じる。このように土壌中に含まれる無機物質や有機物質，微生物の影響を受けながら"腐植の更新"と"腐植の進行"を経て"腐植化"が進むと考えられている。

　先に触れた腐植物質が土壌を肥沃化する作用は，具体的には図3.7のような粘土‐腐植複合体をバインダーとする土壌団粒構造の形成による（図3.9参照）。

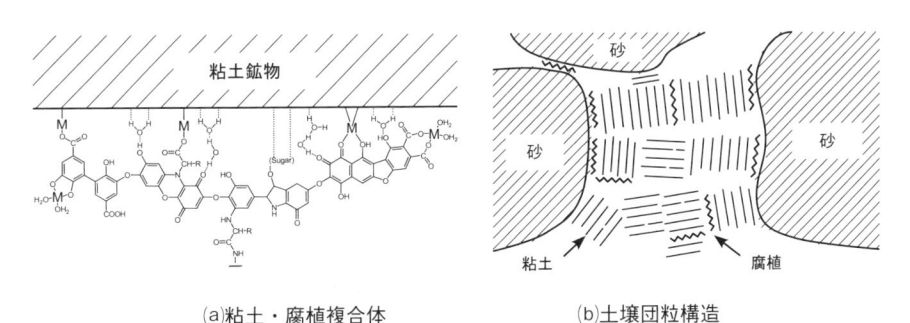

(a)粘土・腐植複合体　　　　(b)土壌団粒構造
図3.7　粘土-腐植複合体の形成(a)と土壌団粒構造の形成(b)

　土壌の肥沃化ばかりでなく，土壌中の腐植物質は，微生物などでは分解しにくいとされる有機塩素化合物のような土壌汚染物質の分解を促進する作用があることが明らかになってきた。そのため，"環境修復資源"として腐植物質が見直され，この分野での新たな研究が数多く発表されるようになった。

　このような作用は，腐植物質が着色していて太陽光を吸収しやすいと同時にフリーラジカルを安定的に含有しているためと考えられる（表3.3）。フリーラジカルとは不対電子を有する分子やイオンであり，一般に非常に不安定な状態であるが，腐植物質中に含まれるキノン類はセミキノンラジカルのように比較的安定なラジカル構造をしていると考えられる。

表3.3　ESRによって測定した腐植物質のフリーラジカル濃度

資材	腐植物質	フリーラジカル濃度 ($\times 10^{18}$ spins g^{-1})
トロピカルピート（インドネシア）	フミン酸	6.81
草炭（ベラルーシ）	フミン酸	1.14
ミズゴケ草炭（カナダ）	フミン酸	3.01
草炭（北海道）	フミン酸	0.37
灰色森林土（千葉県）	フミン酸	0.47
水田土壌（千葉県）	フミン酸	0.10
牧草地土壌（千葉県）	フミン酸	0.28
土壌IHSS標準	フミン酸	1.29
亜炭（ロシア）	硝酸酸化フミン酸	1.47
硝酸酸化	フルボ酸	0.58
ミズゴケ草炭（カナダ）	フミン酸	0.78
	フルボ酸	0.60
褐色低地土（福島県）	フミン酸	0.72
	フルボ酸	0.39
地下かん水（千葉県）	フルボ酸	0.67

　一例として，環境汚染物質であるクロロフェノールを光照射により酸化分解するとき，腐植物質を添加するとその分解効率が著しく向上することが確認されている。腐植物質が光増感剤としてヒドロキシラジカルを生成し，クロロフェノールの酸化分解を促進する。このようにして，土壌中の環境汚染物質は腐植物質によって分解除去される。フミン酸はその構造中に含まれるキノン骨格により光増感剤として作用することで水を活性化し，ヒドロキシラジカルの生成を促進すると考えられている（図3.8）。

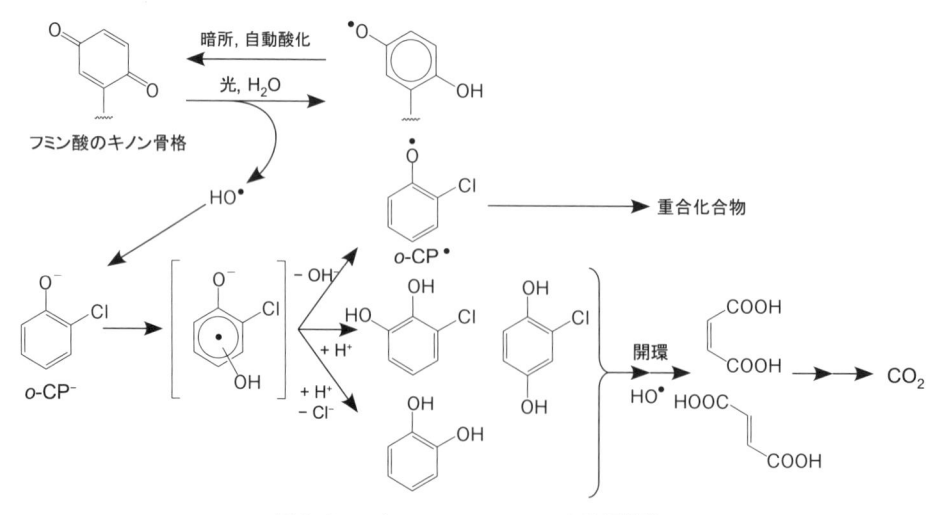

図3.8　*o*-クロロフェノールの光分解機構
（柴田ら，*Humic Substance Research*, 1, 12（2004））

3.2.2 水中の腐植物質

河川水，湖沼水，および海水中にも腐植物質が存在している。こうした腐植物質の由来は土壌や堆積物から生じたものと考えられる。着色していない透明な河川水の場合，およそ 0.05～5 mg/L の溶存有機炭素が存在し，着色した河川水の場合は 10～30 mg/L 存在するといわれ，そのうち 70～90 % が腐植物質由来と推定されている。こうした水溶性腐植物質のおよそ 90 % がフルボ酸である。

また，河川水中の腐植物質は，土壌中の腐植物質に比べて分子量の範囲が狭く，より低分子領域に分布する（つまりフルボ酸）。さらに同じフルボ酸に属する腐植物質でも河川水中のフルボ酸は土壌中に比べて相対的に炭素含有量が高く，酸素と窒素含有量は低く，芳香族とカルボキシ基が多いといった特徴がある。一方，河川水中のフミン酸は土壌中のフミン酸よりもフェノール性水酸基が多いという結果が得られている。カルボキシ基や水酸基は親水性の官能基である。比較的低分子量で親水性官能基の存在量が多いことが水溶性を発現する要因である。仮に河川水中のフルボ酸やフミン酸が土壌で産生したものと考えると，土壌中を移動する水により特定の性質を有する腐植物質が，あたかもクロマト管を通過するように土壌粒子との相互作用により吸着，分配を繰り返しながら分離され河川へ流出した可能性が指摘される。

河川水中の腐植物質が海の生態系，とくに沿岸部の海洋動植物を育んでいる。腐植物質（実際には鉄イオンも関与するが）が海藻類やプランクトンの栄養源となっていることが明らかとなっている。したがって，大量の森林伐採等によって土壌が痩せ，腐植物質の河川への流入量が減少すると，その周囲の海域に住む生物が生存できなくなることがわかってきた。

3.2.3 堆積物中の腐植物質

湖沼や海底には刻々と土砂とともに生物の遺骸が降り積もり堆積する。こうした堆積物の分解により腐植物質が生産される。古い堆積物層に含まれる腐植物質にはヒューミンが多く存在する。これらの腐植物質は当時の生物情報や地球の気候変動などに関する情報を保有し，なおかつ石油前駆体の可能性が注目され，様々な研究対象となっている。

堆積物中の有機物は生物由来の脂質，タンパク質，アミノ酸も含まれており，それらをていねいに分離することで腐植物質が得られる。湖沼の堆積物には有機炭素濃度として 10～50 mg/g が存在し，その中に平均 40～80 % の腐植物質が含まれると言われている。海底の堆積物中には場所によって異なるものの，太平洋海底において平均 16 mg/g の有機炭素が存在し，そのうちの 73～87 % を腐植物質が占める。

腐植物質の内訳をみると，湖沼堆積物ではフミン酸やフルボ酸などの可溶性腐植物質は，それぞれ平均 16, 13 % であり，それ以外はヒューミンとして存在する（約 65 %）。海底堆積物中の分布は，フミン酸，フルボ酸，ヒューミンがそれぞれ平均して 23, 28, 43 % と報告されており，湖沼堆積物の腐植物質とはだいぶ様子が異なっていることがわかってきた。しかし，一口に海底と言っても沿岸部と深海底では全く環境が異なるので，腐植物質の存在量や成分組成は様々に変化しうる。

前述のように，湖沼堆積物（湖泥，サプロペル）中には腐植物質のほかに有機栄養物や無機栄養成分を多く含んでいるため，これを回収採取して土壌改良剤・肥料として商品化されている例がある。

一方，湖沼の地学的な老化が進むと湿原さらには高層湿原の状態になり，いわゆる泥炭層が形成される。こうなると，無機成分が周囲から流入しなくなるばかりでなく，雨水によって洗脱されるので灰分をほとんど含まない腐植資源である泥炭（ピート）となる。これも保水用資材として商品化されている。

> **コラム** 腐植物質と自然環境
>
> 　腐植物質は植物を育む栄養となったり，土壌に含まれる水分を保水したり，土壌の性質を安定化するなど様々な役割を担っている。森が様々な命で満ちているのは土壌中に大量の腐植物質が存在しているためである。また，川や海に様々な生物が生きていけるのも水や堆積物の中に腐植物質が存在するためである。
>
> 　このように，腐植物質は自然環境における縁の下の力持ちである。地球上のすべての生物が腐植物質の存在によって支えられていると言っても過言ではないだろう。しかしながら私たちはそのことに気づかずあまりに無頓着であった。現在，地球温暖化が急速に進んでいる。温暖化により永久凍土が溶けだすと，ハイドレートとしてとじ込められていたメタンが放出され，温暖化が一気に加速する。大地が乾燥し，湖沼や河川が涸れればそこに存在していた腐植物質も分解され二酸化炭素となって消失する。それに伴い温暖化がさらに加速するばかりでなく，生命の苗床である腐植物質の消失は，地球全体の生態系のバランスを崩し，多くの生物を絶滅させ，やがては人間の生存すら危うくする危険性をはらんでいる。こうした負の連鎖は指数関数的に増加する。今日まで何事もなくても明日には突如として何かが始まるかもしれない。いま私達は改めて大地に目を向けるべき時である。

3.3　腐植物質の利用

3.3.1　腐植物質の製造

　腐植物質を利用しようとする場合，主としてその対象はフミン酸であるが，その原材料によって「天然フミン酸」と「再生フミン酸」に分類される。前者は，抽出原料によってさらに土壌系と石炭系に分けられる。酸素含量が多くて燃料としては価値が低い，いわゆる低品位炭といわれる褐炭や亜炭にはフミン酸が多く含まれる。ことに空気酸化を受けやすい露頭炭層に存在する風化炭の中にはほぼ半量のフミン酸を含むものもある。

　このような石炭の酸化過程を人工的に行ったのが再生フミン酸と呼ばれるものである。亜炭を硝酸で酸化して得られるフミン酸は「ニトロフミン酸」と名づけられ，1950年代からわが国で開発された。現在でも工業的に製造され，土壌改良材として農業利用することが地力増強法によって認定許可されている。

3.3.2 腐植物質の一般的特性

先述のように，腐植物質の構造中にはフェノール性水酸基やカルボキシ基といった酸性官能基を多数存在する。これらの官能基は酸として機能するだけでなく，一般的に次のような性質がある。

- ・陽イオン交換能
- ・錯形成能
- ・界面活性能
- ・水素結合による水和能および高次構造形成能
- ・酸化 - 還元能
- ・ラジカル捕捉能
- ・ラジカル形成能

これらの特性を生かして，次のような農業的あるいは工業的な用途が開発されている。さらに，医学での応用等多岐にわたる可能性が検討されている。

3.3.3 農業利用

土壌有機物の主成分であるフミン酸が，豊かな土壌を醸成するために農業に利用されるのは当然のことである。とくに有機物含量が低いため植生に乏しい土地を改良するのに有効である。

(1) 土壌改良剤

土壌改良には下記のような特性が要求される。

- ・物理的特性：透水性，保水性，通気性の改善，耕作性の向上，浸食に対する抵抗力の向上
- ・化学的特性：pH調整，栄養分の増加，微量元素の付加，有害物質の分解除去
- ・生物学的特性：土壌微生物や酵素作用に良好な環境をつくる

腐植物質による土壌改良効果としては，土壌の団粒構造形成（図3.9）の促進による保水性・通気性の改善がある（その形成機構につては3.2.1で述べた）。除塩作用，陽イオン交換容量の増加，土壌pHの緩衝作用，土壌中の微生物育成に良好な環境の維持，肥料成分の保持などがある。とくに，このような機能が劣化している沙漠緑化や塩害農地の

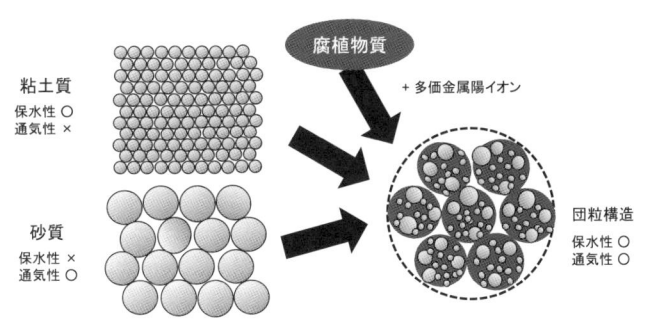

図3.9 土壌団粒構造形成に対する腐植物質の働き

改善などのへの応用が期待される。

園芸店で販売されている腐葉土はまさに腐植物質をはじめ様々な有機物を豊富に含んだ土である。肥料あるいは肥料添加剤は，植物の育成に欠かせない，窒素，リン酸，カリを土壌中に追加あるいは保持させる効果がある。

(2) 植物成長促進剤

腐植物質の植物成長促進効果としては，先に示した土壌環境の保全だけではなく，含有されている水溶性を示すフルボ酸による植物に対する直接的な効果が見いだされている。フミン酸と比べた場合，フルボ酸の特性として確認されていることには次のような事柄がある。

① 分子サイズが小さいため，根から吸収されやすい。
② 官能基含量が多いため，金属イオンに対するキレート能が高い。
③ アルカリ金属塩にしないでも水溶性を示し，水溶液が弱酸性を示す。

その結果，植物成長に対して次のような効果を示すことが知られている。

① 植物葉の気孔開きを抑制して水分蒸発を減少させる。
② 植物酵素の活性を高め，クロロフィル含量を高める。
③ 農薬と複合物を形成し保持するため，農薬使用量を低減できる。
④ 土壌中の有効微量元素を捕捉し，植物根による吸収能を高める。

以上のような効果について実験結果の一例を表3.4に示す。用水に5ppmのフルボ酸を加えて稲モミを2週間かけて育苗すると，加えない場合と比べて明らかに根部の成長がみられる稲苗が得られる。このような苗から育てられた稲は倒伏しにくく収穫量も高い。

表3.4 イネ苗の苗床栽培実験

苗床用水	長さ(cm)		乾燥重量(mg)		根/地上部重量比	葉緑素量(mg/100cm²)
	根	地上部	根	地上部		
対照区(井戸水)	7.0(±1.6)	24.7(±1.9)	105	416	0.25	2.82(±0.10)
草炭フルボ酸	7.7(±1.6)	24.8(±3.7)	143	415	0.34	3.08(±0.09)
土壌フルボ酸	11.4(±1.2)	17.8(±3.0)	144	337	0.43	2.74(±0.10)
風化炭フルボ酸	8.7(±1.9)	18.8(±2.6)	135	310	0.44	2.95(±0.13)
地下かん水フルボ酸	8.5(±2.0)	19.8(±3.3)	151	315	0.48	2.97(±0.09)

イネ品種はコシヒカリ。苗床は人工栽土を用い，各種フルボ酸を井戸水に5ppm添加して2週間栽培（$n = 30$）

3.3.4 工業的利用

もともと土壌有機物の主成分である腐植物質の有効利用技術は主に土壌や農業に関わる用途が比較的多いが，工業的な用途開発もなされている。

(1) 油井掘削スラリー

フミン酸は粘土粒子に吸着し分散性を向上させるため，粘土スラリーの粘性を低下させる効果を示す。高温でも安定なため油井などの掘削（ボーリング）に使用する泥水スラリーに混入されている。工業的用途としては量的に最も多い。

(2) コンクリート減水剤

コンクリートに添加剤として少量のフミン酸を加えることでコンクリートと粒子の分散性が高められ，より少ない水分でも凝固するようになり，凝固速度をコントロールできる。油井スラリーの場合と同様，フミン酸は界面活性効果による分散剤として利用されている。

(3) 重金属イオン吸着材

フミン酸のイオン交換能を利用して，排水中の重金属イオンを吸着除去する資材が開発されている。このような目的としてはイオン交換樹脂が用いられているが，これよりフミン酸樹脂は安価に製造できる。

また，腐植物質は酸化-還元作用を有するので，有害な6価クロム Cr^{6+} イオンを比較的容易に Cr^{3+} に還元できることも特徴である。

(4) その他の応用研究

腐植物質の工学的利用分野は様々な研究によって次第に広がっている。

その1つが電池材料としての利用である。亜鉛電池の陰極剤としての応用が検討されている。腐植物質を利用することで低温起電力の向上や長寿命化等の成果が得られている。

また，リチウムイオン電池の新規正極活物質として $Li_3V_2(PO_4)_3/C$ を合成する際の還元剤および炭素源としてフミン酸が利用されている。フミン酸は V^{5+} を V^{3+} へ効率的に還元するとともに多孔質構造を形成し，電極反応の効率化に寄与することが報告されている。

3.3.5 医薬学的利用

北欧などでは泥炭浴療養の風習があるが，関節炎，リウマチ，婦人病に効果があるといわれている。腐植物質の医学的な応用研究は泥炭浴の効果の解明から始まった。

実験段階ではあるが，腐植物質は強い生物活性を示し，抗生，抗炎症，抗潰瘍，抗腫瘍，抗アレルギーなどの作用があり，免疫作用を促進あるいは抑制すると報告されている。

3章関連のホームページ掲載項目 (http://www.sankyoshuppan.co.jp)

腐植物質の化学構造分析法
 (1) 腐植物質の分画精製法
 (2) 元素分析
 (3) 官能基分析
 (4) 分子量分布（GPC, TOFMS）
 (5) 核磁気共鳴スペクトル（NMR）による水素分布・炭素分布
 (6) 電子スピン共鳴（ESR）によるフリーラジカル濃度の測定
 (7) 紫外可視分光光度法による土壌フミン酸の分類

参考文献
1) 松永勝彦, 『森が消えれば海も死ぬ　陸と海を結ぶ生態学』, 講談社 (1993).
2) 日本腐植物質学会　監修, 『環境中の腐植物質　その特徴と研究法』, 三共出版 (2008).

コラム　資源埋蔵量の表示

地下資源 (resources) のうち, 再生不能 (non-renewable) つまり枯渇性の化石燃料 (fossil fuel) の残量のことを一般に埋蔵量と呼んでいるが, これには正確な定義が必要である。我々が手にして利用できる状態になってはじめて資源と認識される。それには, 資源探査により何処にどれだけ分布しているかだけではなく, 採掘にどの位の費用がかかるかを明らかにしなければならない。現在の採掘技術で経済的に開発できるかが重要なのである。賦存が確認され, 技術的にも経済的にも問題がない範囲のものを確認可採埋蔵量 (proved recoverable reserves) という。この値をその年の生産量 (production) で除した値を可採年数 (R/P ratio) と定義されている。この数値は, 当然, その年の生産動向によって左右されるものであるし, 新たな鉱床が発見されることもあるので, ただちに資源寿命を表すものではない。

可採埋蔵量には, 回収できる可能性に応じて確認 (proved) に次いで推定 (probable), 予想 (possible) の順があり, これらを加えて議論するときには, それぞれ2p, 3pと表記されることになっている。

また, これらの可採埋蔵量に過去の採掘総量を加えたものを究極可採埋蔵量 (ultimate recoverable reserves) という。これに対して, 現時点の回収技術・資源価格では採算が合わない埋蔵量を加えたものを原始埋蔵量 (original reserves) と呼ぶ。可採埋蔵量が枯渇しても資源がなくなったわけではない。技術や価格が向上すれば, この部分が可採埋蔵量に組み込まれることになる。非在来型天然ガス (6.1.3) がそのいい例である。

4

石 炭

4.1 石炭資源
4.2 石炭化学
4.3 石炭工業

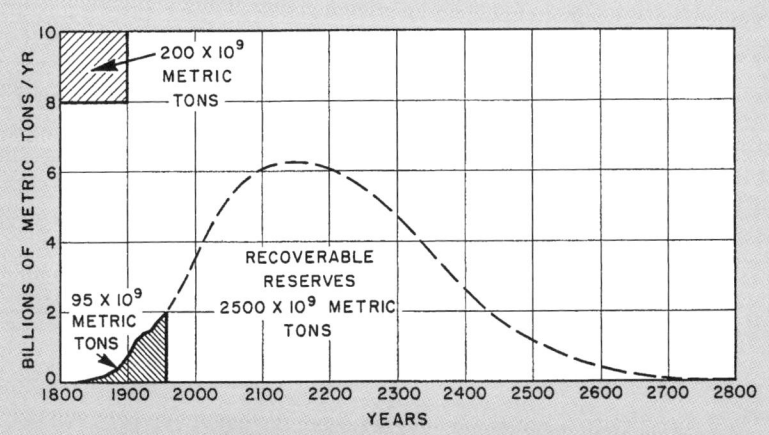

Figure 18 – Ultimate world coal production. The shape of the curve is variable but subject to the condition that the area under the curve cannot exceed thirteen squares.

M. King Hubbertによって初めて（1956年）提示された石炭生産曲線
年生産高が当時の3倍になると仮定すると，そのピークは2150年頃と予測されていた。しかしながら，近年では中国を中心とする消費量の大幅な増加，究極可採埋蔵量の下方修正によって「石炭ピーク」は，これよりも100年以上前倒しになるといわれている。

4.1 石炭資源

4.1.1 石炭鉱床の形成

　石炭は有機物と無機物から構成されている異質物の集合体である。その有機物は植物が湿地帯で微生物等による様々な腐朽分解を受けたあと埋没し，その後物理的（地圧）あるいは化学的（地熱）変化を受けた植物の遺骸と考えられている。石炭は主に陸生植物から生成したものであるが，約3億7000万年前のデボン紀後期の地層に見出されるものが最古といわれている。約3億4500年前の石炭紀になると，シダやソテツ，イチョウ，マツなどのシダ植物や裸子植物が繁茂し，地球上の各地に大量の石炭層が形成された。2億8000万年前の二畳紀から1億年ぐらい前の白亜紀中期まではシダ植物に代わって，裸子植物が石炭層の主原料植物となった。白亜紀後期から被子植物へと移り，現在の植物種に近くなった。

　石炭の主要な根源物質が何であるかは多くの議論がなされている。BergiusやWheelerらによるセルロース説は，セルロースを含め植物全体が石炭になるというものである。Fischerらによるリグニン説は，セルロースは初期の段階で腐朽して消失し，主にリグニンが石炭になるという説である。

　植物体が石炭に変化する間に被った作用を石炭化作用（coalification）という。石炭化作用のプロセスは常温常圧下で起こる種々の生化学的プロセスからはじまる。これらのプロセスの最終生成物がピート（泥炭），あるいは低品位のリグナイト（亜炭）である。この段階を生化学的石炭化作用ともいうが，この作用は水や空気を通さない堆積物に被われたときに終了する。次に，このピートやリグナイトが主として物理的あるいは化学的な変化を受ける。この変成プロセスは有機質の埋没深度の結果として生じる温度や圧力あるいは時々起こる地球の様々の動き（地殻変動）の結果に影響される。温度上昇は化学的反応速度を増加させる効果，圧力上昇は反応する物質を十分に接近させ反応が起こりやすくなる効果をもつ。同時に圧力上昇はガス成分の生成反応を妨げ，石炭化作用に関係した反応を遅らせる。しかしながら，その石炭化プロセスの間に圧力の影響によって，物理的構造変化，例えば孔隙率の減少や低品位炭の比重の増加が引き起こされる。

　変成作用の間に起こる化学変化は，主として石炭が受ける最大温度によって影響を受ける。しかし石炭化作用の間に化学変化と物理変化は同時に起こるため，両者を分けることは難しい。そして変成時間の経過もまた石炭化プロセスでは重要な役割を果たしている。

4.1.2 石炭資源と埋蔵量

　世界中で消費されている一次エネルギーは2009年，石油換算で年間約112億tであり，このうち石油が34.8 %，石炭が29.4 %，天然ガスが23.8 %である。石炭の需要は現在でも多いが，その生産量は，石油の代替として，今後ますます増加すると考えられる。

　ところが，確認可採埋蔵量（reserve）をその年の生産量（product）で割って求めた可採年数（R/P Ratio）の変化は，図4.1のように，石油は約40年前後，天然ガスは約60年前後で推移しているが，石炭は2001年の216年から2008年には122年と，10年足ら

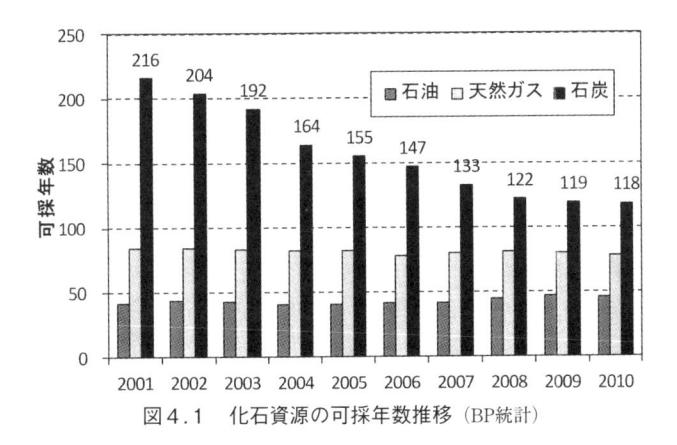

図4.1 化石資源の可採年数推移（BP統計）

ずの間に約100年も激減している。その理由の第1は，経済成長著しい中国が，この間消費量を2倍以上も増やし続けてきたことによる。石炭が一次エネルギーの8割近くを占める中国国内炭の可採年数は現在でも40年程度にすぎない。また，世界各国で確認可採埋蔵量が見直され，多くが下方修正されたことも激減の一因である。これをうけて，本章トビラに示した石炭生産曲線のピーク（石炭ピーク）は，最近では2030～2060年に修正されている。

世界の主要な産炭国の生産量と消費国の消費量をそれぞれ図4.2(a)(b)に示した。最大

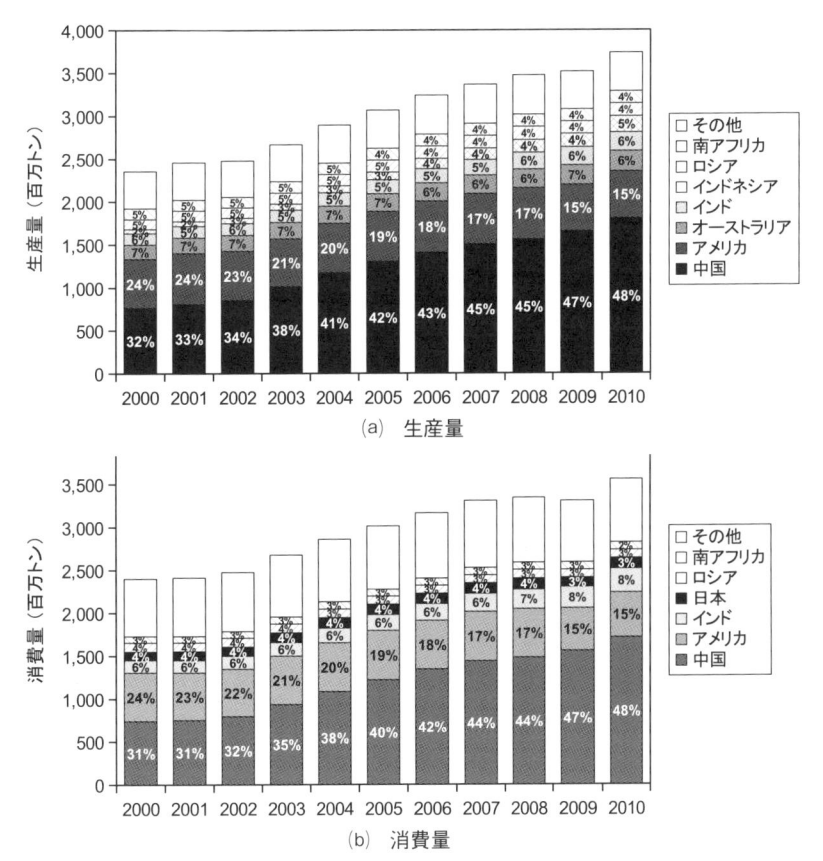

(a) 生産量

(b) 消費量

図4.2 世界の石炭生産・消費の国別動向

の生産国は中国で18億t，次いでアメリカの9億t，オーストラリア，インド，インドネシアと続くが，産油国とくらべて産炭国は特定の地域に偏在することなく，政情の安定している国々が多い。わが国は，生産量ゼロであるが，消費量は世界第4位である。

わが国の一次エネルギーに石炭が占める割合は，1960年には41%であったが1990年には16%と大幅な減少を示している。日本における石炭生産量が最大だった1961年の炭鉱数は全国で622箇所，生産量は5,540万tあったが，2000年になると296万tと激減し，最後は北海道釧路市太平洋炭鉱，長崎県松島炭鉱の2鉱業所が存在するのみであったが，この2炭鉱も2002年1月までに閉山された。

現在，日本は世界の石炭輸入量の24%を占める世界最大の輸入国であり，総輸入量は年々増加している。図4.3のように現在は60%以上をオーストラリアから輸入している。

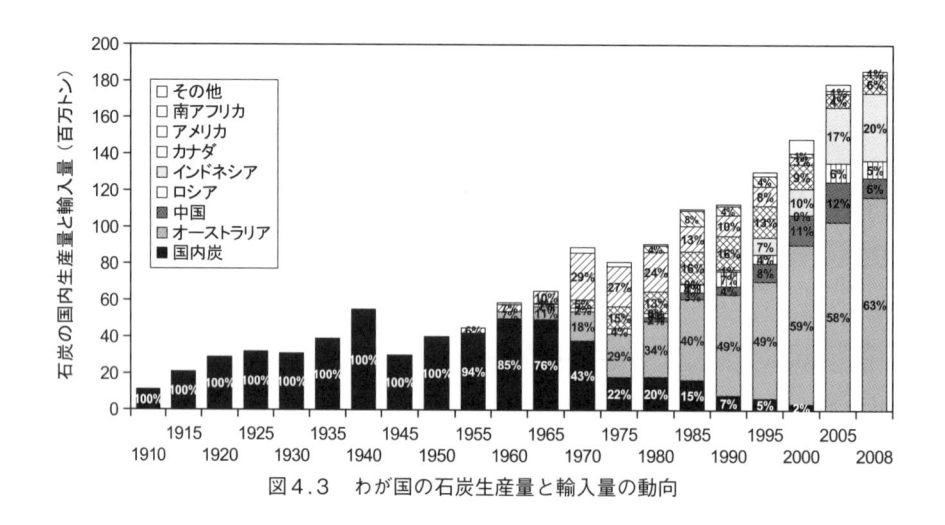

図4.3 わが国の石炭生産量と輸入量の動向

4.2 石炭化学

4.2.1 コールバンドと石炭の分類

図4.4はvan Krevelenが1950年に作成した木材，セルロース，リグニン，および各種石炭化度をもつ無水無灰ベース（daf）の石炭における原子数比のH/Cを縦軸に，O/Cを横軸にプロットしたときの関係図であり，「van Krevelenのコールバンド」とよばれる有名な図である。植物に最も近い泥炭や褐炭（亜炭）から低度瀝青炭，中度瀝青炭，高度瀝青炭，半無煙炭，無煙炭と次第に炭素含有率の上昇，すなわち石炭化度の進行によって石炭は1つのバンド上にのっていることがわかる。

この図から，木材およびその成分であるセルロースやリグニンから泥炭，褐炭までの石炭化作用は主として脱水反応によるものといえる。次に脱炭酸反応によって褐炭から低度瀝青炭に，さらに脱水反応によって高度瀝青炭に，最後に脱メタン反応によって無煙炭まで進行することがわかる。しかしながらコールバンドにそって石炭化が進んだのではないとする説もある。

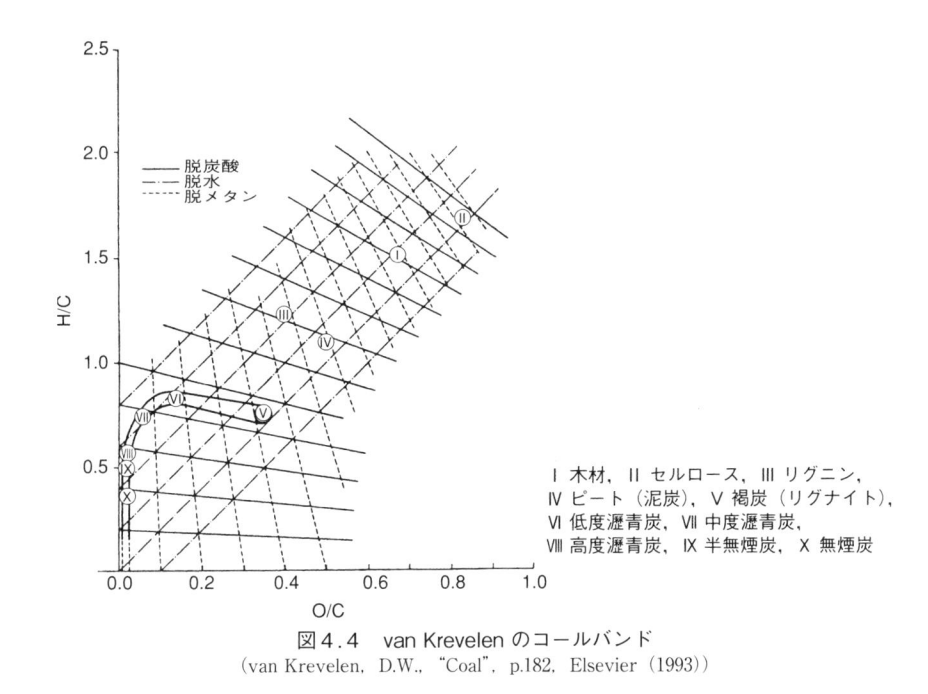

図4.4 van Krevelen のコールバンド
(van Krevelen, D.W., "Coal", p.182, Elsevier (1993))

I 木材, II セルロース, III リグニン, IV ピート（泥炭）, V 褐炭（リグナイト）, VI 低度瀝青炭, VII 中度瀝青炭, VIII 高度瀝青炭, IX 半無煙炭, X 無煙炭

石炭の分類法はいくつかあり，国によっても異なる。JIS M1002では発熱量により褐炭，亜瀝青炭，瀝青炭が，燃料比により瀝青炭と無煙炭が分類されている。ここでは一般的によく用いられ，理解しやすい炭素含有率をパラメータとする分類法を表4.1に示す。しかしながら炭素含有率だけで石炭の種類分けをすることには問題があるため，1つの目安と考える必要はあろう。そして水素含有率を考慮することも重要である。さらに，相対的な評価として，水分・灰分を含んだ状態で発熱量の低い石炭を低品位炭や劣質炭と呼ぶことがあるが，これらは炭素含有率の低い低石炭化度炭とも呼ばれ，一般的には褐炭や亜瀝青炭の多くが該当する。一方，水分・灰分を含んだ状態で発熱量の高い石炭を高品位炭と呼ぶことがあり，これらは炭素含有率の高い高石炭化度炭とも呼ばれ，一般的には瀝青炭の多くが該当する。なお，石炭を肉眼で観察すると，石炭化度によるおおよその分類は可能である。石炭化度の低い褐炭は褐色であるが，瀝青炭や無煙炭は黒色で光沢がある。

表4.1 炭素含有率による石炭の分類

石炭化度による分類		炭素（%）	粘結性による分類	燃焼法による分類
泥炭（草炭），亜炭		～70		
褐　炭		70～78	非粘結炭	
亜瀝青炭		78～80	非粘結炭	ガス用炭
			微粘結炭	ガス用炭
瀝青炭	（低度）	80～83	弱粘結炭	コークス炭
	（中度）	83～87	粘結炭	コークス炭
	（高度）	87～91	強粘結炭	コークス炭
無煙炭		91～	非粘結炭	無煙炭

4.2.2 石炭の諸性質

(1) 石炭組織

石炭の微細組織成分をマセラル（maceral）といい，顕微鏡下における形態，色調，光沢，レリーフなどの性質によって区分される。マセラルはビトリニット（vitrinite），エクジニット（exinite），イナーチニット（inertinite）の3つのグループに大別される。同じランクの石炭では，ビトリニットは酸素を，エクジニットは水素を，イナーチニットは炭素を相対的に多く含む。揮発分はエクジニットで最も多く，イナーチニットでは最も少ない。石炭試料の研磨表面の反射光の強さと入射光の強さの比を反射率というが，反射率はイナーチニットで最も高く，エクジニットではきわめて低い値を示す。

(2) 工業分析（proximate analysis）

石炭を工業的に利用する上で重要な分析である。水分（moisture）は石炭の孔隙構造，親水性の含酸素官能基量など石炭化度を判定する1つの指針になる。灰分（ash）は商品としての石炭の品質を規定する。灰の色相はその組成，融点を推定するのに役立つ。揮発分（volatile matter）は石炭を燃焼したときの炎や煙などの状態や，石炭を乾留したときのガスおよびタール量を，固定炭素（fixed carbon）はコークスの収率を，また揮発分定量後のコークスの状態は粘結性を判定する目安になる。固定炭素／揮発分＝燃料比であり，石炭化度が進むとその値は急上昇する。

(3) 発熱量（calorific value）

図4.5は石炭化度と発熱量の関係を示したものであるが，90％C付近で発熱量は極大となる。90％付近までは炭化度が増加するにつれて酸素の漸減による発熱量の大きい有効水素の増加のため発熱量は上昇するが，90％以上になると水素の減少に伴って再び減少するといえる。

(4) 孔隙率（porosity）と孔隙構造（pore structure）

石炭塊には肉眼で識別可能な巨視的孔隙のほかに無数の微視的な細孔，すなわち径の大きさが約10 nm以下のミクロポア構造と10〜数100 nmのマクロポア構造が存在する。

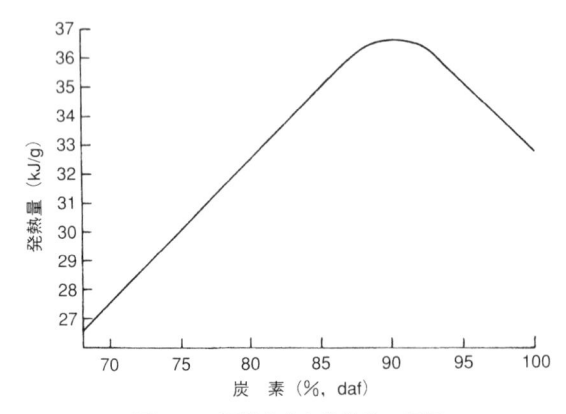

図4.5 石炭化度と発熱量の関係
（van Krevelen, D.W., "Coal", p.529, Elsevier (1993)）

巨視的および微視的孔隙の総体積が，石炭の見かけの体積内に占める割合を孔隙率というが，石炭化度の増加につれて孔隙率は著しい減少を示し，89％Cで最小になり，その後は増加に転じる。また低炭化度炭にはマクロポア構造が，高炭化度炭ではミクロポア構造が支配的である。

(5) 粘結性（caking property）

石炭を乾留したとき，軟化溶融状態を示す性質を粘結性というが，この溶融性を示す石炭を粘結炭，示さない石炭を非粘結炭という。無煙炭は一般に溶融性を示さない。

4.2.3 石炭の化学構造

(1) 概論

前述したように，石炭は有機物と無機物から構成されている異質物の集合体であるため，石炭の多様性と不均一性が，そして石炭に関する各種実験データの多様性と不均一性が生じることで，石炭の構造解析を難しくしている。例えば同じ産炭地であっても，出炭現場の深度の違いによってその構造は異なる。したがって石炭の構造モデルを石炭種ごとに提案することは不可能に近いが，石炭化度に応じた普遍的な構造モデルを考えることは十分に意味がある。

石炭の有機成分はある分子量分布と構造分布を持っていて，その構成単位は主として芳香族構造からなっており，石油の化学構造が主に脂肪族構造からなるのと異なる。さらに石炭の有機質成分を完全に溶解する溶媒が存在しないため，石炭の化学構造の決定を困難にしている。しかしながら石炭の溶媒抽出，水素化，酸化，熱分解などによる生成物の断片的な情報から化学構造を推定することは十分可能である。

(2) 無機鉱物質

石炭中の鉱物質の成因は，① 根源植物に含まれていた無機成分，② 根源植物群の集積過程で混入した周囲の土砂，③ 石炭層形成後，地下水，熱水中に溶解して移行した無機成分，の３つに分類される。通常，①による灰分を一次灰分，②，③による灰分を二次灰分といい，一次灰分は0.3％程度と二次灰分の数％から数十％に比べて量的に少ない。石炭を粉砕した後の無機鉱物質は，図4.6に示すように有機炭素質内に取り込まれている粒子と，炭素質から脱離した粒子，そして有機炭素質構造の一部であるカルボキシル基

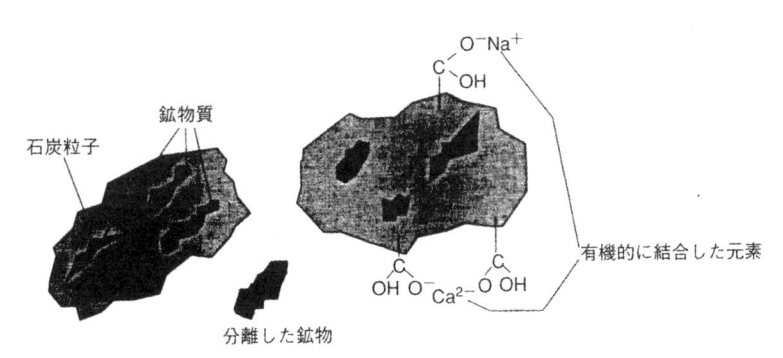

図4.6 石炭中の無機物質（二宮善彦，日本エネルギー学会誌，75，433（1996））

のような官能基とイオン結合している金属とに分けることができる。有機質と結合した金属量はカルボキシル基を多く含む低石炭化度炭（亜炭や褐炭）に多く，無機成分の60％がこれに相当する石炭もある。2価の陽イオンは2個のカルボキシル基と結合することができるため，溶媒抽出率の減少などの石炭の高分子化の原因となる。しかしながら，これらのイオン交換性金属は石炭分子間に高分散できるため，石炭のガス化や液化など高温の反応において低分子化への触媒効果を示す金属もある。

　石炭の堆積条件や地質環境により鉱物質の組成は様々であり，石炭化度とは無関係である。主なものは粘土鉱物としてカオリナイト，イライト，石英，炭酸塩としてカルサイト，ドロマイト，二硫化物として黄鉄鋼（pyrite），白鉄鋼（marcasite）である。石炭の燃焼，ガス化，液化などにおける鉱物質の高温挙動は装置構造や性能，運転条件を決定する重要な因子である。石炭を加熱燃焼した後に残る灰分は，その鉱物質の酸化物が大部分であり，SiO_2 40～60，Al_2O_3 15～35，Fe_2O_3 5～25，CaO 1～15，MgO 0.5～8％，Na_2O，K_2O などである。鉱物質の直接の定量はかなり難しい。

　石炭性状などの比較に無水無灰ベース（dry ash free base, daf baseと略）がよく使用されるが，これは石炭から水分および灰分を取り除いた状態を基準とした値である。水分と鉱物質を取り除いた状態を無水無鉱物質ベース（dry mineral matter free base, dmmf baseと略）といい，daf baseと区別される。これらの関係を示したのが図4.7である。

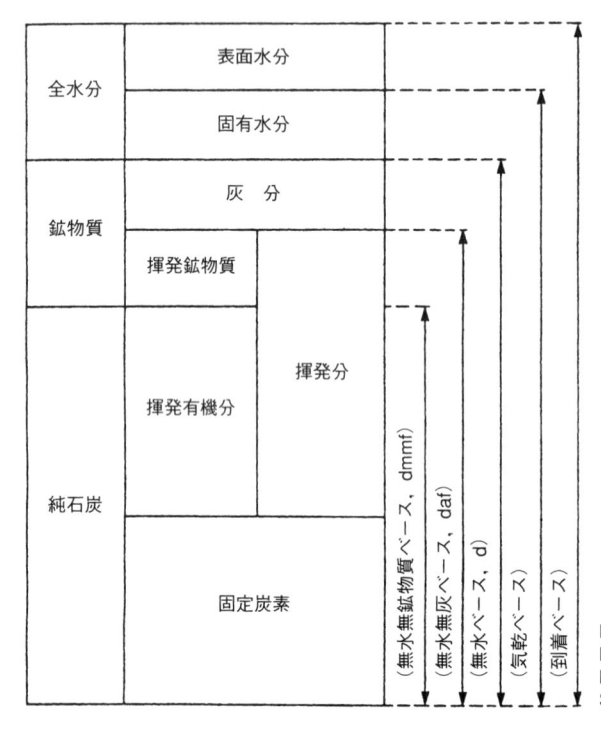

MM＝AY（1.09±0.06）　　Grayの式
MM＝1.08AY－0.55S　　Parrの式
MM：鉱物質量（%），AY：灰分含量（%），
S：燃焼性硫黄含量（%）

図4.7　種々の石炭成分と異なる分析基準の関係
（van Krevelen, D.W., "Coal", p.33, Elsevier (1993)）

(3) 元素分析 (ultimate (elemental) analysis)

石炭の元素分析は石炭構造の有機質部分の元素組成を炭素，水素，窒素，酸素，硫黄の割合（％）によって表す。水分を除去した石炭試料を用いないと，定量された水素量の中に湿分の水素が入る可能性がある。また炭素は炭酸塩鉱物質の炭素を含む可能性がある。石炭中の硫黄には，① 有機硫黄化合物，② パイライト（pyrite, FeS_2）やマーカサイト（marcasite, FeS_2），③ 硫酸塩，の3種の形態がある。酸素は通常直接に定量を行わず，100 －（炭素％＋水素％＋窒素％＋硫黄％）で求める。炭化度による酸素と炭素の元素分析値の関係を図4.8に示す。このように，炭素含有率の少ない褐炭や亜瀝青炭では酸素含有率が高く，炭素含有率の多い瀝青炭や無煙炭では酸素含有率が低い。

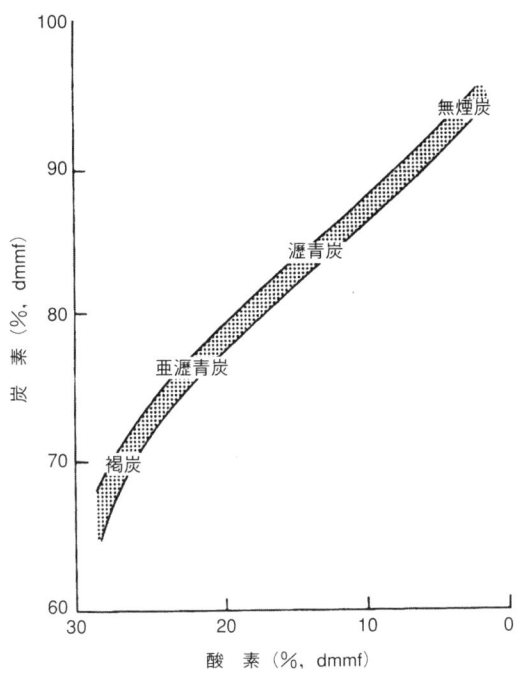

図4.8 石炭化度による酸素と炭素の含有率の関係
(Berkowitz, N., "An Introduction to Coal Technology", Academic Press (1979))

(4) 石炭の溶媒抽出

石炭の主成分は，低分子量から高分子量までの分子量分布と構造分布を持つ有機化合物が複雑に混合している物質である。この主成分をいくつかの成分に分離するために溶媒による抽出処理がある。溶媒を用いて石炭を抽出した場合，その溶媒と高い親和性を有する成分でかつ比較的分子量の小さい成分が溶媒に溶解して抽出されてくる。石炭液化反応や改質後の成分分離として溶媒抽出は石炭化学の分野では重要な方法であり，^{1}H-NMRなどにより詳細な化学構造を検討するためにも溶媒可溶分を得ることは必要である。

各種溶媒を用いて，炭素含有率80.7％の瀝青炭の撹拌室温抽出を行ったときの抽出率を表4.2に示す。n-ヘキサン，水，メタノール，ベンゼンなどは0.1％以下ときわめて低

く，ジエチルエーテル，ピリジン，ジメチルスルホキシド，ジメチルホルムアミドでは11～15％と比較的高い抽出率が得られている。エチレンジアミンでは22.4％と最も高い抽出率を与えているが，その反応性から溶媒と石炭の化学反応による可溶化も考えられる。抽出率の高い良溶媒と低い貧溶媒の差は，抽出成分の溶解性の他に溶媒の石炭内部への浸透性も影響してくるものと考えられる。

表4.2 瀝青炭の室温抽出率

溶媒	抽出率 (wt%, daf)	溶媒	抽出率 (wt%, daf)
n-ヘキサン	0.0	クロロホルム	0.35
水	0.0	ジオキサン	1.3
ホルムアルデヒド	0.0	アセトン	1.7
アセトニトリル	0.0	テトラヒドロフラン	8.0
ニトロメタン	0.0	ジエチルエーテル	11.4
イソプロパノール	0.0	ピリジン	12.5
酢酸	0.9	ジメチルスルホキシド	12.8
メタノール	0.1	ジメチルホルムアミド	15.2
ベンゼン	0.1	エチレンジアミン	22.4
エタノール	0.2		

抽出法には様々な方法があるが，近年では石炭の構造変化を起こさないために，物理的抽出による次の2つの方法が採用されている。

① 室温撹拌抽出：粉砕した石炭（通常100 μm以下）と溶媒をフラスコに入れ，室温下で回転子による撹拌を続ける。

② 室温超音波抽出：水浴中に石炭と溶媒を入れたフラスコを浸け，50 kHz以下の超音波を用いて30分～1時間抽出する。ろ過した後，再び新たな溶媒を加えて超音波抽出を繰り返す。

図4.9にソックスレー抽出器を使用したピリジンによる抽出率と石炭化度の関係を示す。炭素含有率85～88％の石炭で高い抽出率が得られているが，それより低炭化度炭や高炭化度炭では低抽出率となり，炭素含有率92％以上の石炭ではほとんど0％になる。

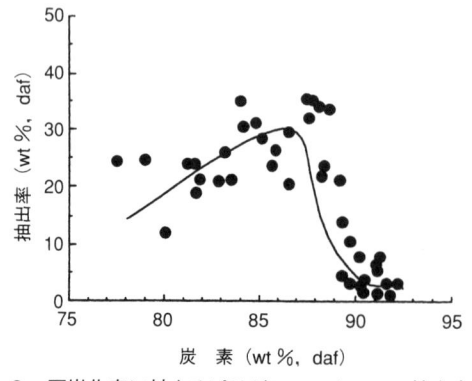

図4.9 石炭化度に対するピリジンソックスレー抽出率変化
(Edited by Meyers, R.A., "Coal Structure", p.272, Academic Press (1982))

(5) 石炭液化生成物の溶媒抽出

石炭やその液化物のヘキサン可溶分はオイル（oil），ベンゼン可溶-ヘキサン不溶分はアスファルテン（asphaltene），ピリジン可溶-ベンゼン不溶分はプレアスファルテン（preasphaltene）とよばれる。

オイルは600以下の低分子量物質であり，アルカンやシクロアルカンなどの脂肪族と芳香族化合物からなっている。n-アルカンは奇数炭素優位の偶奇数交代現象を示すが，これは石炭の生物起源の名残の証拠といえる。低石炭化度炭では脂肪族化合物の割合が高い傾向にある。

アスファルテンは600～1000の分子量であり，芳香族，水素化芳香族，アルキルベンゼン，アルキルナフタレン類からなる。芳香族化合物のほとんどはベンゼン，ナフタレン，ビフェニル，フェナントレン，ピレン，ベンゾアントラセン，フルオランテンなどの誘導体である（図4.10）。またオイルに比べて酸素含有率が高く，フェノール性OH基の存在も確認される。酸性成分と塩基性成分に分離することができ，複素環やエーテル結合も存在している。

プレアスファルテンは分子量1000～3000であり，オイルやアスファルテンに比べてヘテロ原子やOH基が豊富である。

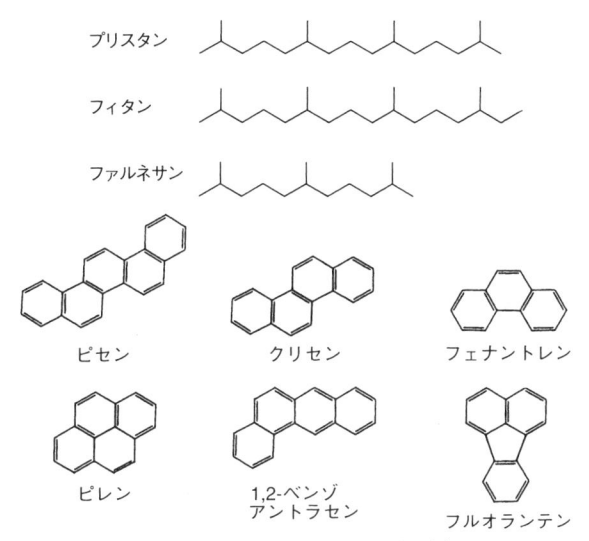

図4.10 石炭の溶媒抽出物の例

(6) 赤外線吸収スペクトル（IR）による官能基分析

図4.11はオーストラリアのモーラ炭（83.0％C）の原炭(1)，ピリジン抽出物(2)，(2)のヘキサン可溶分(3)，(2)のヘキサン不溶-クロロホルム可溶分(4)の各々のIRスペクトルである。(2)～(4)のスペクトルと(1)のそれを比較したとき，(1)の1000～1100 cm^{-1}の吸収は(2)～(4)に存在しないため，原炭中のカオリナイトによるものと考えられる。その他の吸収パターンは(3)以外に大きな違いがみられず，ピリジン抽出物と原炭の有機質の化学構造は比較的類似していると判断できる。そのため，ピリジン抽出物は石炭構造に対して有益な

情報を提供するといえる。以上のように石炭のピリジンによる溶解性の増大は膨潤によって拡大した孔隙構造が毛管系に閉じ込められていた有機物質の効率的な除去を部分的に促すため，そしてピリジンは石炭に吸収されやすく，構造中の水素結合を切断するため，と考えられている。ピリジンに溶けたと考えられる石炭の一部は実際は溶解したのではなく，コロイド懸濁液の形で存在していることもある。

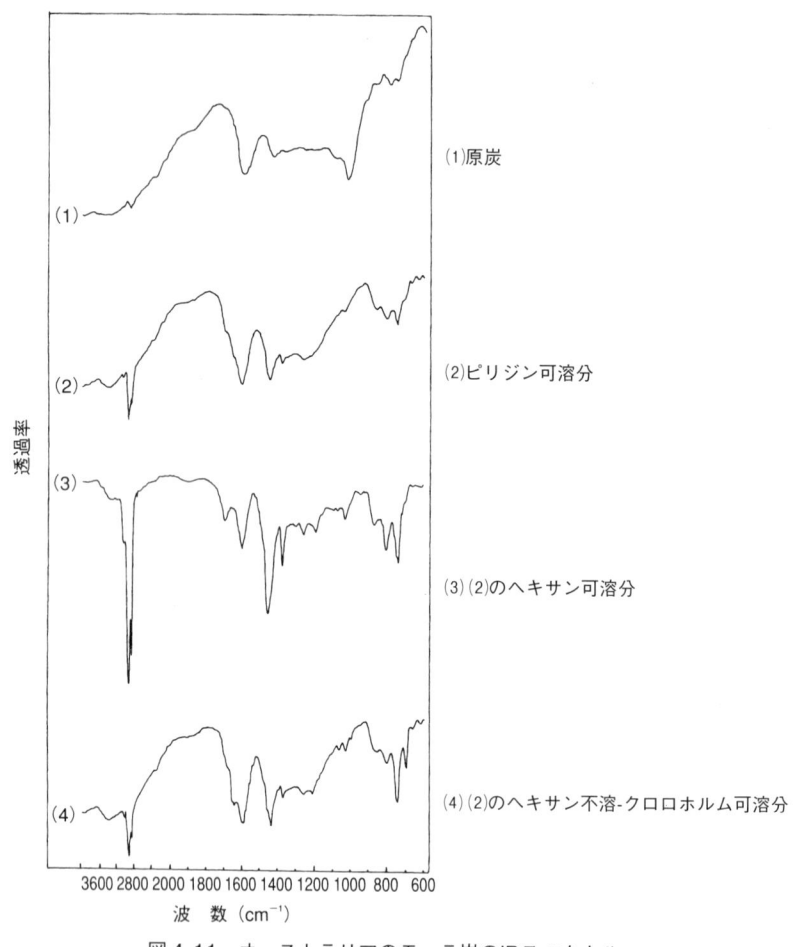

図4.11 オーストラリアのモーラ炭のIRスペクトル
(深澤豊史ら，燃料協会誌，60，976 (1981))

(1)原炭
(2)ピリジン可溶分
(3) (2)のヘキサン可溶分
(4) (2)のヘキサン不溶-クロロホルム可溶分

石炭は種類によらず1600 cm^{-1}に特徴のある吸収を示すが，この吸収の帰属については従来から諸説がある。Brownはフェニルエーテルの影響によって強められた芳香環C=C，あるいはカルボニル自身によるものとした。Bergmanはこの説に批判的であり，芳香環C=C結合によるものと考え，この吸収が酸素の影響を受けていない証拠として，酸素1％以下の石油アスファルテンでも1600 cm^{-1}に強い吸収を示し，かつ石炭のIRスペクトルに非常に類似していることを見出した。Friedelらは酸素含有率の低い無煙炭でも明瞭に現れることを示し，非晶質擬似グラファイト構造によるものとした。また，石炭の酸化

反応によっても，この吸収の強度は変化しないという研究から酸素を含む構造によるものではないという見解もある。しかしながら，石炭や石炭抽出物の還元，アセチル化やメチル化によって，この吸収強度に減少がみられることも報告されている（図4.12）。結論的には1600 cm^{-1}の特徴ある吸収ピークには，多核芳香環C=Cの伸縮振動に水素結合した-C=Oによる吸収も少なからず関与していると考えられる。2920 cm^{-1}の吸収も特徴ある鋭いピークとして現れるが，これは脂肪族CHの伸縮振動に帰属される。

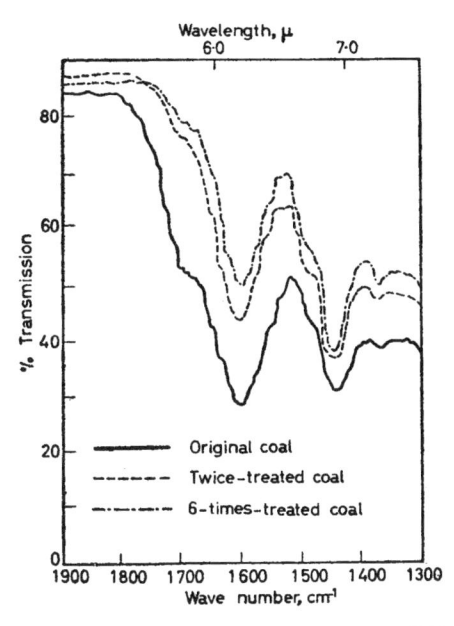

図4.12　鹿嶋炭のLiAlH$_4$還元による1600cm^{-1}吸収の減少
(S. Fujii, *Fuel*, 42, 341 (1963))

Synthoilプロセスからのアスファルテンを，酸／中性と塩基性の2つのフラクションに分別後，CS$_2$溶媒に溶解してIRスペクトルを測定した結果，図4.13のように遊離

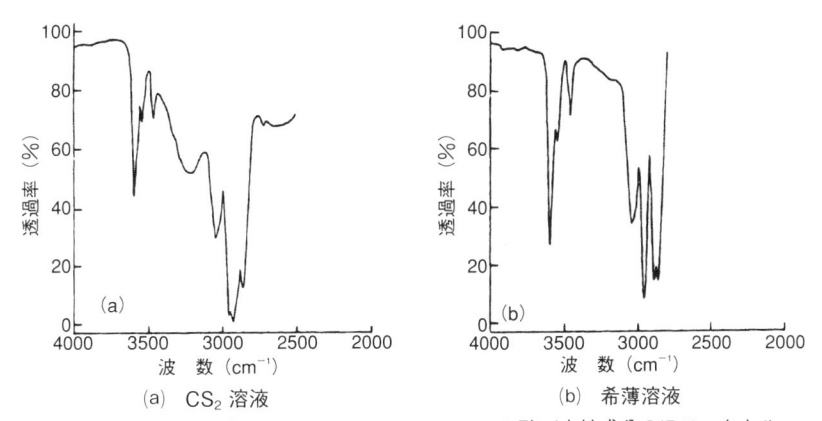

(a) CS$_2$溶液　　　(b) 希薄溶液

図4.13　Synthoilプロセスからのアスファルテンの酸／中性成分のIRスペクトル
(Edited by Kershaw, J.R., Fredericks, P.M., "Spectroscopic Analysis of Coal Liquids", p.129, Elsevier (1989))

のフェノール性OH，カルボン酸OH，ピロール性NHは各々3590，3560，3480 cm^{-1}に吸収を示す。酸／中性のフラクションでは3250 cm^{-1}に新たな吸収を示すが，これは水素結合をしたOHに帰属される。このフラクションのCS$_2$希薄溶液のIRスペクトルでは3250 cm^{-1}の吸収帯が弱くなっていて，水素結合の形態が分子内よりも分子間の水素結合をしていると解釈できる。塩基性フラクションではNHに帰属される3480 cm^{-1}の吸収が最も強く現れる。

含酸素官能基は，水素結合による二次的架橋構造のような化学構造をとる上で重要な役割を演じている。含酸素官能基にはフェノール性およびアルコール性水酸基（-OH），カルボキシル基（-COOH），メトキシ基（-OCH$_3$），カルボニル基（>C=O）がある。窒素はほとんどすべてが環式構造中に，また硫黄は，C-SH，>C-S-S-C<，>CH-SH，>CH-S-CH<のような形で存在している。図4.14は，炭素含有率に対する含酸素官能基の含有率変化を示すが，炭素含有率の増加につれて酸素含有率は減少している。

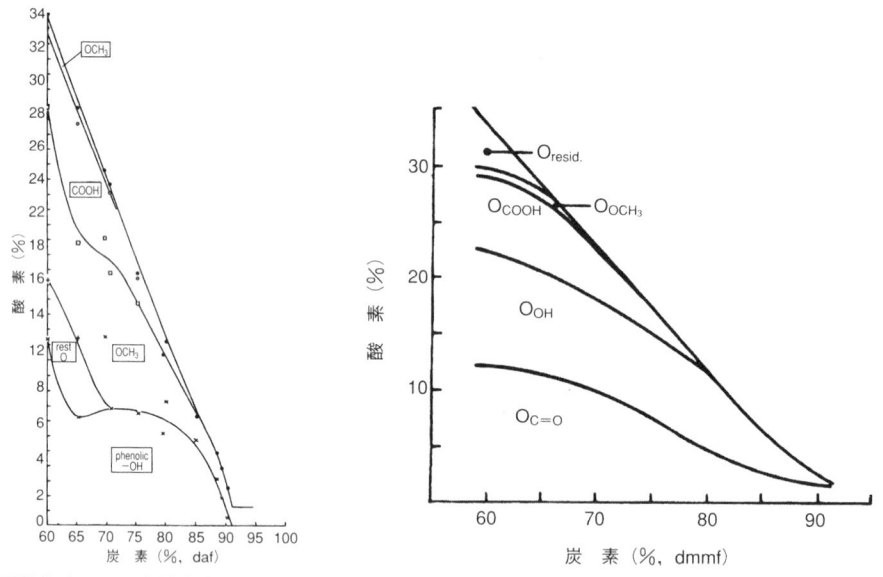

(a) 石炭化度による含酸素官能基の含有率変化
(van Krevelen, D.W., "Coal", p.259, Elsevier (1993))

(b) 石炭化度によるビトリニット中の含酸素基別の酸素分布（%）
(Berkowitz, N., "An Introduction to Coal Technology", Academic Press (1979))

図4.14　炭素含有率に対する含酸素官能基の変化

(7) 核磁気共鳴吸収スペクトル（NMR）

^{1}Hや^{13}C-NMRスペクトルは試料が固体，液体のいずれかであってもCDCl$_3$のような溶媒に溶かして測定するのが一般的である。石炭液化油の^{1}H-スペクトルを図4.15に示したが，ピークの現れる位置（化学シフト）はだいたい0.3～1.1，1.1～2.0，2.0～4.0，6.0～8.0 ppmの範囲にある。これらの化学シフトの差異は化学構造の各^{1}H核が置かれている環境の違いによって生じる。石炭構造におけるタイプ別の^{1}Hおよび^{13}C化学シフト範囲をそれぞれ表4.3，4.4に示した。

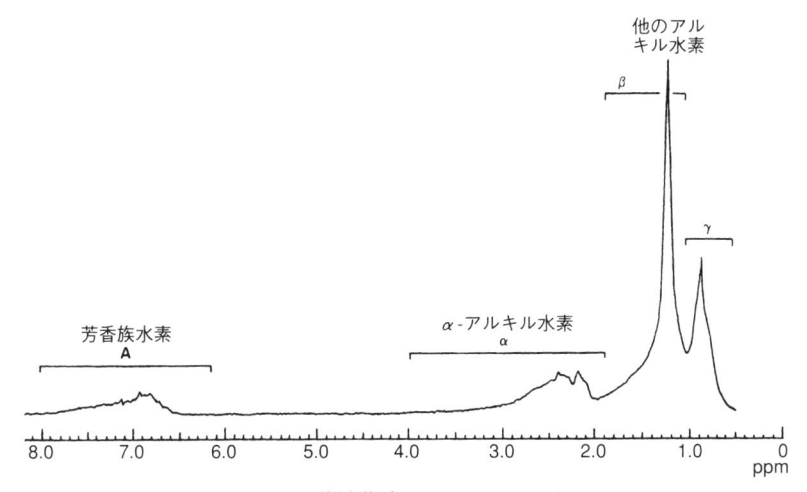

図 4.15 石炭液化油の ^{1}H-NMR スペクトル
(Petrakis, L., et al., "NMR for Liquid Fossil Fuels", p.92, Elsevier (1987))

表 4.3 タイプ別 ^{1}H 化学シフト

ppm 範囲		タイプ別 ^{1}H
8.3～9.0	H_N	芳香族窒素に結合した水素
6.2～9.2	H_{Ar}	芳香族水素
7.7～8.3	H_{OH}	フェノール水酸基水素
4.5～6.0	H_{OL}	オレフィン水素
3.4～5.0	$H_{a,2}$	芳香環を接続するメチレン水素
1.7～4.4	H_a	脂肪族 a-CH$_2$, O-CH$_2$, a-CH$_3$, テトラリン類の a-CH$_2$, β-CH$_2$ とインダン類の β-CH$_2$
2.0～3.4	H_a	芳香環に結合した a-CH$_3$, a-CH$_2$, a-CH
1.1～2.0	H_β	β-CH$_3$, β-CH$_2$, β-CH, 芳香環に結合した側鎖の β 位よりさらに離れた CH$_2$, CH, 脂環式化合物の β-CH$_2$
0.3～1.1	H_γ	芳香環に結合した側鎖の γ 位以上の CH$_3$, パラフィン CH$_3$

表 4.4 タイプ別 ^{13}C 化学シフト

ppm 範囲	タイプ別 ^{13}C
	■芳香族炭素
	水素の結合していない四級炭素
148 – 193	キノン C＝O, 芳香族エーテル C-O, フェノール C-OH, ヘテロ芳香環の a-C
129 – 148	芳香族 C-C (芳香族内部炭素, 置換炭素)
	水素の結合した三級炭素
118 – 129	芳香族 C-H
108 – 118	エーテル O, OH に対してオルト位の芳香族 C-H
	■脂肪族炭素
14(a), 23(β) 32(γ), 29.5(δ)	芳香環に置換した炭素数 8 以上の n-アルキル基の a, β, γ, δ, ε ～炭素
29.7(ε ～)	炭素数 9 以上の n-パラフィンの a, β, γ, δ, ε ～炭素
23 – 53	アルキル基 CH$_2$, CH, ナフテン CH$_2$, CH, ヒドロ芳香環, ナフテン環に結合した CH$_3$, イソプロピル基の β-CH$_3$
15 – 23	芳香環に結合した a-CH$_3$, エチル基の β-CH$_3$
11 – 15	芳香環に結合したアルキル基の γ 位以上の CH$_3$

1) Brown-Ladner 法

石炭の化学構造を論じる上で重要なパラメータとして芳香族炭素指数 (f_a),芳香環縮合度指数 (H_{au}/C_a),芳香環置換指数 (σ) などがあるが,これらの値を求めるために Brown らは ^{1}H-スペクトルを用いた方程式を発表した。現在では ^{1}H と ^{13}C の両スペクトルを併用した修正 Brown-Ladner 法が提出され,石炭構造の解析に重要な役割を果たしている。表 4.5 に Brown-Ladner 法と修正法を示すが,^{13}C-スペクトルは一般に定量性に乏しいので,定量性のあるスペクトルが得られる測定法を使用しなければならない。表 4.5 で芳香族炭素の分率を C_a/C,芳香族水素,芳香環に置換する脂肪族 α 位水素,β 位以上の水素,γ 位以上の末端メチル基水素の分率をそれぞれ H_a/H,H_α/H,H_β/H,H_γ/H とする。これらの値は ^{13}C と ^{1}H-スペクトルから定量的に測定できる。石炭試料の元素分析値も必要となる。さらに以下の仮定を設ける。ビフェニル構造は存在しない。酸素と窒素の各半分はヘテロ環として,残り半分は直接芳香環に置換する。x,y(側鎖脂肪族基の α 位炭素,β 位以上の各炭素に結合する水素の平均個数)はどちらも 2 とし,修正法では z として,表内の式から直接求める。

表4.5 構造パラメータ方程式

構造パラメータ ^{13}C と ^{1}H-NMR 修正法	Brown-Ladner 法
$f_a = \dfrac{C_a}{C}$ ……(1)	$\dfrac{\dfrac{C}{H} - \dfrac{H_a}{H} - \dfrac{H_\alpha}{H}\cdot\dfrac{1}{x} - \dfrac{H_\beta}{H}\cdot\dfrac{1}{y} - \dfrac{H_\gamma}{H}\cdot\dfrac{1}{3}}{\dfrac{C}{H}}$ ……(1′)
$\dfrac{H_{au}}{C_a} = \dfrac{\left(\dfrac{H_a}{H} + \dfrac{H_\alpha}{H}\cdot\dfrac{1}{z}\right)\dfrac{H}{C} + \dfrac{O}{C} + \dfrac{N}{C}}{\dfrac{C_a}{C} + \left(\dfrac{O}{C} + \dfrac{N}{C}\right)\dfrac{1}{2}}$ ……(2)	$\dfrac{\dfrac{H_a}{H} + \dfrac{H_\alpha}{H}\cdot\dfrac{1}{x} + \dfrac{O}{H} + \dfrac{N}{H}}{\left(\dfrac{C}{H} - \dfrac{H_a}{H}\cdot\dfrac{1}{x} - \dfrac{H_\beta}{H}\cdot\dfrac{1}{y} - \dfrac{H_\gamma}{H}\cdot\dfrac{1}{3}\right) + \left(\dfrac{O}{H} + \dfrac{N}{H}\right)\dfrac{1}{2}}$ ……(2′)
$\sigma : \dfrac{\dfrac{H_\alpha}{H}\cdot\dfrac{1}{z} + \left(\dfrac{O}{H} + \dfrac{N}{H}\right)\dfrac{1}{2}}{\dfrac{H_a}{H} + \dfrac{H_\alpha}{H}\cdot\dfrac{1}{z} + \dfrac{O}{H} + \dfrac{N}{H}}$ ……(3)	$\dfrac{\dfrac{H_\alpha}{H}\cdot\dfrac{1}{x} + \left(\dfrac{O}{H} + \dfrac{N}{H}\right)\dfrac{1}{2}}{\dfrac{H_a}{H} + \dfrac{H_\alpha}{H}\cdot\dfrac{1}{x} + \dfrac{O}{H} + \dfrac{N}{H}}$ ……(3′)
$z : \dfrac{\left(\dfrac{H_a}{H} + \dfrac{H_\beta}{H}\right)\cdot\dfrac{H}{C}}{1 - \dfrac{C_a}{C} - \dfrac{H_\gamma}{H}\cdot\dfrac{1}{3}\cdot\dfrac{H}{C}}$ ……(4)	$x = y = 2$ ……(4′)

2) ^{13}C-NMR

図 4.16 (a) は,石炭そのものの ^{13}C-スペクトル,(c) は塩化亜鉛を触媒として (a) と同じ石炭の水素化分解によって得られた重質油の ^{13}C-スペクトル,(b) は (c) の線幅を機械的に拡げたものである。いずれのスペクトルでも 0〜60 ppm に脂肪族部分,100〜200 ppm に芳香族部分の吸収を示していることがわかる。(a) と (b) は非常に良く類似している。重質油から推定した石炭の化学構造がそれほど間違っていなかったという証拠とも言えよう。矢印で示すピークが (a) にあって (b) にない。これは石炭の水素化分解によって失われた脂肪族の存在を示唆している。

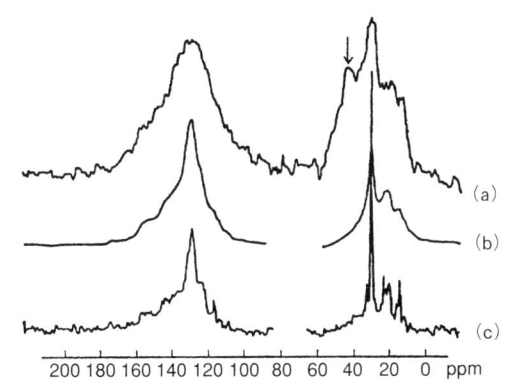

図4.16 (a) 高揮発粘結炭（Utah, U.S.A）の^{13}C-NMRスペクトル
(b) (c)と同じ。その線幅を人工的に拡大したもの
(c) $ZnCl_2$触媒を用い(a)と同じ石炭を水素化分解して得られた重質油の^{13}C-スペクトル
(Zilm, K.W., et al., Fuel, 58, 11 (1979))

固体の石炭そのものの^{13}C-スペクトルを測定できれば，構造解析に重要なf_a値を直接求めることは可能となる。f_a値は用いる測定法に依存するので注意を払う必要があり，CP/MAS（交差分極－マジック角回転）法で定量したf_a値は真の値より0.10程度低くなると考えられている。

(8) 石炭の単位構造

合成あるいは天然高分子は基本単位のモノマーが繰り返し重合してポリマー（高分子）を形成するが，石炭の場合は単位構造自体が芳香環を中心とした各々異なる構造をとっていて，図4.17に示すように，それらがいくつか相互に結合して1つの高分子構造を構成していると考えられる。単位構造を結びつける結合はベンジル型エーテル（Ar-CH_2-O-Ar，Ar-CH_2-O-CH_2-Ar）やメチレン結合（Ar-$(CH_2)_n$-Ar）など様々である。一般的な石炭構造は，縮合多環芳香環や水素化芳香環などの炭素骨格にアルキル側鎖や化学官能基が結合し，さらにこれらがメチレン基やエーテル結合などによって架橋した高分子重合体構造を有している。

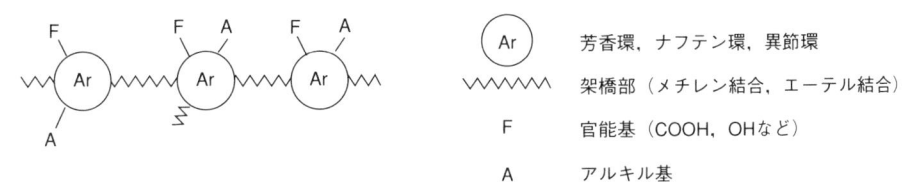

Ar　芳香環，ナフテン環，異節環
〰〰　架橋部（メチレン結合，エーテル結合）
F　官能基（COOH，OHなど）
A　アルキル基

図4.17 単位構造が結合した石炭の化学構造

ピリジン抽出物をもとにした石炭の平均芳香環数は炭素含有率70〜80％，80〜85％，85〜90％の各石炭で，それぞれ1，2〜3，4〜5と見積もられている。同様に平均ナフテン環数は，それぞれ1，1.5，2と見積もられている。単位構造の分子量はNMRスペクトルによる解析から，炭素含有率70〜80％，80〜85％，85〜90％の各石炭で

それぞれ 170, 180 ～ 230, 300 ～ 360 程度と計算されているので，数平均分子量から求めた平均重合度は炭素含有率 78.2 % の石炭では 3 ～ 5，87.9 % の石炭では 4 ～ 7 になることがわかる。

(9) 石炭の分子構造モデル

1960 年に Given は X 線や NMR などの機器分析情報を基に瀝青炭の構造モデル（図4.18）を発表した。水素化芳香族部分を介して 1 ～ 2 環の芳香環が連なった構造を示している。Wiser は 1975 年に瀝青炭のモデル（図 4.19）を提案した。多くの官能基に加えて，エーテル，チオエーテル，炭素－炭素架橋の結合がある。

図 4.18 Given の瀝青炭の化学構造モデル
(Givin, P.H., *Fuel*, 39, 147 (1960))

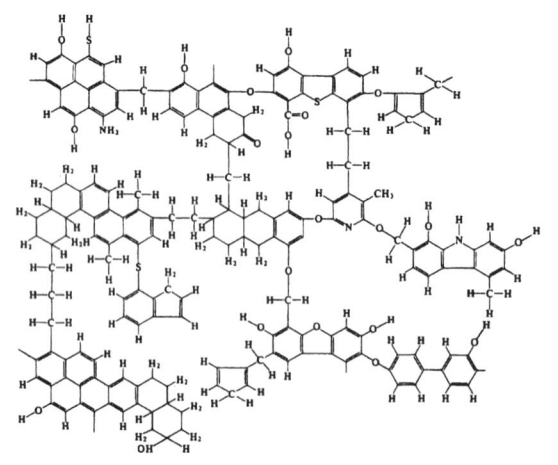

図 4.19 Wiser の高揮発瀝青炭の化学構造モデル
(Wiser, W.H., *Preprint, ACS. Div. Fuel Chem.*, 20, 122 (1975))

1982 年に Spiro と Kosky は化学成分，芳香族炭素指数，環指数と一致するように低，中，高炭化度炭分子に対する空間充填モデル（図 4.20）を発表した。低炭化度炭モデルは含酸素官能基が多く，多孔性でランダム構造をとっている。高炭化度炭モデルは黒鉛状

領域を持つ高次構造となっている。HuttingerとMichenfelderが1987年に発表した褐炭モデル（図4.21）は，熱分解生成物から同定された1～3環の芳香環部分と長鎖脂肪族部分が大きな位置を占めている。また，水素原子の約10％がカチオンによって置換されている。

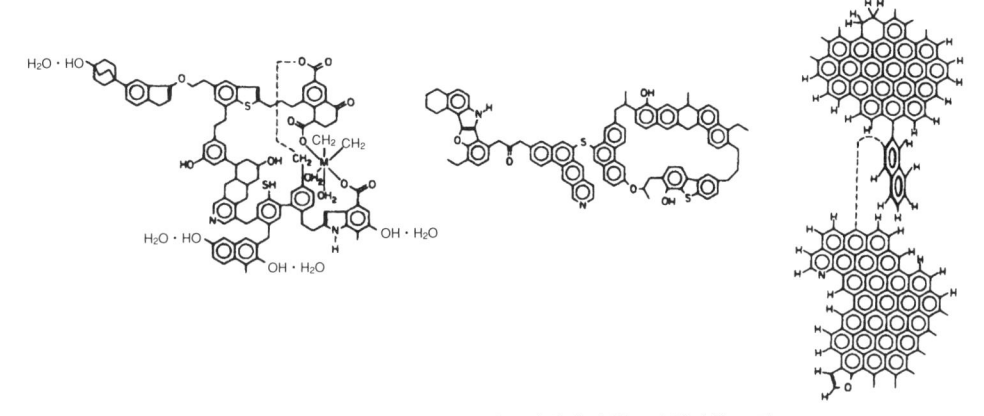

図4.20　SpiroとKoskyの低，中，高炭化度炭の空間充填モデル
(Spiro, C.L., *et al.*, *Fuel*, 61, 1080 (1982))

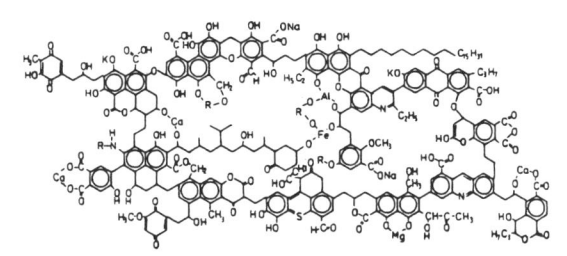

図4.21　HüttingerとMichenfelderの褐炭の化学構造モデル
(Hüttinger, K.J., *et al.*, *Fuel*, 66, 1164 (1987))

KovacとLarsenは1977年に瀝青炭の二相構造モデル（図4.22）を提出した。高分子

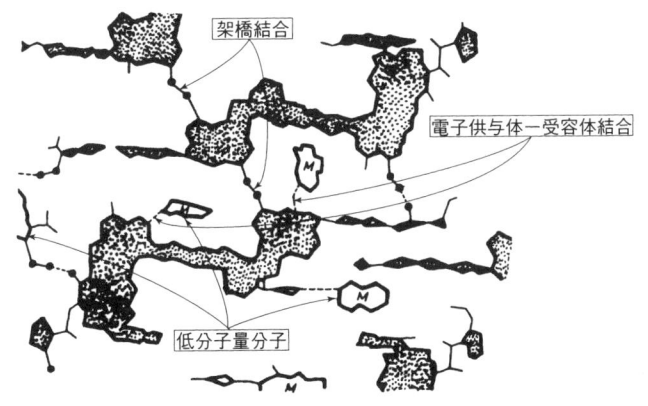

図4.22　KovacとLarsenの低炭化度瀝青炭の二相構造モデル
(Kovac, J., *et al.*, *Preprint, ACS. Div. Fuel Chem.*, 22, 181 (1977))

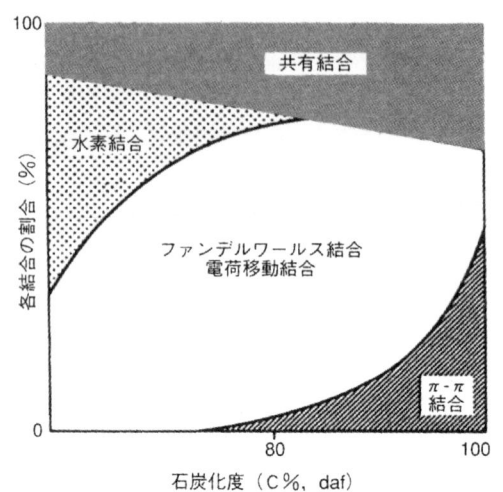

図4.23 石炭化度による架橋構造の変化
(相田哲夫,日本エネルギー学会誌,74, 1056 (1995))

網目構造相と,有機溶媒に抽出される比較的低分子相が,電子の授受を伴った非共有結合により会合している。共有結合を含めた各相互作用の半定量的な分布(図4.23)によると,石炭化度の低下にしたがい共有結合の寄与が減少し非共有結合の役割が増加している。水素結合,van der Waals相互作用,電荷移動相互作用や芳香族 π-π 相互作用による非共有結合エネルギーは,表4.6に示すように高炭化度炭になるにつれて共有結合エネルギーよりも増大し,これらの非共有結合相互作用の重要性が理解できる。

表4.6 石炭の共有結合エネルギーと非共有結合エネルギー (kJ/mol)

	天北炭	太平洋炭	赤平炭	夕張炭
炭化度 (%)	72.5	77.0	80.8	86.2
全ポテンシャルエネルギー	49.4	49.0	92.0	139.6
(内訳) 共有結合エネルギー	39.2	31.5	42.8	57.9
非共有結合エネルギー	10.2	17.5	49.2	81.7

(Murata, S., *et al.*, *Energy & Fuels*, 7, 469 (1993))

1984年にShinnは400℃以上の過酷な反応により得られた液化油の分析データを基に分子量10,000のビトリニットに富んだ高揮発瀝青炭モデル(図4.24)を発表した。石炭中の移動相も考慮された構造である。CarlsonとGranoffは1989〜1992年に,コンピュータ支援分子設計(CAMD)法を用いて,全ポテンシャルエネルギーが最小に,密度が最大になるように繰り返し計算し,分子間の相互作用やミクロポアを考慮してShinnのモデルの二次元立体構造モデルを発表した(図4.25)。

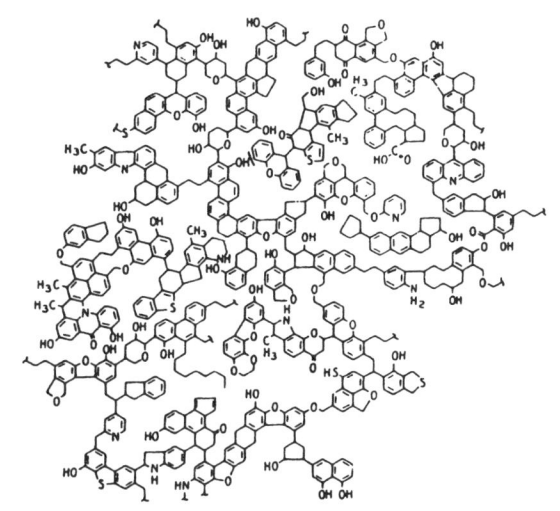

図4.24 Shinnの瀝青炭の化学構造モデル
(Shinn, J.H., *Fuel*, 63, 1187 (1984))

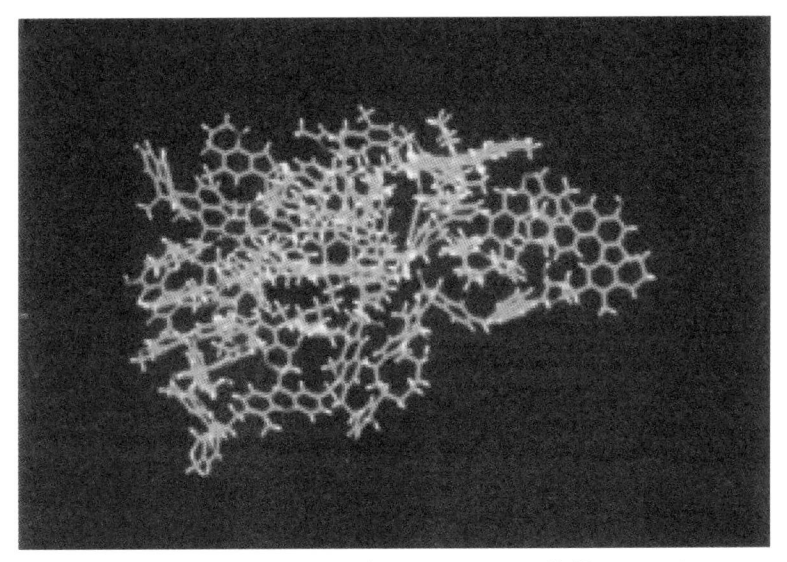

図4.25 Shinnの瀝青炭化学構造（1311個の原子から構成）のコンピュータ支援モデル（スティック表示）
(Carlson, G.A., *Energy & Fuels*, 6, 771 (1992))

　加藤と大内は太平洋炭を比較的温和な条件（360〜390℃，アドキンス触媒，10 MPa 水素初圧）下で水素化分解反応を繰り返し，各反応段階でヘキサン抽出を行い，最終的に原炭に対して約50％のオイルを得た。このオイル分の詳細な分析結果を基にして太平洋炭のモデル構造（図4.26）を1992年に発表した。すべての芳香族縮合環がヒドロキシル基を有し，この縮合環同士はビフェニルのような直接結合，あるいは比較的長いアルキル基，エステルまたはエーテルのような架橋によって結合されている。

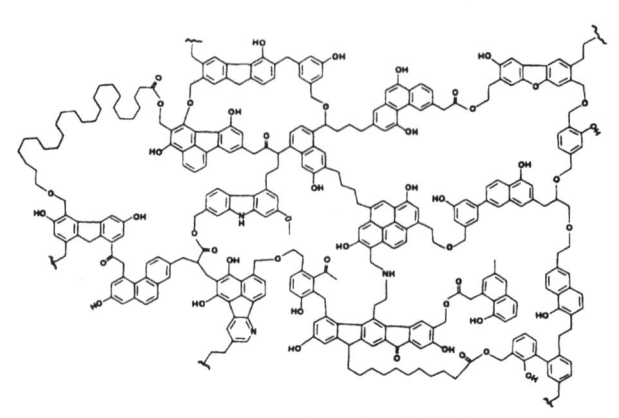

図 4.26　大内と加藤の太平洋炭の化学構造モデル
(加藤隆ら，日本エネルギー学会誌，71, 1193 (1992))

　飯野と鷹觜は，N-メチルピロリジノン／二硫化炭素混合溶媒に室温で約 66 ％溶解するZao Zhuang炭（C：86.9 ％）のCAMD法を利用した三次元架橋構造モデル（図4.27）を1994年に提案した。構造データはすべて室温抽出法，あるいはその応用から得られたものであり，結合解裂などの反応を伴っていないため，石炭が元来有する真の構造を反映している。実際の石炭はこの構造が層状に積み重ねられた三次元構造をしていると考えられる。

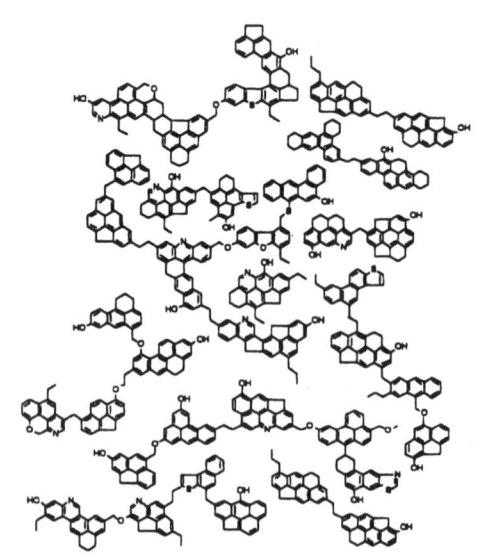

図4.27　飯野と鷹觜のZao Zhuang炭の化学構造モデル
(鷹觜利公，博士論文，p.173 (1994))

4.3 石炭工業

4.3.1 石炭の利用と環境対策

わが国の炭鉱は，コスト高で採算に合わないということから，2002年までにすべて閉山されてしまったが，世界規模でみると現在でも大きな需要があるため，石炭なしではエネルギー供給は不可能といえる。しかしながら，石炭の使用は地球温暖化を含めて環境問題の一大原因でもあるため，その対策に多大の資金と技術的な努力がなされなければならないのも事実である。

石炭は，用途別に大きく原料炭と一般炭に分けられる。原料炭というのは，次項で述べるように，乾留によって主としてコークスを製造し，副生するコールタールから化学品を製造する原料として用いられるものである。一般炭は主として火力発電に用いられるもので電力炭と呼ばれることもある。

図4.28は日本の電源別にみた単位エネルギーあたりのCO_2排出量を示したものであるが，石炭火力から排出されるCO_2が最も多い。この対策として石炭燃焼の排ガスからCO_2を回収するプロセスが開発され，わが国でも実証試験が行われている（図4.29）。全世界のCO_2排出量の3分の1が火力発電によるものとされているので，このプロセスが確立され，石油・天然ガス火力発電にも適用されれば，化石資源燃焼による地球温暖化問題は解決に向かうはずである。

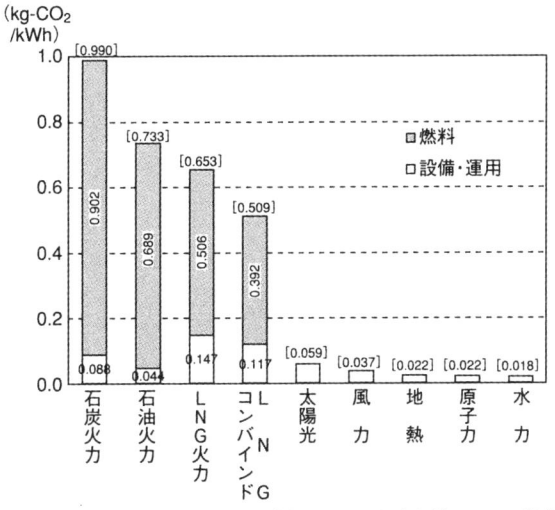

注：原料の採掘，建設，輸送，精製，運用，保守などのために消費される全てのエネルギーを対象としてCO_2排出量を算定

図4.28　日本の電源別使用電力量1kWhあたりのCO_2排出量
（瀬戸洋明，日本エネルギー学会誌，85, 584 (2006)）

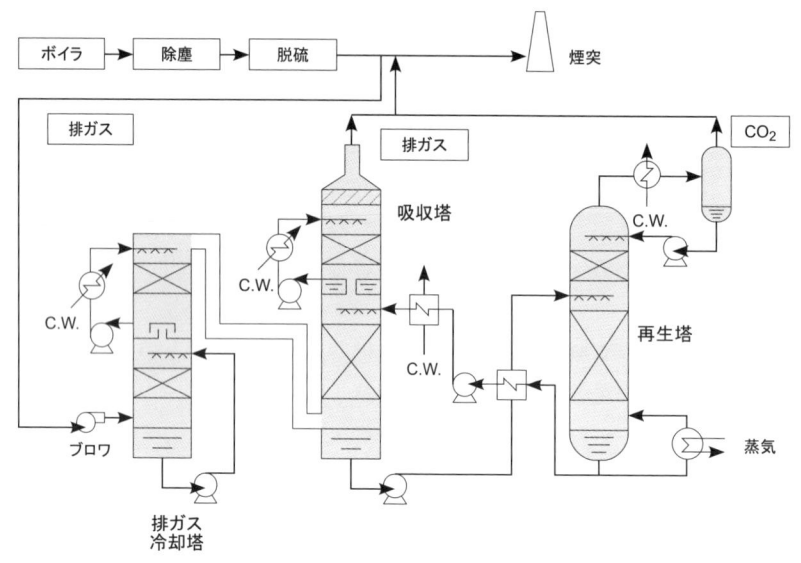

図4.29 排ガスからのCO$_2$回収装置フロー

また，石炭に含有する硫黄や窒素分の燃焼によるSO$_x$，NO$_x$排出による大気汚染や酸性雨も問題とされる。これらについては，図4.30に示したように排煙から脱硫，脱硝するプロセスについて様々な方式がすでに実証されている。

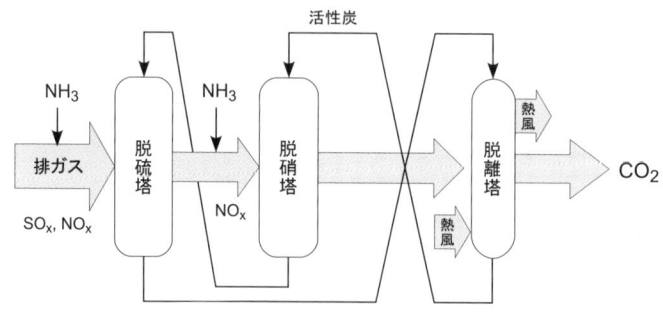

図4.30 活性炭吸着法による同時脱硫脱硝プロセス

かつての日本の産業の興隆に石炭が多大に貢献してきた。その後の化学工業の発展に伴い，その地位を石油や天然ガスにとってかわられてきた。それは液体である石油や気体の天然ガスに対して，石炭が固体であるための操作性の悪さにあるといえる。さらに無機鉱物，窒素や硫黄を多く含有していることにもある。しかしながら，石油や天然ガスと違って可採年数100年以上の埋蔵量を残しているため（表4.1参照），世界的にみて21世紀のエネルギー資源としての重要性はますます増大していくことは間違いない。

石炭の持つ負の要因を減少し，有効活用していくことが石炭工業の大きな課題である。わが国では，前述の「CO$_2$回収技術」や「脱硫脱硝技術」を含むクリーンコールテクノロジー（CCT）として国家的プロジェクトが数多く進められている。その一部を表4.7にまとめて示す。

表4.7 わが国のクリーンコールテクノロジー（CCT）

多目的利用技術	ガス化	噴流層ガス化（HYCOL），多目的ガス製造（EAGLE），CO_2回収型水素製造（HyPr-RING）
	液化	瀝青炭液化（NEDOL），褐炭液化（BCL），ジメチルエーテル製造（DME）
	熱分解	多目的石炭転換（CPX），部分水素化熱分解（ECOP RO）
	粉体化・流体化	コールカートリッジシステム（CCS），スラリー化（CWM）
	共利用	石炭バイオマス混焼技術
	脱灰・改質	ハイパーコール，低品位炭改質（UBC）
高効率利用技術	火力発電	微粉炭火力発電（USC），循環型常圧流動床ボイラ（CFBC），常圧内部循環流動床ボイラ（ICBFC），加圧内部循環型流動床ボイラ（PICFBC），石炭部分燃焼炉（CPC），加圧石炭部分燃焼（PCPC），加圧流動床燃焼（PFBC），高度加圧流動床燃焼（A-PFBC），噴流層ガス化（HYCOL），石炭ガス化複合発電（IGCC），石炭ガス化燃料電池複合発電（IGFC），次世代高効率石炭ガス化発電（A-IGFC）
	製鉄	高炉微粉炭吹き込み（PCI），石炭直接利用溶融還元製鉄（DIOS），石炭高度転換コークス製造（SCOPE21）
	セメント工業	流動床セメント焼成キルン（FAKS），石炭直接利用金属溶融（NSR）
環境対策技術	CO_2削減	石炭利用CO_2回収型水素製造（HyPr-RING），CO_2回収・固定・隔離技術
	排煙クリーニング	同時脱硫脱硝技術，ばいじん処理技術，微量元素除去技術など
	石炭灰有効利用	人工ゼオライト製造，コンクリートなど

4.3.2　石炭乾留（コークスとコールタール）

石炭やピッチなどの有機炭素物質を熱処理して炭素質物質に転換することを炭化（carbonization）という。空気との接触を断って加熱し，熱分解する方法が乾留（dry distillation または carbonization）であるが，その際に一定の物理的強度を持つ団塊状の炭素質物質が生成する。これがコークス（coke）であり，その生成プロセスをコークス化（coking）という。乾留によってコークス以外に粉末状炭化物のチャー（char），あるいはガスや液化物，タールなどが得られる。コークスとチャーは明確に区別されなければならない。

(1) 石炭乾留の歴史

石炭乾留の歴史はコークス炉の開発の歴史でもある。石炭乾留の起源は16世紀後半に発達した製鉄産業と密接に関係している。鉄鉱石の溶融還元によって鉄を製造するためには大量の還元剤としての炭素燃料を必要とする。長い間木炭が使用されてきたが，木材資源の枯渇によって木炭の価格が上昇したためその代替物として石炭が注目されるようになってきた。しかし，石炭中の硫黄分が強度のある銑鉄を得るための大きな障害物になっていた。そこで，石炭を乾留して硫黄分を除去したコークスを使って鉄鉱石を精錬することに最初に成功したのはイギリスのDarbyで1709年のことであった（これが，化石資源が工業的に利用されるようになった始まりである）。

石炭乾留によるコークス製造の副産物としてのコールタールは，当初利用方法がなく産業廃棄物として地面に穴を掘って埋めていたが，処理に限界が生じ，環境汚染を引き起こしていた。しかし，19世紀末になるとコールタールから有益な物質を取り出すための研

究がドイツやイギリスで開始された。まず，アニリンと名付けられた塩基性物質が発見され，これから一連のタール染料と呼ばれる人工染料がコールタールを原料として製造する工業が成立された。この人工染料の発見は，その後の有機化学工業の発展に計り知れない影響を及ぼした。さらにコールタールからとれる石炭酸（フェノール）がコレラの予防薬としても役立つこともわかり，コールタール原料として種々の薬品や爆薬が製造されるようになった。このように近代有機化学工業はコールタールから生まれたといっても過言ではない。

このように副産物の重要性（後述）からコッパース炉のように副産物完全回収型の炉が出現した。1940年代に入って近代コークス炉の基本設計が完成したといわれる。

(2) 現行のコークス炉

現在の一般的なコークス炉は室炉式であるが，基本的には図4.31のように下部に蓄熱室，上部には炭化室と燃焼室が互層をなすバッテリ構造をしている。標準的な大型炉の炭化室は1つで炉高6 m，炉長15 m，炉幅0.45 mもある。炉材は大部分ケイ石レンガである。

石炭の乾留には高温乾留と低・中温乾留があるが，乾留温度の範囲には明確な規定はない。乾留が終了した時点では炭化室内の中央部のコークス温度が一定温度まで上昇し，それ以上温度は上昇しなくなる。このときの温度が900℃以上のときを高温乾留というが，800℃以上とする場合もある。中心部温度が700〜500℃のときを低温乾留，900〜700℃のときを中温乾留という。

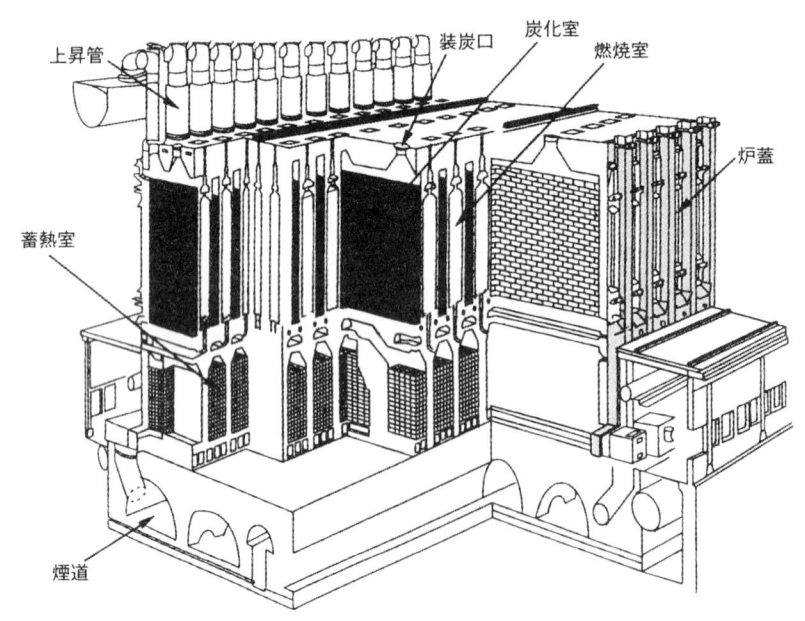

図4.31 コークス炉の立体断面図
（西岡邦彦，日本エネルギー学会誌，79，285（2000））

高温乾留は高炉用，鋳物用コークスのほとんどすべてを製造する。低温乾留は非粘結炭や弱粘結炭を主原料として低温タールやガス化用チャー，活性炭用チャーの製造，そして

中温乾留は鋳物用コークスの製造法として用いることがある。

(3) わが国における次世代コークス製造技術の開発

わが国の2009年の石炭供給量は約1億6千tであり，鉄鋼業での主な用途はコークス製造用である。製鉄用のコークスは高炉用コークスとよばれるが，加熱によって軟化溶融する性質（粘結性）を持つことが特徴である。普通は粘結炭に一般炭の非微粘結炭を数％混合した配合炭（装入炭）を原料としている。しかし，良質の粘結炭は埋蔵量が少なく価格が高騰しているため，豊富で安価な非粘結炭を利用する技術開発が必要である。

わが国の高炉用コークス炉は1960年代から70年代前半にかけて建設されたものが多く，炉の大型化と高稼働率操業による大量生産が要請されてきた。しかし，石油危機以降，炉の更新はほとんどなく，省エネ・省資源，環境対策に重点が置かれてきた。炉の寿命は25～30年といわれてきたが，炉体の補修技術の進歩によって35～40年まで延びたと考えられている。そのため，2000年代前半には次々と寿命を迎えると予想されている。

そこで，現行法に代わる次世代コークス製造法として，SCOPE21（Super Coke Oven for Productivity and Environment enhancement towards the 21st century）プロセスが開発され，2008年稼働し始めた（図4.32）。これは原料炭を乾燥後，粗粒炭と微粒炭に分け，それらを別々に急速予熱し，微粉炭は成型して粗粒炭と混合する事前処理工程があるのが特徴である。この処理によって，コークス品質が向上し，乾留時間が短縮される。混合炭は高熱伝導レンガの室炉式コークス炉に装入され，炭柱温度800℃前後で乾留して炉出しされる。赤熱コークスは改質チャンバーで再加熱され，コークス強度を確保して高炉に送られる。

本プロセスの特徴は，① 石炭の急速加熱（350～400℃）による非・微粘結炭の粘結性改善（低品位炭50％配合可能），② 生産性の大幅な向上（製造時間短縮）による省エネ化，③ 密閉集塵，無煙搬送，低NO_x燃焼技術による環境改善，が期待できることにある。

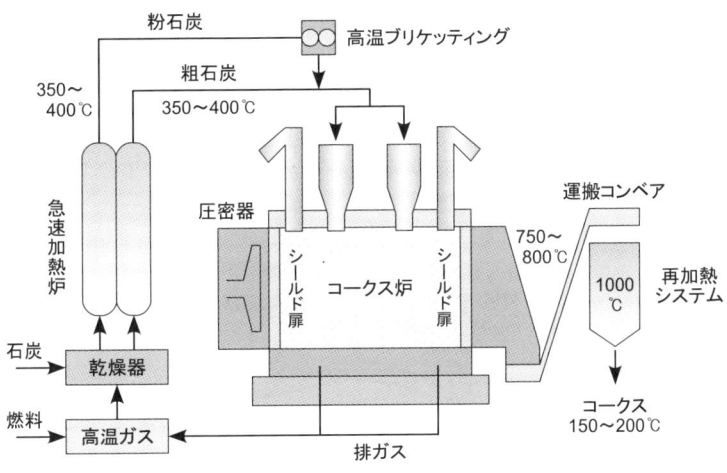

図4.32 わが国で開発されたSCOPE21のフロー

(4) 製鉄におけるコークスの作用

コークスの製造では高炉用コークスが圧倒的であり，日本における 2008 年の高炉用コークス生産量は 3,857 万 t であった。その 80％以上が銑鉄製造で使用されている。高炉用コークスはその名の通り，鉄の製造用の高炉内で使用される還元材である。それ以外に石炭ピッチや石油ピッチを原料とする電極用コークスやガス用コークス（CO 発生用），銅，亜鉛，スズ，ニッケルなどの非鉄金属を製造するための非鉄金属製錬用コークスなどがある。

高炉内におけるコークスには，鉄鉱石（酸化鉄）の還元材としてだけではなく，① 熱源，② 通気・通液性の確保，③ 熱交換材の役目がある。① は吹き込まれた高温空気により燃焼し，その燃焼熱で還元反応に必要な熱の供給，② は高炉内の円滑なガスの流れを確保して均一な燃焼と還元反応を行わせること，そして銑鉄や溶滓の流路の確保，③ は高炉下部の還元反応を終えて上昇する高温ガスの顕熱を回収する熱交換材としても作用する。

鉄の原料である鉄鉱石は主に赤鉄鉱(Fe_2O_3)，磁鉄鉱(Fe_3O_4)，褐鉄鉱($Fe_2O_3 \cdot nH_2O$)に分類されるが，高炉上部の装入口から図 4.33 に示したように鉄鉱石，高炉用コークス，石灰石が交互に層状になるように装入し，下方の羽口から 1,200 ℃前後の熱風を吹き込む。炉内でコークスが燃焼して炉芯で約 2,300 ℃の高熱になり，そのとき生成する CO および高温のコークス（C）が鉄鉱石を還元し，生じた液状の鉄はコークス粒の間をぬって落下し，湯溜まりになる。石灰石は鉄鉱石中のシリカやアルミナと反応してスラグ（鉱滓）となって銑鉄の表面に浮かんで硫黄などの不純物を吸収する。

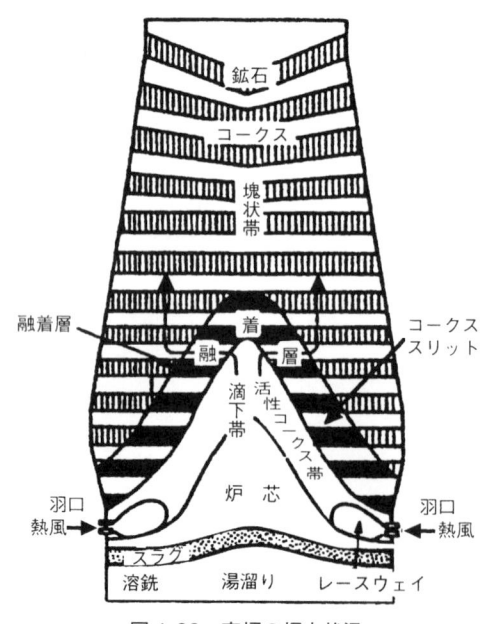

図 4.33 高炉の炉内状況
(西岡邦彦，日本エネルギー学会誌，79, 285（2000））

炉内のコークスは，層状を保ったまま鉄鉱石層とともに徐々に下降し，融着層（鉄鉱石が軟化融着した層）間においてもコークススリットを形成している。ガスはこのスリットを通過する。融着層から下部は活性コークス帯となっており，その空隙をガス，溶銑およびスラグが通過する。

冶金用コークスには，高炉用コークスの他に銑鉄や鋼くずなどから鋳鉄を製造する鋳物用コークスがある。キュポラで使用するこのコークスの原料は粘結炭，ピッチ，不活性炭材を配合したものであり，高温乾留によって製造する。一般に灰分は10％以下と少なく，塊は60 mm以上と高炉用コークスより大きく，緻密（気孔率25～40％）で強度が大きいものが使用される。

(5) 石炭乾留副産物の利用（コールケミカルズ）

コークス製造の際に副産物としてコークス炉ガス，コールタール，軽油，生成水（安水）が生成され（表4.8），分離回収して製品化されている。コークス炉ガス，コールタール蒸留留分のコールケミカルズの主用途を図4.34に示す。

表4.8 主要乾留生成物の一般的な収率

原料装入炭（乾炭）	乾留生成物	収率(wt%)
揮発分：29％, dry	コークス	74.1
乾留温度：1170℃	コークス炉ガス	14.8
	コールタール	4.1
	軽油	1.9
	硫安	1.3
	生成水，他	3.8

1) コークス炉ガス（coke-oven gas, COG）

一般的な石炭乾留の生成物のうち，表4.8に示したように，コークス炉ガスが約15％を占めている。炉上部の上昇管から排出された未精製ガスは冷却後，数次におよぶガス冷却装置や電気集塵機などをへて，コールタールや生成水が分離される。ガス中の硫化水素やアンモニアはそれぞれ脱硫処理（硫黄，石コウなど）や脱安処理（硫安，液安）によって回収される。さらにガス中の軽油分を吸収油によって吸収分離したものが精製ガスとなり，コークス製造などの燃料として利用される。

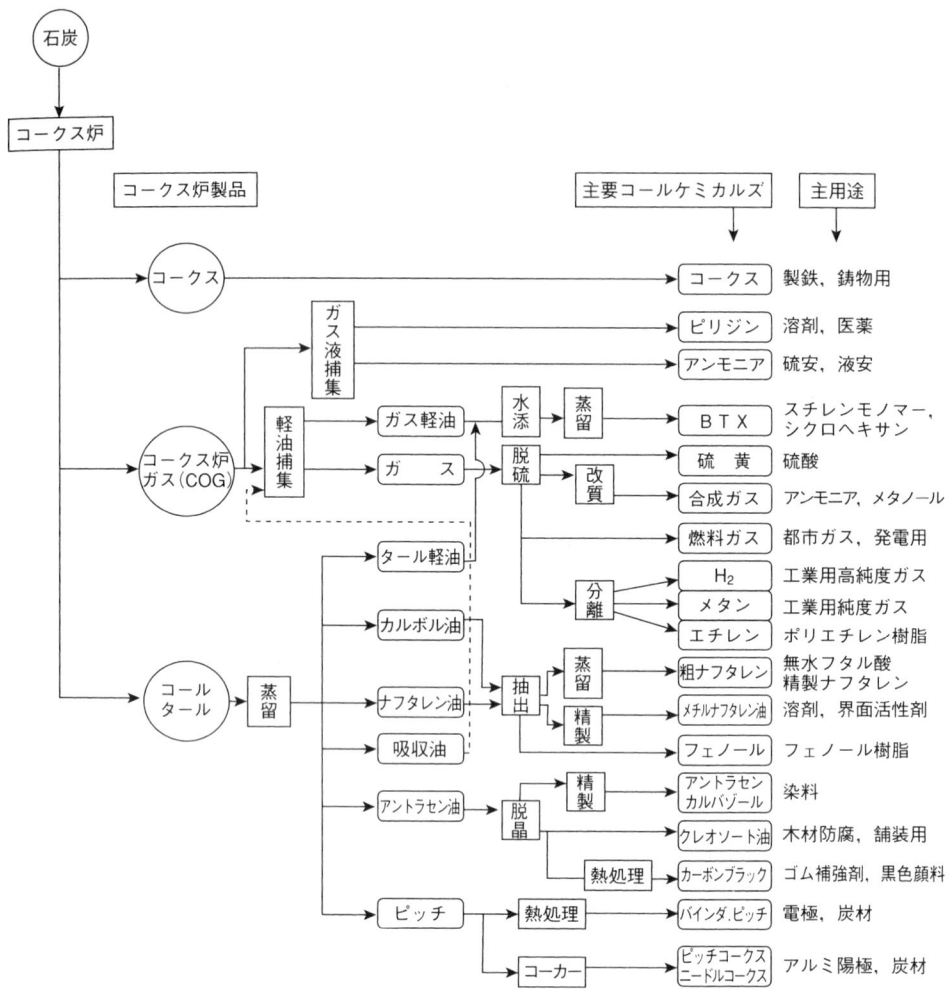

図4.34 コークス炉ガスとコールタール蒸留留分のコールケミカルズと主用途
（木村英雄，日本エネルギー学会誌，79，301（2000）)

2) コールタール (coal tar)

タール蒸留設備により各種の留出油分とピッチに粗分離され，さらに再蒸留，抽出，脱晶などのプロセスを経て製品化される。わが国の2009年のピッチなどタール製品の生産量を表4.9に示した。コールタールの国内生産は粗鋼生産量に大きく依存していて2009年で136万t，タール製品の生産に関わる原料としてのコールタールの蒸留量は125.8万tであった。なお，ベンゼン，トルエン，キシレンのBTXは現在では主として石油から製造されている。

表4.9 タール製品生産量（2009年）

	数量（万t）
ピッチ	21.0
クレオソート油	64.7
95％ナフタレン	14.1
	99.8

タール中には600種以上の芳香族化合物を主成分とする成分が含まれている。そのうち約200種の成分が単離されているが，実際に工業的に生産され，利用されているコールケミカルズは約30種である。

ピッチは国内需要の60％強を占める電極（33％）とコークス配合（27％）用に，クレオソート油は国内需要の89％を占めるカーボンブラック製品に使用され，その他ベンゼン吸収材，木材防腐剤に利用される。95％ナフタレンは国内需要9.6万tのうち7万tが無水フタル酸製造に利用されている。

3) 生成水（安水）

石炭の付着水分と熱分解の反応生成水が混合したものが生成水（安水）である。安水の一部はガス冷却用に循環使用され，それ以外は無害化され，放流される。

4.3.3 ガス化と石炭火力発電

石炭のガス化は石炭原料を熱分解や化学反応で可燃性のガス燃料に変化することである。近年の石炭火力発電では，後述するようにガス燃料による複合化発電が可能となり単なる石炭焚きより効率化が図れるため重要なプロセスとして再認識されている。

(1) ガス化の基本反応

石炭から生成した気体燃料はその発熱量を基本にして3つのクラスに分類される。第1のクラスは，発熱量が4〜8 MJ/m³の低カロリーガスとよばれる石炭と水蒸気，空気の反応を利用したガス化生成物である。第2のクラスは，発熱量8〜20 MJ/m³の中カロリーガスとよばれる石炭，水蒸気，酸素の反応を利用した生成物である。第3のクラスは，36 MJ/m³以上の発熱量を持つ高カロリーガスとよばれる代替天然ガス（合成天然ガスともいう，SNG）であり，接触転換のような技術を使って中カロリーガスをアップグレーディングして製造される。

石炭ガス化の主たる目的は代替天然ガスの製造であるが，4つの基本的な方法でその目的が達成される。

1．熱分解反応
　石炭の熱分解によりチャーを製造する。
$$\text{石炭} \xrightarrow{700\,^\circ\text{C}} CH_4 + \text{チャー}(C)$$

2．水性ガス反応
　チャーを水蒸気，空気または酸素と反応させ，H_2 と CO の混合物である水性ガスを生成する。
$$C + H_2O \xrightarrow{1000\,^\circ\text{C}} CO + H_2 \qquad \Delta H = 131.3\,\text{kJmol}^{-1}$$

3．水性ガスシフト反応（シフト反応）
　CO と水蒸気の反応で水性ガスシフト反応あるいはシフト反応とよばれる。H_2 を製造する。
$$CO + H_2O \xrightleftharpoons{250\sim 400\,^\circ\text{C}} H_2 + CO_2 \qquad \Delta H = -41.0\,\text{kJmol}^{-1}$$

4．メタン合成反応，2つの方法がある。
　a）直接水添ガス化反応
$$C + 2H_2 \xrightleftharpoons{700\sim 1000\,^\circ\text{C}} CH_4 \qquad \Delta H = -74.8\,\text{kJmol}^{-1}$$
　b）接触メタン化反応
$$CO + 3H_2 \xrightleftharpoons[\text{Ni}]{300\sim 350\,^\circ\text{C}} CH_4 + H_2O \qquad \Delta H = -206.1\,\text{kJmol}^{-1}$$

　2の反応は高い吸熱反応であるから，反応を進行させるためには大量の熱をガス化炉に供給する必要がある。その熱は反応器内に空気を間欠的に吹き込んで，チャーの部分燃焼によって供給し，反応温度を維持するブロー（blow）工程と水蒸気を吹き込んで水性ガスを得るラン（run）工程を交互に繰り返す間欠式製造法，および空気の代わりに酸素を用いる連続式製造法がある。

$$C + O_2 = CO_2 + 393.3\,\text{kJmol}^{-1}$$

部分燃焼段階で生じた CO_2 は反応器内で熱せられたチャーと反応して CO に還元される（発生炉ガス反応あるいはブードアール反応ともいう）。合成ガスは燃料として用いられるか，メタンに転換される。

$$C_{\text{char}} + CO_2 = 2CO - 172.6\,\text{kJmol}^{-1}$$

　3のシフト反応は可逆的で，平衡は温度に依存し，低温ほど右側に進むが，反応速度が著しく減少するため，実用的には Fe-Cr 系，Co-Mo 系，Cu-Zn 系の触媒が必要である。CO からの水素製造によって4a）の反応を進行させるが，このとき発生する熱が2の反応に対する熱供給の役割を担っている。さらに生成した H_2 は4b）の反応におけるガス中 $H_2/CO = 3$ の調整に利用される。

　4a）の直接水添ガス化反応において 700～800℃ がメタンを効率的に直接合成する温度であるが，転換速度は遅い。800℃以上にすると転換速度は増加するがメタンの収率が減少する。4b）の接触メタン化反応は Ni 触媒を用いることが多い。合成ガス中に硫黄を含んでいると触媒を被毒するため反応前に脱硫する。反応は2～3 MPa 下，300～350

℃で実施されるが，高い発熱反応であるので反応器から絶えず熱を吸引する必要がある。

(2) 原料石炭と触媒

1) 炭　種

石炭のガス化は，極論すればどのような種類の石炭でも利用可能である。しかしながら瀝青炭や亜瀝青炭はガス流中にタールを形成することがある。粘結炭は反応炉内で凝集体を生成するため，前処理の必要性が生じる。前処理は普通温和な条件下で石炭表面の酸化反応を行うが，それによって重量の5～20％を失うことになる。

2) 触　媒

ガス化反応の速度を推進するために触媒が必要である。水性ガス反応に対して850℃，2.1 MPa下の実験における触媒はK_2CO_3やKOHのようなアルカリ金属塩が最上の促進効果を示す。亜炭のような低炭化度炭中の無機鉱物質にはこれらのアルカリ金属塩を含んでいるため反応性が高い。Ni（ラネーニッケル）は強い活性を示すが，失活速度も大きい。工業的にはドロマイト（$CaMg(CO_3)_2$）や石灰（$CaCO_3$）が用いられる。

(3) ガス化炉の発展

ガス化は非常に古いプロセスであり，その基本の反応は1780年頃発見されている。石炭ガス化の進歩はガス化炉の改良・発展にある。1937年に工業化されたルルギ（Lurgi）式ガス化炉は，加圧式の固定床方式の炉である。図4.35のように炉上部から石炭が供給され，灰は融解せずに炉底から排出される。加圧による反応速度の増大が使用炭種の拡大をもたらし，水冷壁によるクリンカー（灰が溶解して塊状になったもの）付着の防止策が施されている。

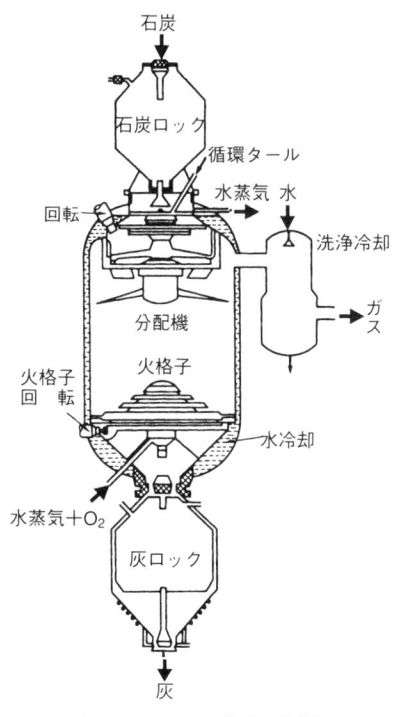

図4.35　ルルギガス化炉

現在でも南アフリカ共和国ではこのルルギ炉を使用して改良フィッシャー・トロプッシュ法（コラム参照）による石炭ガスからの間接液化を行い年間石炭約2500万tから500万tの液体燃料を製造している。

> **コラム** フイッシャー・トロプッシュ法
>
> 1923年，ドイツのF.FischerとH.Tropschが，COとH_2から合成炭化水素燃料の実験を行った。石炭あるいはコークスと水蒸気の反応によって生成したCOとH_2の混合ガス（これを水性ガスと呼ぶ）を約200℃，常圧下でCo, Ni, Feなどの触媒上に通じると下式のような反応で合成炭化水素が得られる。ドイツでは，第二次世界大戦の間，この方法によって年間約2500万kLの合成石油を生産していた。
>
> $$C + H_2O \longrightarrow CO + H_2$$
> $$nCO + 2nH_2 \longrightarrow C_nH_{2n} + nH_2O$$
> $$nCO + (2n+1)H_2 \longrightarrow C_nH_{2n+2} + nH_2O$$
> $$2nCO + nH_2 \longrightarrow C_nH_{2n} + nCO_2$$
> $$2nCO + (n+1)H_2 \longrightarrow C_nH_{2n+2} + nCO_2$$

ガス化炉の性能向上はガス化温度の高温化にあるが，これを達成する炉として気流層方式のコッパース－トチェック（Koppers-Totzek）ガス化炉が1952年に稼働した。しかし，この炉は常圧操業のため性能が高いといえず，1970年代に入り，シェル－コッパース（Shell-Koppers）炉が開発された。2本一対のバーナーを対向させて設置し，そのバーナーから100μm以下の微粉炭が酸素，水蒸気気流で炉内に吹き込まれ，高温の炎となって炉中心部で衝突し，上昇流になって排熱ボイラーに入り，熱回収後流出する。1500℃以上のガス化反応のため炉壁は薄い耐火物で保護されて水冷管で覆われている。

1940年代にテキサコガス化プロセス（Texaco Gasification Process, TGP）が天然ガスからH_2ガス製造のために開発され，LPG，ナフサ，原油，重油，残渣油を原料とし，1970年代からは石炭や石油コークスを原料として稼働されるようになった。1980年代より各種廃棄物の分解技術開発にも力を注ぎ，1990年代になると廃プラスチックや廃タイヤのような特定の廃棄物の分解処理にも応用されている。TGPは噴流床ガス化炉であり，図4.36に示すように高温部を耐火レンガで内張りしたガス生成部と底部にスラグ冷却部を持つ垂直円筒形反応容器である。水でスラリー化した微粉砕石炭を予熱後，1200～1500℃，2～9MPaで運転されているガス化炉に特殊バーナより酸素と共に噴流し，瞬間的に部分酸化を行う。

本プロセスは水性ガス（H_2とCO）製造を目的としている。還元雰囲気の高温反応のため，SO_X，NO_X，ダイオキシン類は生成しない。灰分はスラグとして排出されるため，セメント原料などに利用でき，硫黄分は98％以上回収できる。

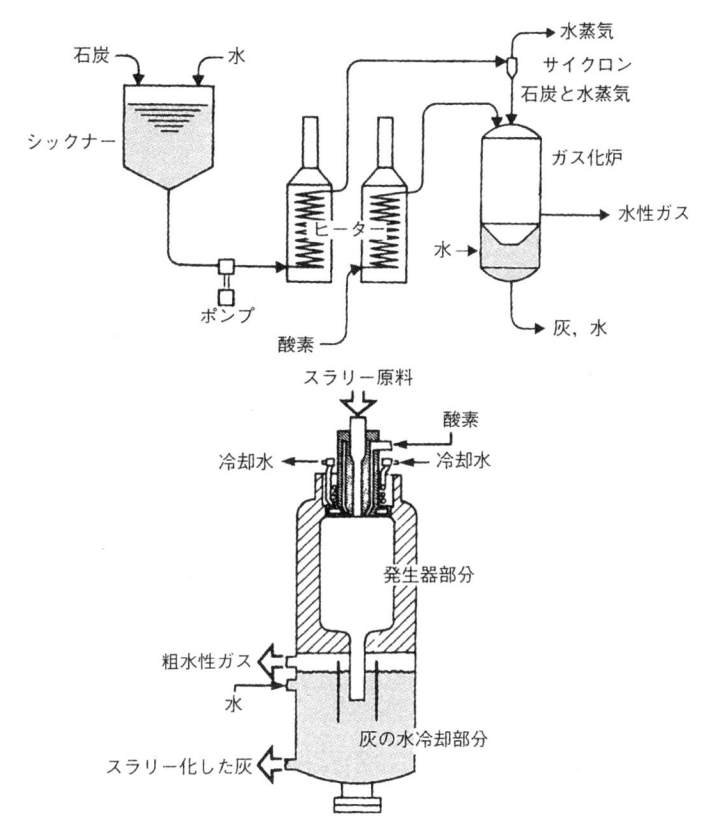

図4.36 テキサコガス化プロセスのフロシート（上）とそのガス化炉（下）
(Berkowitz, N., "An Introduction to Coal Technology", Academic Press (1979))

(4) わが国で開発された新しいガス化（水素製造）技術
1) 噴流層石炭ガス化技術（HYCOL）

石炭から水素ガス製造を目的としたわが国独自のHYCOL（Hydrogen from Coal）プロセスがある。NEDOの支援のもとに1991年から3年間，50 t／日，ガス化圧力2.94 MPaのパイロットプラントの試験研究が実施された。1室2段反応による旋回流型噴流床ガス化炉を基本にした高効率ガス化と溶融スラグ化のプロセスである。本ガス化炉で製造したH_2ガスは燃料用，化学合成用，石炭液化や水添ガス化用水素の製造のみならず，燃料電池にも利用可能で，後述する石炭ガス化燃料電池複合発電に組み込まれている。

図4.37に本ガス化炉の特徴を示した。微粉化された石炭はガス化剤の酸素（または空気）と共に，旋回流を形成するように配置された上下2段のバーナに供給される。微粉炭は上下各段の複数バーナに均等に，酸素は灰分の溶融温度（1500℃以上）まで上げるに十分な量を下段バーナに，そして比較的少量を上段に供給できるような設計が施されている。

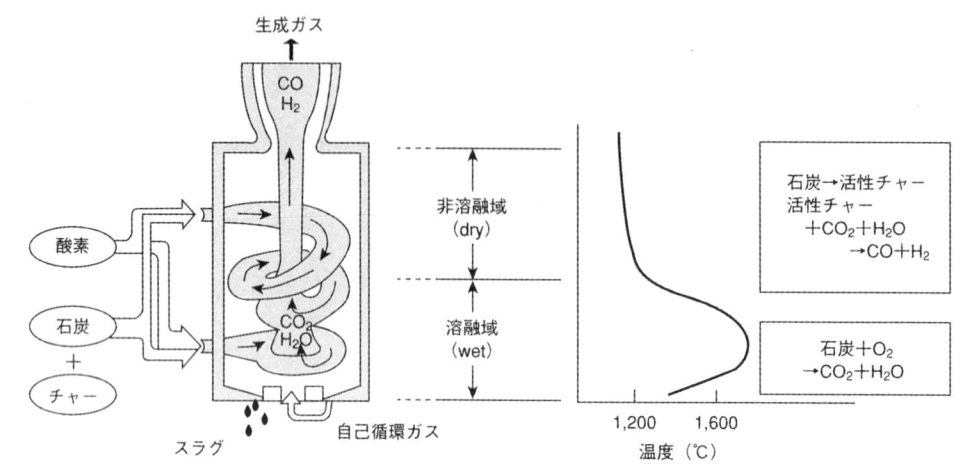

図4.37　1室2段反応型旋回流ガス化法
(宮寺博ら，日本エネルギー学会誌，74, 691 (1995))

2) 石炭利用 CO_2 回収型水素製造技術（HyPr-RING）

さらに，将来くるであろう水素エネルギー社会で多量に必要となる水素を豊富に賦存する石炭から CO_2 を排出せずに製造することを目的とした技術が開発されている。

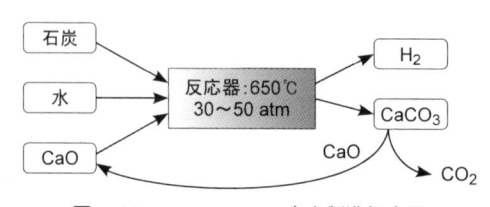

図4.38　HyPr-RINGの水素製造概念図

石炭ガス化炉の中に CO_2 吸収剤である CaO を直接入れ，生成する CO_2 を $CaCO_3$ として固定し，H_2 のみを取り出す方法である。$CaCO_3$ はガス化で生じるチャーで煆焼して CaO を再生，CO_2 を回収する。熱化学反応式は下記のように発熱反応となるのでエネルギー的にも有利である。

$$C + 2H_2O + CaO = CaCO_3 + 2H_2 + 38\,kJ$$

(5) わが国の石炭火力発電の新動向

2010年における石炭火力の発電量の総発電量に対する割合は，全世界で約41%，わが国では約27%である。わが国の石炭火力発電効率は世界のトップであるが，それでも41%程度に留まっている。その改良のための実証試験されているプロセスを紹介する（わが国の技術を世界に輸出すれば，CO_2 削減に大いに貢献できるはずである）。

1) 石炭ガス化複合発電（IGCC, Integrated Coal Gasification Combined Cycle System）

粉砕石炭を空気または酸素と共に高温ガス化炉内で部分酸化ガス化反応を行い，得られた可燃性粗ガスの精製（脱じん，脱硫など）後，ガスタービン系にて燃焼させる。燃焼排

ガスによりガスタービン発電を行い，さらにガスタービンからの高温排ガスを排熱回収ボイラに導き，これを熱源として蒸気を発生させて蒸気タービンを駆動・発電を行う（図4.39）。

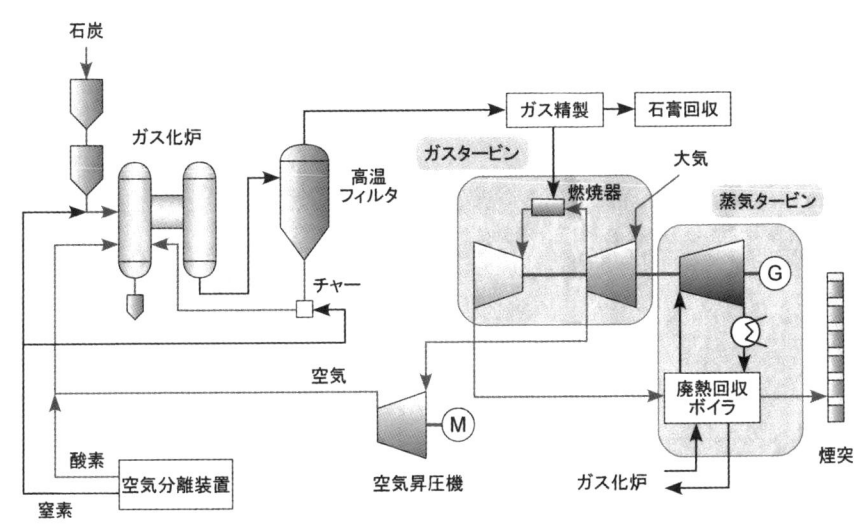

図 4.39 IGCC の系統図

　世界初の商用規模の噴流床ガス化の IGCC プラントが日米共同開発プロジェクトとして，1984 年にアメリカに建設され，それから 5 年間の運転試験により技術的成功を収めた。テキサコ式噴流床ガス化炉と湿式ガス精製装置を使用して，石炭の総処理量 113 万 t，総発電量 2.8×10^6 MWh，年間設備利用率約 70 % を記録している。
　IGCC は燃料段階でガスをクリーンにするので，排ガス環境値を低減できる。灰分はガラス状のスラグとして排出されるため，きわめて環境適合性に優れている。
　わが国では政府・NEDO・電気事業団により 1986 年から 1996 年にかけて常磐共同火力勿来発電所にて 200 t / 日噴流床 IGCC プラントの運転試験が実施され，パイロットプラント段階の技術検証をほぼ完了している。1997 年度からは実証プラントの可能性と要素研究，そして 2001 年 6 月に㈱クリーンコールパワー研究所が電力共同出資により設立され，同年 9 月には，プラントの立地点が福島県いわき市の常磐共同火力発電所構内に決定した。実証試験の結果，発電効率は 48 % に向上した。

2）石炭ガス化燃料電池複合発電（IGFC, Integrated Coal Gasification Fuel Cell Combined Cycle）

　ガスタービン，蒸気タービンに加えて燃料電池を組み合わせてトリプル複合発電を行うもので，実現すれば 55 % 以上の発電効率が得られ，CO_2 排出量も従来の石炭焚き火力発電より約 30 % 削減できる。
　さらに，ガス化方式を高温部分酸化（1100 〜 1500 ℃）でなく水蒸気改質（700 〜 1000 ℃，吸熱反応）に変え，ガス化炉にガスタービンと燃料電池の排熱をリサイクルする高効率の次世代型石炭ガス化型発電（A-IGFC）の技術開発も進められている。成功すれば，

65％もの発電効率が得られると期待されている。

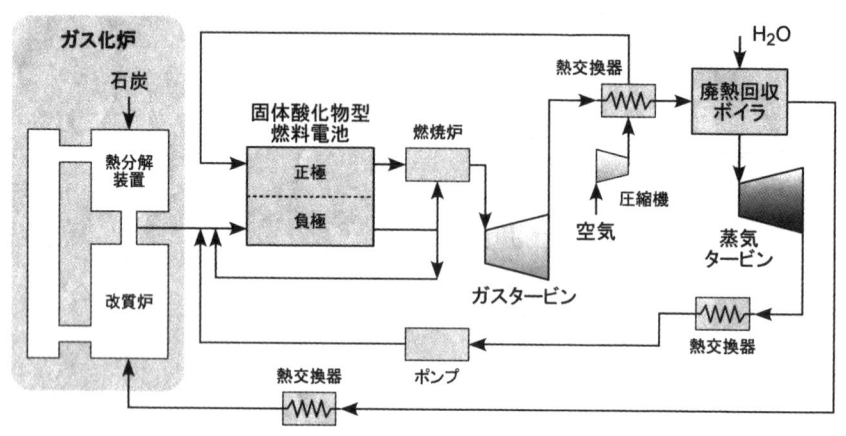

図4.40 A-IGFCのフロー

4.3.4 石炭液化（石油代替液体燃料）

歴史的に見て，石油や天然ガスなどの流体エネルギー源の利便性によって，かつて大いに利用されていた石炭資源が制約を受けるようになってきた。その主因は固体状石炭のハンドリングの悪さである。この問題は，石炭資源に課せられた問題である。石炭を液化しようとする試みは石炭利用が本格化した19世紀後半から行われてきた（コラム参照）。

表4.10は燃料や純粋化合物のH/C原子比を示したものであるが，高揮発瀝青炭でもその値は0.8である。ガソリンは1.9，天然ガスは3.5もあり，水素含有率の高いことが液体として存在する要因の1つと考えることもできる。そのため，石炭液化プロセスは原炭のH/C比に対して生成物のそれを増加させることにある。

コラム　ベルギウス法石炭液化

石炭液化法の始祖として知られるドイツのベルギウス（F.Bergius）が，1911年に無触媒下，水素加圧下の300〜350℃で石炭から液状生成物が得られることを見出し1913年に特許化した。それを工業化したのがIG（Interessen Gemeinschaft）染料会社であり，ライプチヒ郊外のロイナに工場を建設し1927年にロイナベンジンとよばれる石炭液化油，すなわち人造石油が誕生した。2,900 t／日の原料炭処理能力を有し，分解率約98％，中油＋ガソリン収率は約52％であった。本プラントは1959年まで操業を続けた。1934年ヒトラーの政権発足と共に，石炭液化工業は国防上の見地から膨大な予算が注ぎ込まれた。その結果，最盛期には12のプラントが稼働して，第二次世界大戦末期には生産量300万t／年となり，当時の航空燃料の90％，全炭化水素消費量の47％をまかなっていた。

表4.10 燃料と純枠化合物のH/C

燃料，化合物	H/C	燃料，化合物	H/C
メタン	4.0	トルエン	1.1
天然ガス	3.5	ベンゼン	1.0
エタン	3.0	高揮発B瀝青炭	0.8
プロパン	2.7	高揮発A瀝青炭	0.8
ブタン	2.5	亜炭	0.7
ガソリン	1.9	中揮発瀝青炭	0.7
原油	1.8	無煙炭	0.3
タールサンド	1.5		

(Hessley, R.K., *et al.*, "Coal Science. An Introduction to Chemistry, Technology, and Utilization", John Wiley & Sons (1986))

その手段として，熱分解や溶媒抽出による炭素の除去，直接あるいは間接的な水素の付加，石炭高分子の分解，環境に悪影響を及ぼすヘテロ原子（酸素，窒素，硫黄）の含有化合物の減少がある。

(1) 液化反応の機構

粉砕乾燥した石炭を，石炭から生成した循環液化油とともにスラリー化する。これを高温，高圧下の反応器に導入し，水素化反応によって液化を行う。低温，低圧下，短い反応時間のような温和な条件，あるいは無触媒下で生成した液化油はかなり重質な成分を含む。高温高圧下のような過酷な条件のときは軽質成分に転換される割合が高くなる。一般に反応初期の架橋結合の解裂に比べ，後期の低分子化反応である開環反応は容易ではない。これが石炭液化の初期の反応速度が大きく，後期の反応速度が小さくなる原因と考えられる。

石炭液化反応では種々の化合物が共存する混合系のため，生成したフリーラジカルの中間体が多種の反応物に，その濃度と安定性に応じて分配され，反応は競争的に進行する。また多くの反応が同時に連続的に進行するため，触媒はすべての反応を促進するとは限らない。いずれにしろ，石炭液化反応はきわめて複雑である。一般に反応性は，パラフィン＞ナフテン＞芳香環の順であり，芳香族化合物が最も反応性が低いとされている。

石炭液化プロセスは段階的に起こると言われているが，おおよそ図4.41のような反応経路によって進行すると考えられている。まず，Ⅰの反応はエーテル結合の切断による低分子化と考えられるが，かなり急速の熱分解で比較的大きな有機フラグメントを生じる。Ⅱもかなり速い反応であるが，分解しにくい架橋部が解裂し，より小さいフラグメントを形成する。Ⅲはかなりゆっくりした反応である。温度の低い時は芳香環部分の飽和化，異節環の開裂によるヘテロ原子の脱離，そして温度の高い時はこれらに加えて芳香環相互を結合しているメチレンなどの架橋構造の切断，ナフテン環の分解などによる低分子化である。Ⅳの反応は初期段階で起こるが，孔隙構造内にトラップされていた炭化水素が石炭マトリックスの分解で放出されてオイルとなったものである。これらの反応過程における水素の存在はオイルやアスファルテンなどの生成物収率に大きく影響するが，図4.42はそ

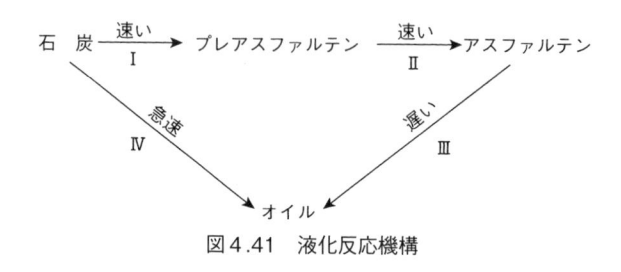

```
石　炭 ──速い── プレアスファルテン ──速い── アスファルテン
           Ⅰ                        Ⅱ
     ＼急速                      ↓遅い
       Ⅳ                        Ⅲ
        ＼                      ／
          →  オ イ ル  ←
```

図4.41　液化反応機構

れをモデル化したものである。過剰水素の存在下では生成物の多くは液化物になるが，存在しないときはチャーやコークの生成が多くなる。

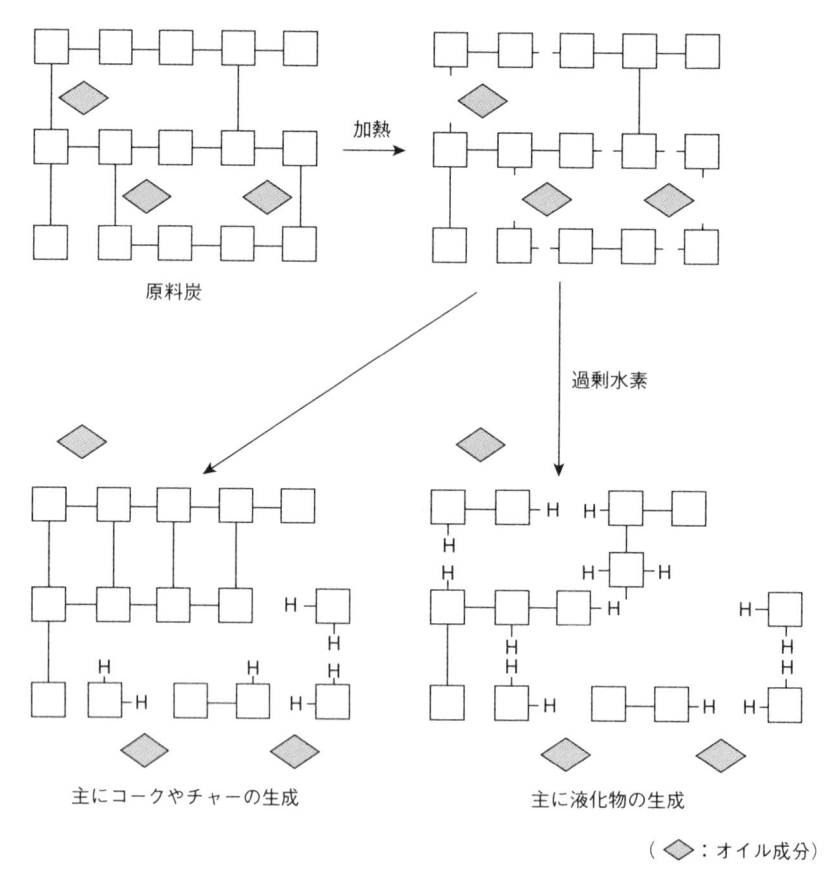

（◆：オイル成分）

図4.42　液化反応に及ぼす水素の役割
(Hessley, R.K., *et al.*, "Coal Science, An Introduction to Chemistry, Technology, and Utilization", John Wiley & Sons (1986))

　400℃前後から石炭構造の分解が始まる。液化過程では前述したように非常に多くの誘発反応や競争反応が起こる。これらの反応が繰り返されるならば，縮合多環芳香族は基本的には低分子化すると考えられる。しかしながら，低活性の触媒や低水素化能溶媒雰囲気

のような反応が進行しにくい条件下では，芳香環の水素化は抑制され，温度が高いとナフテン環からの脱水素反応が顕著になり，芳香族化が進行する。また水素不足が解裂した架橋部同士の再結合を促進し，縮合反応（分子内）や重合反応（分子間）が起こり，安定なコークやチャーを生成するコーキング反応が進行する。したがって，構造間の結合が切れたときに，水素を供給することが重要である。

コーキング反応（逆反応）	縮合反応(分子内反応) 脱水素反応	重合反(分子間反応)
液化反応（正反応）	水素化反応 分解反応 脱ヘテロ反応	架橋結合解裂反応 開環反応 脱アルキル反応

(2) 基本反応

以上の現象を起こすための基本反応を図4.43に示す。石炭の化学構造の主要部分を占めるのが芳香環であるが，多環になるほど表4.11のようにその共鳴エネルギーが高くなり安定化するため，普通600℃以下では熱的に容易に分解しない。そのため400〜500℃で液化反応を行うためには水素付加や触媒添加により分解反応を起こす必要が生じる。触媒と水素存在下でアントラセンやピレンのような多環芳香族の溶媒に水素ラジカルが付加すると，式(1)〜(3)のように架橋結合の解裂反応が起こる。触媒と水素が存在しなければ芳香環ラジカルは縮重合反応(4)を繰り返して最終的にコークを生成する。

芳香環は触媒と水素の存在下では水素化反応(5)，(6)も引き起こす。生成したナフテン環水素は反応(7)，(8)のように活性ラジカルへ移動し，水素化と脱水素化を繰り返す。ガス相からの活性ラジカルへの水素移動(5)〜(8)は液相で起こるが，これらは可逆反応である。ナフテン環の反応は開環(12)と脱水素(15)である。アルキルナフテン環は(13)，(14)のような脱アルキル反応が起こる。パラフィンは β 開裂(16)により分解する。触媒と水素存在下における硫黄化合物の反応は(9)，(10)のようであり，硫黄の脱離は比較的容易である。窒素はほとんど環内にあり，ピロールの反応例を(11)に示すが，触媒と水素存在下でも活性は低く，そのまま未反応物質として残るため，触媒表面を被毒する。$-OH$, $>CO$, $-COOH$ などの含酸素官能基は水素結合など石炭の非共有結合として化学構造に寄与しているが，比較的容易に熱的に脱離し，水素によって水の生成源にもなる。

表4.11 芳香環の共鳴エネルギー

	kJmol^{-1}
ベンゼン	150
ナフタレン	320
アントラセン	485
フェナントレン	540

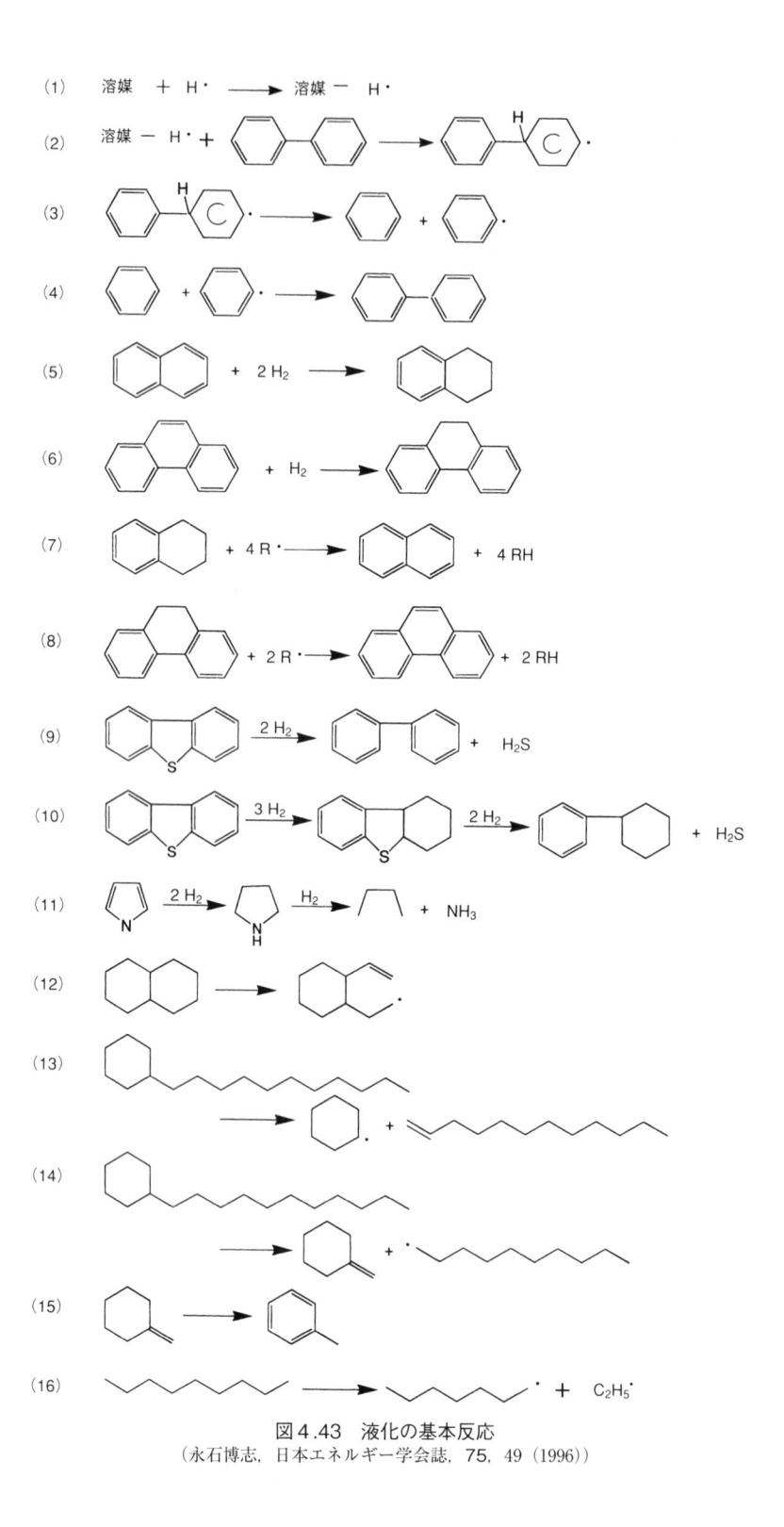

図4.43 液化の基本反応
(永石博志, 日本エネルギー学会誌, 75, 49 (1996))

(3) 水素源（水素ガス，水素供与性溶媒）と触媒の役割

水素源として水素分子（水素ガス）とテトラリンのような水素供与性溶媒があるが，これらの役割について比較検討する。反応条件の違いによる石炭の転化率（ガス＋ベンゼン可溶分収率）の変化を表4.12に示す。N_2雰囲気では触媒添加の有無にかかわらず転化率は約17％にすぎない。しかしながらN_2雰囲気でもテトラリンを添加したときは66％，さらに同条件で触媒を添加すると79％になった。H_2雰囲気のみでは47％とあまり転化率は大きくないが，触媒またはテトラリン添加のとき75％と大きく増加した。最大の転化率は触媒とテトラリンを同時に添加したときで97％になった。

表4.12 水素とテトラリンの比較

圧力（MPa）	テトラリン（g）	触媒（g）	転化率（％）
9.8（N_2）	―	―	16.3
9.8（N_2）	―	0.25	16.9
9.8（N_2）	50.0	―	66.3
9.8（N_2）	50.0	0.25	79.4
9.8（H_2）	―	―	46.6
9.8（H_2）	―	0.25	75.3
9.8（H_2）	50.0	―	75.4
9.8（H_2）	50.0	0.25	96.7

触媒$(NH_4)_2MoO_4$は石炭に含浸して使用，石炭（25g）は79.9％C, 5.9％H, 4.4％S, 1.3％N, 8.5％Oである。反応条件は1時間，400℃である。
(Hessley, R.K., et al., "Coal Science, An Introduction to Chemistry, Technology, and Utilization", John Wiley & Sons（1986））

(4) わが国の石炭液化技術

1973年の第一次石油危機を契機に，各国で石油代替エネルギーの研究開発が活発に行われるようになったが，その中でも石炭液化の技術開発に多大の資金と労力が投入されてきた。ここでは近年わが国で開発された液化技術について述べる。

1) 瀝青炭液化技術（NEDOLプロセス）

わが国で通産省（当時）工業技術院が中心になって石油代替エネルギーの確保と安定供給，そして環境問題の解決を目的としたサンシャイン計画が1974年に発足した。さらにこの計画を発展させたニューサンシャイン計画（エネルギー・環境領域総合技術開発推進計画）が1993年に発足し，現在に至っている。

石炭液化法として瀝青炭から褐炭までの幅広い炭種に適用できる技術の確立を目指して国立研究機関や企業が，ⅰ）直接水添液化法，ⅱ）溶媒抽出法，ⅲ）ソルボリシス液化法（石炭循環溶媒の代わりに石油系重質油を用い，常圧下，400〜440℃で石炭を液化する方法）の3方式について開発研究を進めてきた。1980年に新エネルギー・産業技術総合開発機構（NEDO）が設立され，液化技術開発の推進力になってきた。1983年に，NEDOは上記の瀝青炭液化法の各々の特徴を生かしたNEDOLプロセスを確立した。それは，ⅰ）から高性能触媒技術，ⅱ）から溶媒水添技術，ⅲ）から重質溶媒利用技術の長所を採用した液化方式である。

NEDOLプロセスを実証するための150 t／日パイロットプラント（PP）の建設に着手したのが1991年であったが、これに先立ってPPの支援研究として1 t／日プロセスサポーティングユニット（PSU）の運転研究が1989年から始まった。本プロセスは、ⅰ）石炭貯蔵（ホッパー）・前処理（乾式粉砕機）、ⅱ）液化反応（スラリー予熱器、液化反応塔）、ⅲ）液化油蒸留（常圧および減圧蒸留塔、残渣固化装置）、ⅳ）溶媒水素化（昇圧ポンプ、予熱機、水素化反応塔）の各設備から構成されている。

　プロセス全体のフローシートを図4.44(a)に示す。特徴は、ⅰ）Ni-Mo系触媒を充填した溶媒水素化反応塔で調製した水素供与性の高い溶媒を使用するため、スラリー予熱機でのコーキングによる反応物の付着が発生しにくい。ⅱ）減圧蒸留塔での未反応物や灰分を溶媒と分離するため、液化残渣の流動性を調整でき、残渣の自重で抜き出せる。ⅲ）コンピューターシステムと遠隔制御によって安定した操作が可能で、運転条件の速やかな変更に対応できる。その結果、連続運転2か月以上、計2万時間以上の運転を通じ、NEDOLプロセスの安定性および総合運転性が確保され、最適化がなされた。標準の反応条件は反応温度450℃、16.7 MPaの水素圧である。液化反応触媒は微粉の天然パイライトあるいは合成硫化鉄（主としてFeS_2）を原料石炭に3％添加する。

　NEDOLプロセス150 t／日PPは茨城県鹿嶋市において1996年6月に建設を完了、1997年3月より本格的な運転を開始し、最長80日間の連続運転に成功した。図4.44(b)にプロセスのフローシートを示す。インドネシア産タニトハルム亜瀝青炭（75.9 %C, 5.8 %H, 1.8 %N, 0.2 %S）を用い、液化触媒として99 %以上の天然パイライト、溶媒の水素化触媒としてNEDO開発のNi-Mo/γ-Al_2O_3、溶媒としてPPから自生の重質油留分を水素化して使用した。そのときの液化油収率は反応温度462℃、反応圧力18.6 MPa、液化触媒添加量3％の条件下で58％であった。その液化油は沸点220℃以下のナフサ留分を58％含有している。

　このプロセスの運転研究は1998年9月に所期目標を達成し、運転性と安定性のいずれも遜色なく、実用化へのシフトが可能な状態にある世界最先端のプロセスと高い評価が与えられている。原油と競合するためには原油価格が1バーレル20ドル以上になったときにNEDOLプロセスでは採算可能といわれている。各プロセスによる液化油を石油製品並にするためにはアップグレーディングの技術を確立する必要がある。日本ではそのため6.4 kL／日のPDUが秋田県男鹿市に（財）石油産業活性化センターによって建設され、2000年から2年間運転された。また150 t／日PPや1 t／日PSUの応用技術を中国で商業化することも検討されている。5,000 t／日のNEDOLプロセス石炭液化実証プラントでは、石炭処理量3万t／日、液化油生産量16,000 kL／日の製油所が想定されている。これは国内の製油所に匹敵する生産能力を持ち、商業的な石炭液化プラントの姿と見込まれている。

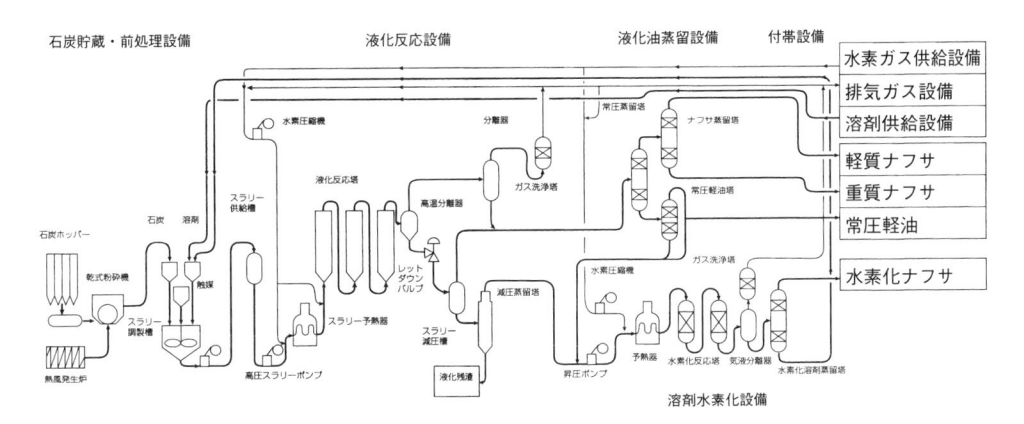

(a) 1 t/日 PSU
石炭液化PSU研究センター，"瀝青炭液化技術の開発"資料．

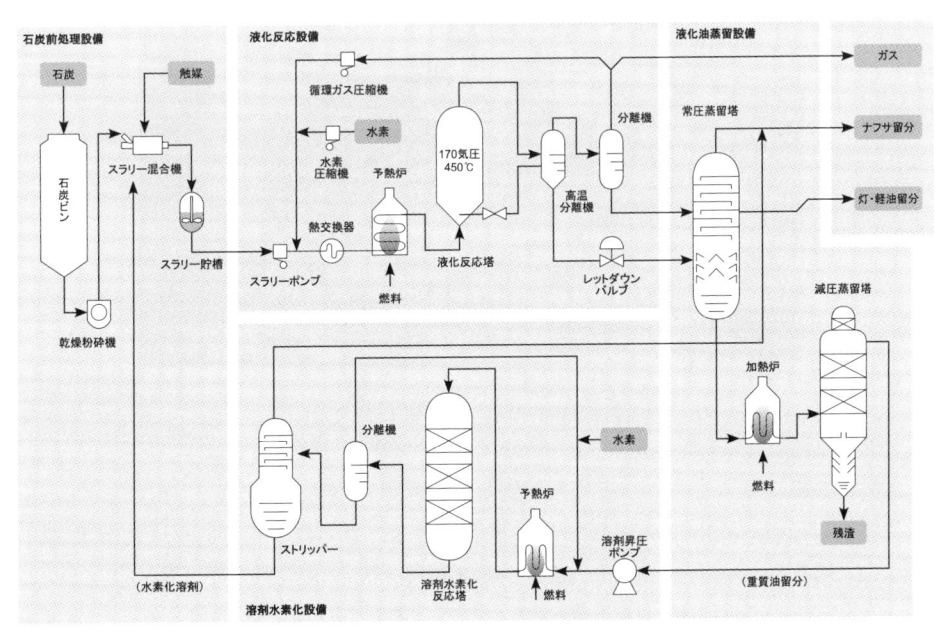

(b) 150 t/日 PP
(財)石炭エネルギーセンター試料

図4.44 瀝青炭液化（NEDOL）プロセスフロー

2) 褐炭液化技術（BCLプロセス）

 石炭の確認可採埋蔵量は約1兆トンといわれているが，その半量は褐炭などの低品位炭である。今後の石炭利用は，これらの低品位炭を有効活用することが重要である。石炭化度の低い褐炭の液化法として研究開発されたプロセスに，わが国独自のBCL（Brown Coal Liquefaction）プロセスがある。褐炭は構造内に多くの含酸素官能基を持っていることや比表面積も大きいため水分を多く含み（p.6コラム参照），乾燥すると自然発火しやすいという欠点がある。そこで，BCLプロセスには，液化工程の前に石炭スラリー脱水工程が加えられている。

BCL プロセスは，オーストラリア・ヴィクトリア州産の褐炭の有効利用を目的として，NEDO より 1981 年サンシャイン計画の一環として発足，推進されることになった。二段階液化の 50 t／日パイロットプラントが日本褐炭液化㈱を中心として，ヴィクトリア州モーウェル地区に 1981 年 11 月から 86 年 12 月にかけて一次と二次の水添系などの設備が建設された。総合運転は 1988 年 2 月より開始され 90 年 6 月に液化収率 52 ％ を達成し，10 月に運転を終了した。その間，連続運転 1700 時間以上を達成している。

図 4.45　褐炭液化パイロットプラント
（ヴィクトリア州モーウェル，BCLV 資料より）

　石炭循環溶媒によってスラリーにした褐炭の一次水添反応を 452 ℃，15 MPa 水素圧の反応条件下で行い，液化油収率 48 ％ を達成している。さらに一次反応生成物の重質残油を 380 ℃，15 MPa 水素圧の条件下で二次水添反応を行い，液化油収率 4 ％ を得ている。

(5) 原料石炭と液化触媒

　液化油を製造するための石炭は次のような性状を持っているものが良いとされる。
　① H/C 値が高く，反応性の高い石炭，② ピリジン抽出率の高い石炭，③ 流動性の高い石炭，④ 含有無機鉱物量の少ない石炭。

　褐炭から瀝青炭まで幅広い石炭化度を持つ石炭が液化反応に使用されるが，無煙炭や亜炭は不適である。マセラル的にいえばビトリニットやエクジニットの活性成分が多く，イナーチニットのような不活性成分の少ない石炭が良い。

　触媒が石炭の液化反応では重要な役割を果たしていることはすでに述べたが，触媒の効果は反応の初期段階ではあまり発揮されず，その活性度の急激な低下を招くと考えられている。そのため NEDOL プロセスや BCL プロセスにおける一次液化反応では分子状水素存在下で石炭系水素化循環溶媒と FeS_2 のような使い棄ての鉄系触媒を併用し，得られた生成液化油を分別蒸留後，重質留分を Ni-Mo 触媒を用いて二次水素化反応を行い，軽質

油として利用するか，循環溶媒として再利用する。

　未精製の一次液化油にはヘテロ原子を含有する多環芳香族化合物が多く存在し，そのまま使用するとNOxやSOxなどの大気汚染の原因となって環境に悪影響を及ぼしたり，発ガン性が疑われる化合物も含まれていることを認識すべきであろう。そのためには軽質化と同時にヘテロ原子の効率的な除去を目的とした二次水素化処理を行う必要があり，そこで使用する触媒も不可欠となる。石油精製に用いられる触媒が液化油生成でも使用されることは多い。石油重質油の水素化脱硫で使用される触媒の活性度は，$ZnCl_2$，Ni-Mo ＞ Ni-W，Co-Mo，Ni-Co-Moのようである。使い棄て触媒として天然パイライトや赤泥もよく利用されている。脱硫特性を持つ触媒は，Ni-Mo，Co-Mo，Ni-W ＞ $ZnCl_2$，Pd-Al_2O_3，Pd-Y型ゼオライトがある。水素化触媒は水素化脱窒素触媒としては効果的に機能しない。

(6) 石炭液化油と原油の比較

　イリノイNo.6炭液化油と代表的な原油の各留分の収率分布を表4.13に示す。液化油を構成している成分の約70％が芳香族化合物である。ナフサや灯油留分収率は液化油が多く，軽油留分は液化油のほうが少ない。ヘテロ原子含有率もかなり異なっている。液化油は一般に窒素，硫黄，酸素の含有率がそれぞれ1～1.3，0.3～3，1～10％であるが原油では窒素約0.2％，硫黄約1.2％，酸素を普通はほとんど含有していない。ワイオミングサワー原油のように硫黄を2.9％も含有している石油もあるので，液化油のそれは決して高いものではない。

表4.13　石炭液化油と代表的な原油の蒸留分布（v/v％）

蒸留範囲	液化油	原　油
排気ガス	0.2	0.5～2.0
ナフサ		
軽質（～77℃）	3	2～5
中質（77～190℃）	34	12～22
重質（190～205℃）	7	1～3
灯油（205～250℃）	20	7～10
重質燃料油（250～315℃）	16	11～15
軽油		
軽質（315～345℃）	3	5～7
重質（345～510℃）	12	18～30
残渣（＞510℃）	4	10～40

液化油はイリノイNo.6炭の水素化分解によって調製
(Speight, J.G., "The Chemistry and Technology of Coal", Marcel Dekker, Inc. (1983))

　さらに原油と大きく異なる点は液化油は酸性，中性，塩基性の成分から構成されていることである。これら3成分の組成割合は原料石炭の炭種，液化方式，あるいは液化油を軽，中，重質油に分別したときでも変化する。コールケミカルズの製造を目的としたCCC（Carbide and Carbon Chemicals）プロセスのピッツバーグ炭液化油の軽質分から得られた製品の収量を表4.14に示す。中性油はベンゼン，ナフタレン，フェナントレンなどの芳香族化合物，飽和炭化水素，水素化芳香族化合物が主要な成分である。酸性油は

フェノール類を中心にして，水酸基やカルボキシル基の結合した化合物から構成されている。塩基性油はピリジン，キノリン，アニリンなどの塩基性窒素を含む化合物から成っている。

表4.14 CCCプロセスによるピッツバーグ炭液化油中の軽油
(bp 75～270 ℃) から得られた製品 [kg/t －原料炭 (daf)]

フェノール類	42.1	炭化水素	109.9
低沸点フェノール	14.7	ナフタレン	4.8
フェノール	3.0	メチルナフタレン	6.2
クレゾール	11.2	テトラリン	1.8
メタフェノール*	10.9	低沸点炭化水素	12.8
高沸点フェノール	16.5	芳香族溶媒	23.4
塩 基	8.0	高沸点炭化水素	
アニリン	0.18	bp 230～260 ℃	20.6
トルイジン	0.58	bp 260 ℃以上	34.8
キシリジン	1.7		
キノリン	0.2		
その他	5.34		

＊エチルフェノールとキシレノールの混合物
(吉田諒一，日本エネルギー学会誌，79，385 (2000))

参考文献

1) 藤田和男監修，秋元明光，島村常男，藤岡昌司，島田荘平，鷹觜利公，牧野英一郎編著，『トコトンやさしい石炭の本』，日刊工業新聞社 (2009).
2) 持田 勲，『図解 クリーン・コール・テクノロジー』，工業調査会 (2008).
3) 木村英雄，藤井修治，『石炭化学と工業』，三共出版 (1977).
4) 山崎直治，『石炭で栄え滅んだ大英帝国―産業革命からサッチャー改革まで』，ミネルヴァ書房 (2008).
5) 山本作兵衛，『筑豊炭坑繪巻』，葦書房 (1980, 2011).

「石炭の開発と利用のしおり」
「クリーンに利用される石炭」
「コール・サイエンス・ハンドブック」
「日本のクリーン・コール・テクノロジー」
　などは，「財団法人 石炭エネルギーセンター (JCOAL)」ホームページからダウンロード可能

> **コラム**　石炭サンプルと化学構造モデル

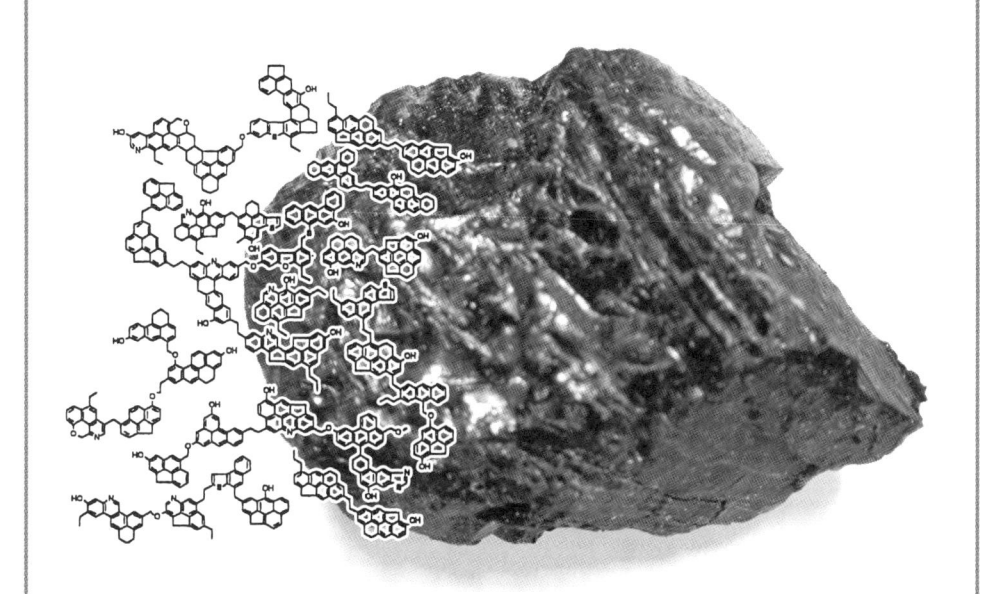

　石炭は褐～黒色の固体であるが，その大部分は有機化合物であり，様々な芳香族化合物が架橋されて三次元構造を形成している。もちろん炭素同素体のダイヤモンドではないし，石墨（グラファイト）とも違う。石炭は，元素組成として炭素だけではなく，水素，酸素などを含み，純然たる有機化合物である。

5

石 油

5.1 石油資源
5.2 石油精製
5.3 石油化学

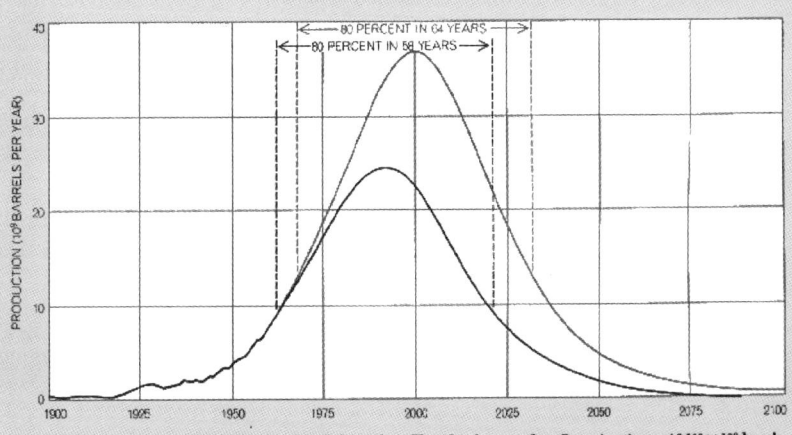

Hubbert の "oil peak" として有名な石油生産曲線 (*Scientific American*, 225, 60 (1971))
石炭の生産曲線（4章トビラ絵）より横軸（年数）のスケールが短いことに注意。1970年代，予測されていた埋蔵量最大値 $2,100 \times 10^9$ bbl（上），最小値 $1,350 \times 10^9$ bbl（下），の場合の予想曲線。いずれにしても，ピークの位置は大差なく，埋蔵されている石油の8割をわずか64～58年間で費消することになると警告している。

5.1 石油資源

5.1.1 石油鉱床の形成

原油が産出する地層は，古生代から新生代にかけてのもので，表5.1に示したように，人類が出現した新生代第四紀以降のものはほとんどなく（1章トビラ図参照），三畳紀から第三紀までのものが80％以上を占めている。この時期は水生動植物，特に植物プランクトンなどが大繁殖していることが地層の化石から確認されており，大量の有機物が地層中に堆積された。

表5.1 原油の地質時代別発見量

代	紀	%
古生代	カンブリア紀～オルドビス紀	2.6％
古生代	シルル紀～デボン紀	6.7％
古生代	石炭紀～二畳紀	5％
中生代	三畳紀～ジュラ紀	18.2％
中生代	白亜紀	36.3％
新生代	第三紀 新古第三紀	13.3％
新生代	第三紀 新第三紀	17.9％
	合計	100％

太古の生物が堆積し，石油に変化して行く過程を図5.1に模式的に示す。生物遺骸が泥と一緒に水によって運ばれ湖底や海底に堆積する。この堆積作用は長期間にわたって継続する。堆積有機物は嫌気性バクテリアの作用により分解され，重縮合したフルボ酸，フミン酸，フミンなどの高分子体になる。さらに重縮合の進行と同時に脱炭酸や脱メチルなども起こり，油母（kerogen）が形成される。油母とは，堆積物中に細かく分散して存在し，有機溶媒やアルカリ水溶液に不溶の固体有機酸の総称で，炭素，水素，酸素を主成分とし，少量の硫黄や窒素を含む複雑で非晶質な高分子有機物である。新しい堆積物が次々と積もると油母は地下深くもぐって行く。地層の温度が高くなるにつれて地熱の作用によりゆっくりと熱分解が進行し，液状炭化水素とガスに変化する。この変化の過程を熟成と呼んでいる。熟成の温度は65℃付近から始まり150℃までで，それ以上の温度になると分解してガスになってしまう。したがって，石油とは地下深部において，ある温度範囲でだけ存在できる液状炭化水素ということになる。

石油が生成する場所は有機物質が泥状で堆積した堆積岩で，これを根源岩とよんでいる。根源岩は泥が堆積した泥岩であり，地層水で満たされている。ここで生成した石油やガスは地下深部の高い圧力と地層水より密度が小さいため，岩石のすきまを通って上方へ移動するようになり，上をさえぎるものがなければ地表に逃げてしまうことになる。

石油やガスの移動を止めるような構造があれば，石油はその場所に停滞，集積して石油鉱床が形成される。この構造をトラップといい，非常に緻密な岩石で覆われており，この岩石を帽岩（caprock）とよんでいる。帽岩は浸透性が乏しく，割れ目が生じにくい泥岩（mudstone）や頁岩（shale）からできている。トラップにはいろいろな型の構造が見い出されているが，これまでに存在するおもな石油鉱床は，図5.1中に示したような堆積層が横の圧力により山のように膨らんだ背斜型構造である。トラップに集積した石油は

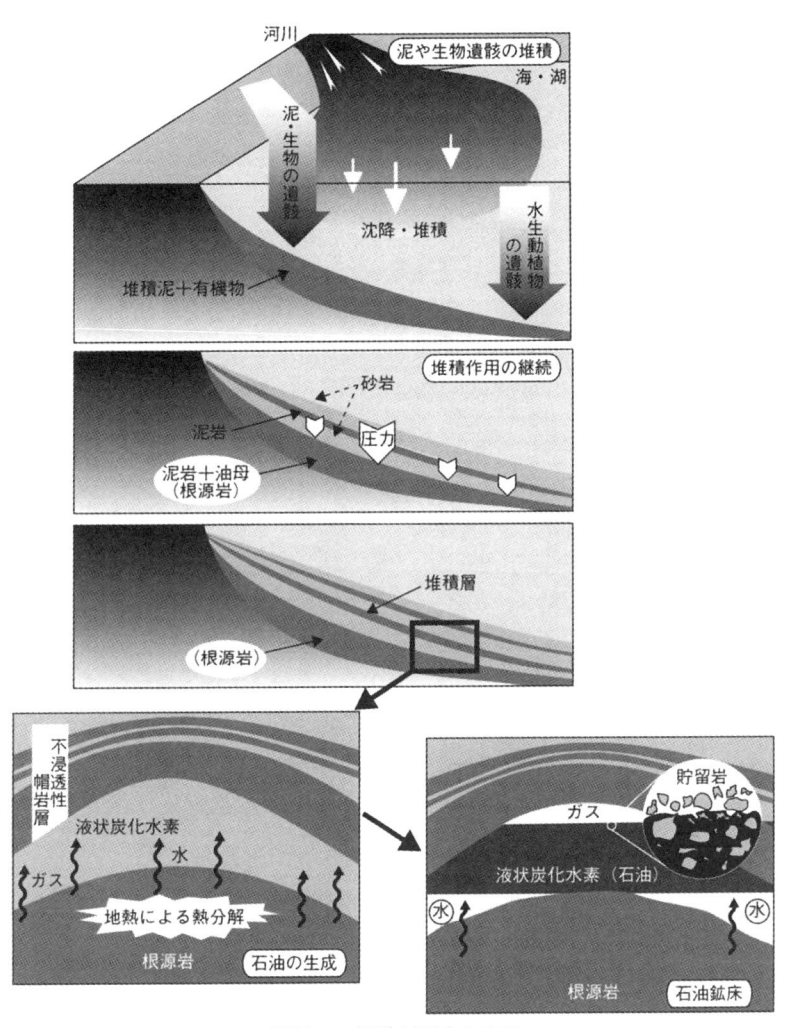

図5.1 石油ができるまで

池に溜まっている水のように誤解されがちであるが,トラップ内には多孔質の貯留岩があり,その貯留岩の中に石油,ガス,水が混合した高圧状態でつまっている。

以上のように石油鉱床ができるためには十分な根源岩があり,生成した石油の移動を防止する帽岩と集積する十分なトラップが必要条件である。また石油鉱床ができても地殻変動や火山活動などにより,トラップ構造が破壊されれば,集積した石油は地表に逃げてしまうことになる。石油とは条件に恵まれた地質環境においてだけ生成される資源であることがわかる。

5.1.2 石油の採取

新たな石油鉱床の発見はますます地下深部に移っている。そこで石油鉱床が存在すると考えられる地下の構造を推定する方法として,地球の重力や磁力の異常を測定したり,人工地震を起こし,波の伝わりかたを測定する物理的方法が開発されており,これを物理探

鉱とよんでいる。とくに，地震波による方法が有力視されている。

　物理的探鉱により石油のありそうな地質構造が発見されると，実際に石油が存在するかを確かめるため，地下深く井戸を掘ってみる。これを試掘といい，最近では技術の進歩により，海洋でも水深 400〜500 m のところから，海底下 3000〜5000 m 位まで試掘できるようになっている。試掘によって石油の存在が確認され，商業的に採算がとれることがわかると，推定埋蔵量に応じて試掘井のまわりに何本かの生産井を掘って原油を採取する。ロータリー式掘削法（図 5.2）の井戸掘りの最先端に用いられるビットは，掘り管の先端でまわりながら硬い岩盤を削るもので，岩盤以上に硬い材質が必要であり，ダイヤモンドの粒がうめこめられている。

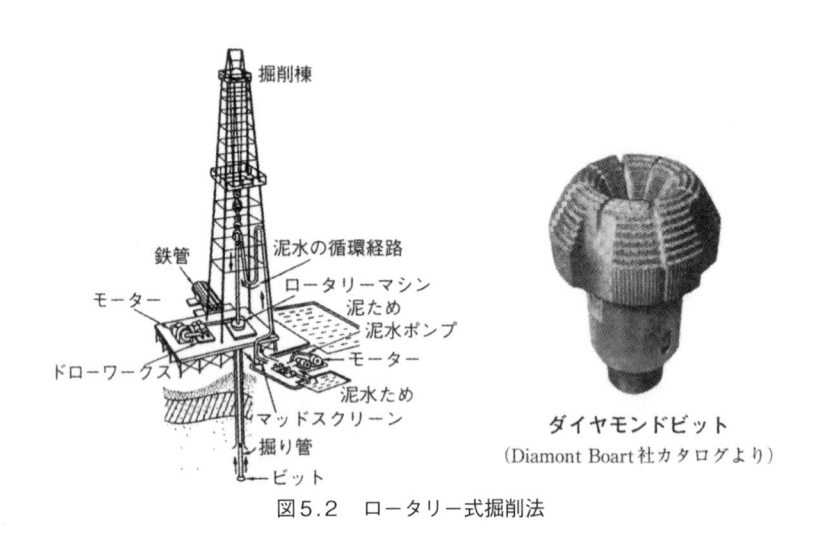

図5.2　ロータリー式掘削法

　採油方法は油層の状態や地質の状況によって異なり，経済的に有利な方法が選ばれる。
　一般に地下に埋蔵されている原油は，大量のガスが溶け込んで加圧状態にある。井戸を掘り地上と通路ができると，原油は自然に噴き上げてくる。この状態が自噴採油である。井戸が新しいときは自噴での採油ができるが，原油を生産するにつれて，自噴するだけの圧力がなくなったり，または油層は存在するが地上まで噴き上げる圧力のない油田もある。この場合は天然ガスを強制的に吹き込み，原油の比重を軽くして採油する方法をガスリフト採油という。また自噴の停止した抗井から原油を採取する方法として最も古くから行われているのが，抗井内にポンプを降ろし，ポンプにより原油を汲み上げるポンプ採油がある。昔は自噴が止まれば，その油田は終りであったが，ガスやポンプの力によって原油が採取できるようになり，これらを一次回収とよんでいる。しかし一次回収ではいくら上手に採油しても 30 ％どまりといわれており，70 ％以上が地中に残ることになる。
　そこで，油層に水やガスを押し込んで圧力を高めて原油を回収する方法が二次回収とよばれる。特に水を押し込む方法が最も一般的に行われており，水攻法とよばれている。しかし二次回収でも採油率は 40 ％位と言われており，60 ％以上が地下に取り残される。この残存石油を回収する技術が三次回収法である。これは油層に水蒸気を送入し，熱によっ

て粘性を下げて油を流れやすくする熱攻法，また原油と水が混ざり合うような界面活性剤を加えて回収するケミカル攻法など原油の物性を変えて回収する技術が開発されている。三次回収法はコストの面から現時点では実用化には問題があるが，原油価格の高騰が続けば実行される可能性がある。

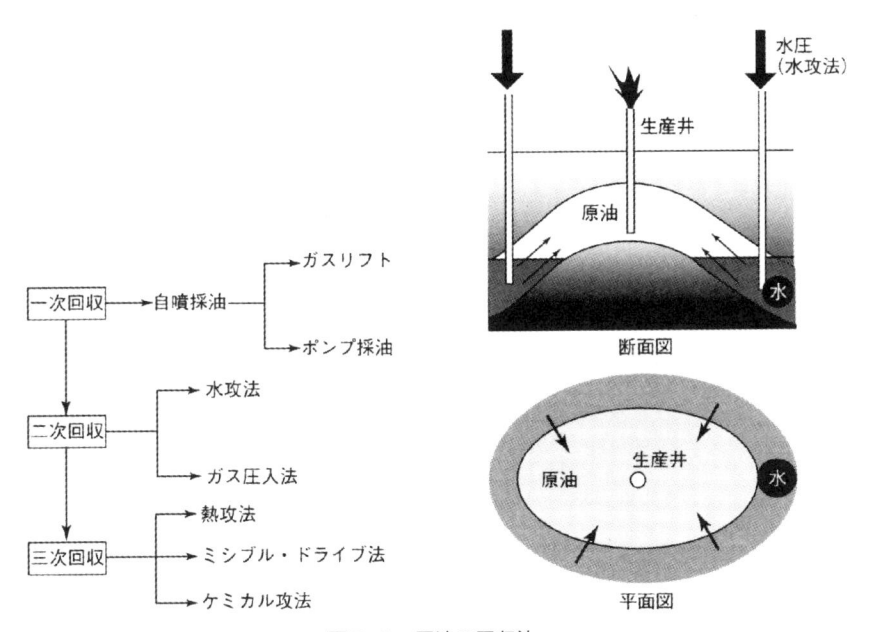

図5.3 原油の回収法

5.1.3 石油資源埋蔵量と枯渇

1940年代まではアメリカが最大の産油国であったが，1950年代にはサウジアラビア，イラク，イラン，クウェートなどの中東諸国が最大の産油国になっている。その後，掘削技術の進歩により，イギリスとノルウエーの間の北海油田やメキシコ湾の油田など海洋での油田開発が積極的に行われるようになっている。

石油の埋蔵量は大きく2つに分類される。油田を開発した場合，その油田に存在する石油の総量を原始埋蔵量，またその油田から技術的，経済的に取り出すことができる石油の量を確認可採埋蔵量という。確認可採埋蔵量を原始埋蔵量で割った値を採取率といい，回収技術の発展に伴い，採取率が大きくなれば埋蔵量も多くなる。

表5.2に世界の確認可採埋蔵量と年生産量を示す。世界全体では約1600億kLの原油が埋まっていることになる。しかし，石油鉱床は地質構造に大きく依存するため，石油が産出する地域も著しくかたよっている。地域別にみると中東諸国が約1000億kLと全体の65％以上を占める。

世界の巨大油田を国別に示すと図5.4のようになる。巨大油田とは可採埋蔵量が8000万kL以上の油田で，ベスト10のうち8つが中東地域にあり，世界の石油資源が著しく中東地域に偏在していることがわかる。

表5.2 世界の石油確認埋蔵量と可採年数 (2005)

	埋蔵量(億kL)	生産量(億kL)	可採年数(年)
北米	72.8	5.7	12.8
南米	186.3	6.2	30.0
ヨーロッパ	29.3	3.4	8.5
アフリカ	181.7	5.7	32.0
アジア	63.9	4.6	13.8
中東	1,180.8	14.6	81.1
ロシア	194.1	6.8	28.6
計	1,909.0	47.0	40.6

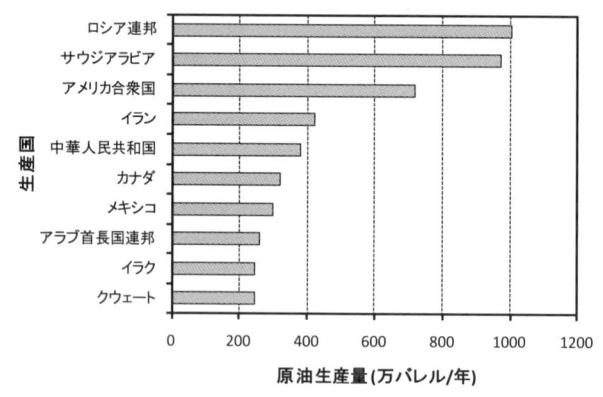

図5.4 世界の国別原油生産量 (2009)

　確認可採埋蔵量 (R) をその年の生産量 (P) で割った値 (R/P) を可採年数といい，石油供給力の指標となっている。可採年数は産油国によって非常に異なるが，ここ数年間全体の確認可採埋蔵量は約1600億kLで推移しており，これを年間生産量約35億kLで割った可採年数は約45年となる。この値はしばしば石油の枯渇の目安とされるが，今後の油田の発見や技術開発による生産量の増加などを考慮していないので，その年限で石油がなくなるということを意味しているわけではない。現在でもわずかながら新しい油田が

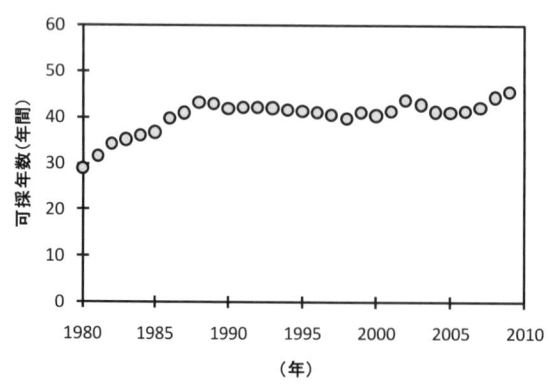

図5.5 石油の可採年数 (BP統計, 2010)

見つかっているので可採年数の推移は図5.5のようにむしろ増加しているように計算されるので誤解を与えやすい。

しかしながら，図5.6のように近年でも世界的な石油消費量は増加している一方，新たに発見される石油資源の埋蔵量は年々少なくなっており，2005年には"石油ピーク"を迎えたといわれている。1971年に出されたハバードによるシュミレーション（本章トビラ絵）は，その後現実味を帯びてきている。

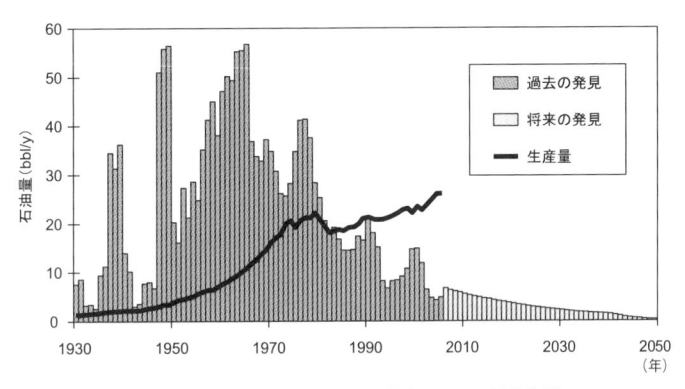

図5.6 新たに発見された石油資源と石油消費量

5.1.4 日本の石油事情

わが国は，国内原油生産量はわずか0.5％以下で，ほとんどを輸入に頼っている。中東紛争によって原油価格が高騰した1973年の第1次オイルショックに続き1978年にも第2次オイルショックを経験し，中東以外に輸入先の分散，また石油の一次エネルギー源に占める割合の低減化が図られてきた。その結果，当時，「石油モノカルチャー」といわれるほど高かった（80％弱）石油依存度が近年では50％を下回るようになってきた。二次エネルギーである電力だけに限れば，石油火力発電の比率は1975年の60％から2009年では20％に減少している（図5.7）。石油火力の減少分は，原子力，天然ガス，石炭の比率を増加させて賄ってきたことが図から読み取れる。夜間の余剰電力を活用する揚水発電も増えてきているが，再生可能の新エネルギーはまだ1％程度である。原油輸入元に関しては，依然として約90％を中東に頼っているのが現状である（図5.9）。

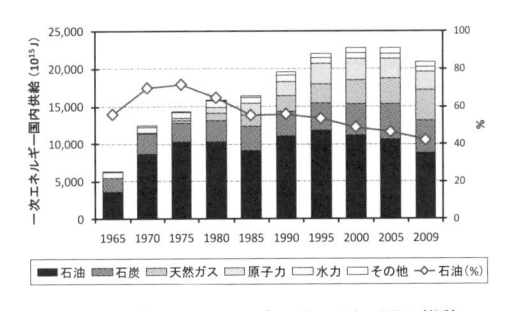

図5.7 日本における一次エネルギー源の推移 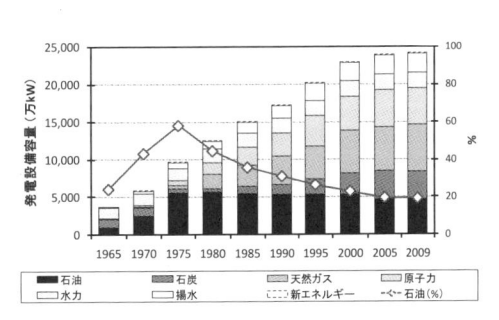　　図5.8 日本における発電エネルギー供給源の推移

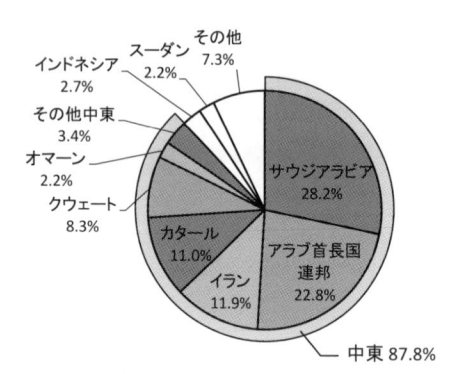

図5.9 日本が輸入する原油の相手国別比率（2008年度）

コラム　世界各国の一次エネルギー

2010年の主要国の一次エネルギー生産総量を棒グラフの面積で表示すると図のようになる。

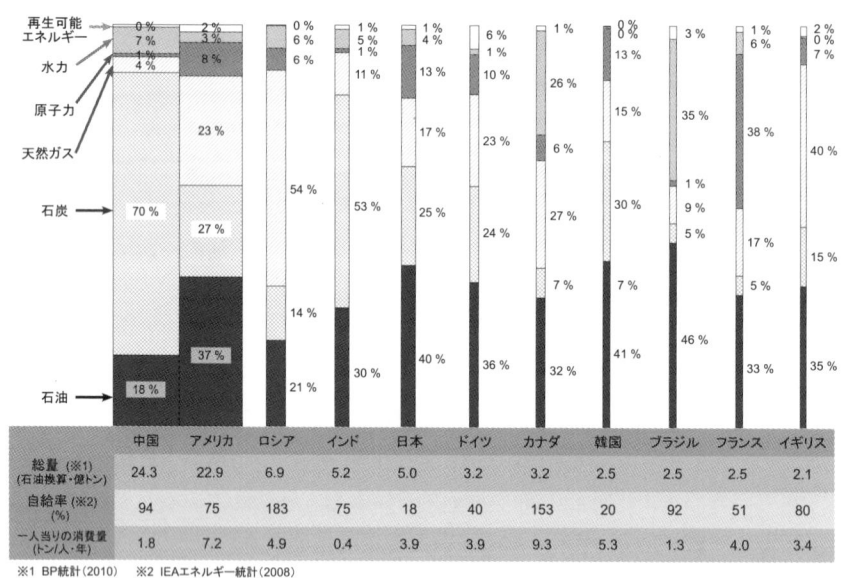

	中国	アメリカ	ロシア	インド	日本	ドイツ	カナダ	韓国	ブラジル	フランス	イギリス
総量（※1）(石油換算・億トン)	24.3	22.9	6.9	5.2	5.0	3.2	3.2	2.5	2.5	2.5	2.1
自給率（※2）(%)	94	75	183	75	18	40	153	20	92	51	80
一人当りの消費量(トン/人・年)	1.8	7.2	4.9	0.4	3.9	3.9	9.3	5.3	1.3	4.0	3.4

※1 BP統計(2010)　※2 IEAエネルギー統計(2008)

中国（人口13億3千万）の一次エネルギーがアメリカ（人口約3億）を抜いて最も多くなった（2009年）ことが目立つ。1997年のデータではアメリカの半分以下日本の2倍弱であったからその増加は驚異的である。この間日本はほとんど増加していない。

一人あたりの消費量に換算すると、中国は人口が圧倒的に多いために低くなる。アメリカ、カナダ（人口約3千3百万）の一人あたりの消費量が高いのは国土が広く輸送エネルギーが多くなるためと考えられる。わが国（人口1億2千8百万）は、ドイツ（人口8千3百万）、フランス（人口6千1百万）、イギリス（人口6千万）とほぼ同程度である。

エネルギー自給率に関しては、日本が最低で20%にも満たない。G8の中では、

ロシア，カナダは自給率100％を超え，エネルギー輸出国（それぞれEU，アメリカへ）である。中国が輸入国に転じている（2007年）ことも注目すべきことである。イギリスは，石油危機以降北海油田を開発したため輸出国であったが，早くも枯渇が始まり，2006年には輸入国に転じている。

棒グラフに区分したエネルギー源の構成比に関して特徴的なことは次のとおりである。アメリカは比較的バランスがとれているが，中国は石炭に70％もかたよっている。さらに，ロシアは天然ガス，フランスは原子力に依存する割合が他国よりも高いことが目立つ。日本の石油依存度は，まだまだ高いことがわかる。同じくエネルギー自給率の低い韓国，ブラジルも石油依存度が高い。再生可能エネルギー導入が最も進んでいるのはドイツで，それでもまだ6％程度である。

なお，東日本大震災（2011）後のわが国の原子力依存度は，0.9％（2012）となっている。

5.2 石油精製

5.2.1 石油の利用

人類は数千年も前から石油を利用している。メソポタミア（現在のイラク地方）に住んでいたシュメール人が立像を作るときの接着にアスファルトを使用している。また古代エジプトではミイラの製作にアスファルトをしみ込ませた布が使われ，防腐剤としての性質が利用されている。古代文明での石油の利用は，主に接着剤，防腐剤，防水剤，潤滑剤など，石油の性質を利用したもので，石油を燃料として利用するようになったのは1850年以降になってからである。

原油の蒸留がアメリカで最初に行われたのは1850年代で，そのころは灯油だけが灯火用に利用され，その他の留分は地中に廃棄されていた。1859年アメリカのペンシルバニア州で，E.ドレークが機械を用いて石油井戸を掘り，石油の採取に成功して以来，石油の生産が急増し，これが石油産業の始まりとされている。

1860年代になると，重油が石炭や木材の代わりに燃料として利用されるようになった。1880年代になり，G.ダイムラーによってガソリンエンジンが発明され，1890年代にはディーゼルによってディーゼルエンジンが発明され，ガソリンや軽油が自動車燃料として用いられるようになり，石油の利用は急速に普及した。1910年代，H.フォードがベルトコンベアによる大量生産方式を取り入れ，値段の安くなった自動車が大幅にでまわり，ガソリンの使用量が急増した。

天然の石油（原油）にはガソリン留分が約20％しか含まれておらず，残りは灯油，軽油，残油である。そこで需要の多いガソリンを得る方法として，灯油や軽油に熱を加えて分解する熱分解法や触媒を用いて分解する接触分解法が開発された。同時に大量に副生するオレフィンガスからイソプロパノールなどの溶剤が生産されるようになり，これが石油化学工業の始まりとされている。

自動車の生産台数が多くなるにつれて，タイヤに使用するゴムが大量に必要となり，1930年代には天然ゴムの性質に似た合成ゴムが開発され，さらに1937年にはW.カロザ

ースにより人工繊維であるナイロンが発明された。1930〜1950年代は合成樹脂，合成繊維，合成ゴムなどの高分子製品が石油製品を原料として開発・製造され始めた時代である。

1950年代，石油精製工業から副生するオレフィンガスが不足し，油田ガスやナフサを積極的に熱分解してオレフィンガスを製造する本格的な石油化学工業に発展してきた。

現在はガソリンや灯油，軽油などの燃料油を製造する石油精製工業，ナフサの熱分解によるエチレン，プロピレン，ベンゼンなどの石油化学工業基礎原料の製造，アルコール，アルデヒド，エチレンオキシド，塩化ビニル，スチレンなどの二次製品の製造，合成樹脂，合成繊維，合成ゴムなどの最終製品を製造する石油化学工業が，図5.10に示すように，パイプラインで結ばれた石油化学コンビナートを形成し，そこからはわれわれの生活に欠かすことのできない多くの石油化学製品が生産されている。

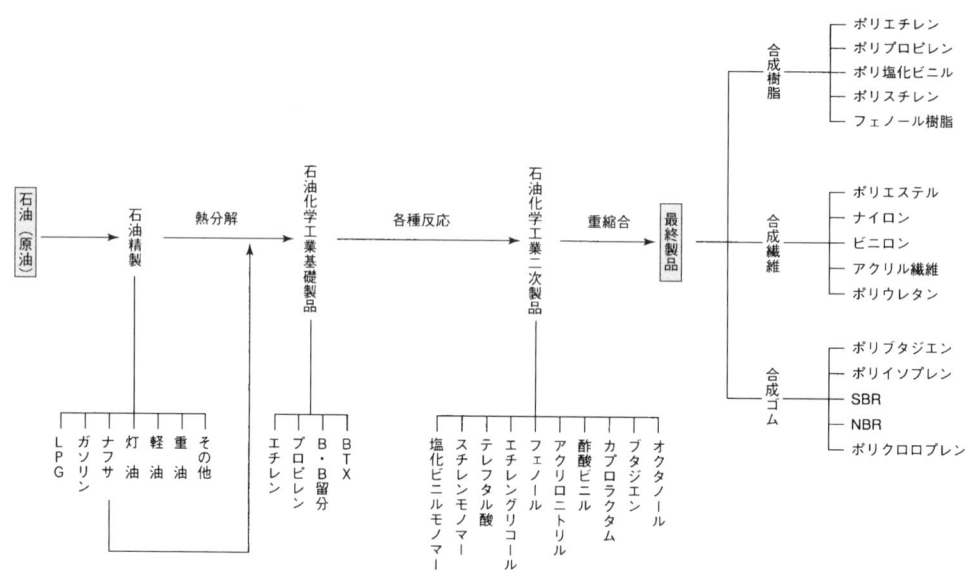

図5.10　石油化学コンビナートの原料の流れと製品

5.2.2　石油の分類

原油は物理的性状と化学的性状によって分類される。物理的分類方法は比重を基準とし表示され，以下の3つの値が主に用いられる。

① 比重15/4℃：15℃の試料の質量と，それと同体積の4℃の水の質量との比
② 比重60/60°F：60°Fの試料の質量と，それと同体積の60°Fの水の質量との比
③ API度：American Petroleum Institute（米国石油協会）が定めた比重表示法で，比重60/60°Fと以下の関係で表される。

$$\text{API度} = 141.5/60/60°\text{F比重} - 131.5$$

この値は原油に対して用いられる表示法で数値が大きいほど，軽質原油となる。一般に外国原油にはAPI度と比重15/4℃の両方が表示されている。日本が50%近く輸入して

いるアラブ首長国連邦とサウジアラビア原油の一般性状を表5.3に示す。アラブ首長国連邦の原油は軽質で硫黄分が少なく，サウジアラビアの原油は中質で硫黄分が多い。日本では，新潟，山形，秋田の3県で原油が産出し，比重が0.75くらいの非常に軽質で，硫黄分が少なく良質である。しかし年間の生産量が約80万kLと少なく，国内需要の0.32％にすぎない。

表5.3 アラブ首長国連邦とサウジアラビア原油の一般性状

原油名	マーバン	ザクム	AL[*1]	AM[*2]	AH[*3]
API度	39.3	39.5	34.4	30.7	27.9
比重（15/4℃）	0.828	0.827	0.8524	0.872	0.8872
硫黄分（wt%）	0.80	1.06	1.72	2.40	2.70
収率（vol%）					
ガソリン留分	24.3	26.0	25.0	21.1	20.0
灯油留分	14.3	13.0	13.5	12.4	10.0
軽油留分	17.6	16.4	13.5	12.4	11.0
常圧残油	42.5	44.6	48.0	52.8	56.5

＊1 アラビアンライト，＊2 ミディアム，＊3 ヘビー

化学的分類方法は原油を構成している炭化水素の構造タイプにより分類するもので，パラフィン（paraffin）系炭化水素が多く含まれるパラフィン基原油，ナフテン（naphthene）系炭化水素が多く含まれるナフテン基原油，パラフィン系とナフテン系の中間的な性質を持つ中間基原油の3種に分類されるが，芳香族炭化水素を多く含む特殊原油もある。原油中に含まれる各種炭化水素のタイプを図5.11に示す。

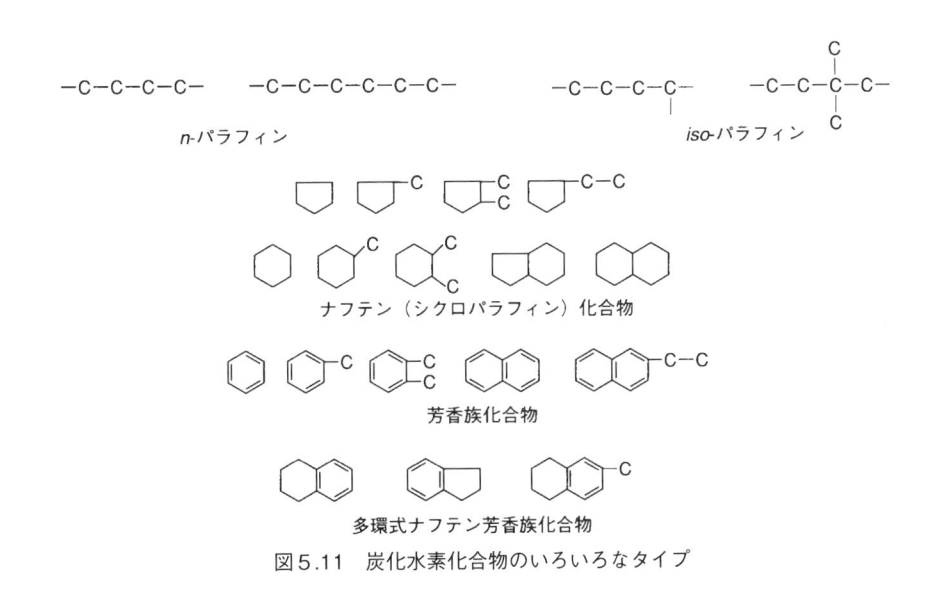

図5.11 炭化水素化合物のいろいろなタイプ

パラフィン基原油はパラフィン系炭化水素を多く含んだ原油で，メタンから始まる多くの鎖状の炭化水素混合物で，炭素数が40個以上の存在も認められている。また分枝パラ

フィンも含まれており，末端から2番目の炭素にメチル基のついた化合物が最も多いことも知られている。重質留分はアスファルト分が少なく，ロウ分が多いため固形パラフィンや良質な潤滑油の製造に適している。

ナフテン基原油はシクロパラフィン系炭化水素を多く含んだ原油で，シクロペンタン，シクロヘキサンにアルキル基のついた誘導体が多い。重質留分はアスファルト（asphalt）分が多くアスファルト基原油とも言われる。またロウ分が少ないため脱ロウ処理しなくても潤滑油を製造できるが，良質な潤滑油や固形パラフィンの製造には適さず，その性質はパラフィン基原油と全く逆の傾向にある。

中間基原油はパラフィン基原油とナフテン基原油を混合したような性質で，中東原油をはじめ世界の原油の大部分がこれに属するといわれている。

5.2.3 原油の組成

原油は黒褐色で粘度の高い液体である。原油の組成は，主成分の各種炭化水素とアスファルト質，樹脂質などの混合物で，その中に硫黄，酸素，窒素などを含む化合物が含まれている。しかしその元素分析値は以下に示すように原産地によりあまり差異はなく，ある範囲内で一定である。石油の成分はパラフィン系，ナフテン系，芳香族系などの炭化水素化合物と硫黄，窒素，酸素などを含む非炭化水素化合物に分類される。さらに，金属元素も検出されており，複雑な有機金属化合物も存在する。

　　　炭　素　82～87 wt%　　窒　素　　　　0.05～1.0 wt%
　　　水　素　11～15　　　　酸　素　　　　0.1～2.0
　　　硫　黄　0.1～5.0　　　燃焼後の灰分　 0.01～0.05

(1) 炭化水素

1) パラフィン系炭化水素　　C_nH_{2n+2} という一般式で表される飽和な鎖状炭化水素で，n-パラフィンと分枝のあるイソパラフィンに分けられる。同じ炭素数でも他の系列の炭化水素に比べ，沸点が低く，密度も小さく安定である。パラフィン類は近年の分析機器の著しい進歩により，メタンから始まり炭素数40以上の存在が確認されている。炭素数4～12程度の留分は，白金触媒を用いた異性化により高オクタン価ガソリンに改質され利用されている。炭素数10～20程度の留分は家庭用燃料，ディーゼル燃料，合成洗剤の原料として重要である。また炭素数20以上の留分は潤滑油や固形パラフィンの製造原料である。

イソパラフィンも炭素数4のメチルプロパンから，メチル基やエチル基などのアルキル基をもつ炭素数30以上の成分が確認されている。イソパラフィンはアルキル側鎖があるためオクタン価が高く，ガソリン分としては有効であるが，逆にセタン価は低くディーゼル燃料としては不利である。また炭素数の多い留分は，n-パラフィンに比較して融点が低く，潤滑油として有効である。一般に石油留分中には，n-パラフィンのほうがイソパラフィンより多く含まれている。なお，オレフィン分は原油中にほとんど存在しない。

2) ナフテン系炭化水素　　C_nH_{2n} という一般式で表される飽和環状炭化水素であり，

いろいろの型のシクロアルカンが原油中に存在する。低沸点留分中にはシクロペンタン類やシクロヘキサン類が多く含まれ，多くの場合2個以上のメチル基を有している。高沸点留分は，長いアルキル側鎖がついたもの，ナフテン環が2〜3個縮合したもの，または芳香族環と縮合した形で存在し，オクタン価が高くガソリン分として有効であるが，逆にセタン価が低くディーゼル燃料としては不利である（p.108 コラム参照）。

シクロペンタン類やシクロヘキサン類は，脱水素反応や異性化反応によりBTX（ベンゼン，トルエン，キシレン）に変換できるため重要である。

3) 芳香族炭化水素　1分子中に1個以上の芳香族環を含む炭化水素で，その原形はベンゼンである。軽質留分はベンゼン環にアルキル基が置換した化合物が主である。しかし，重質留分になるにつれて2環（ナフタレン），3環（アントラセン）などの多環縮合化合物や芳香族環とナフテン環の両方を含む化合物が主となる。さらに，高沸点留分になると多環縮合化合物が多くなるが，これらの成分の内，近年ベンゼンやベンゾピレンのように発ガン性物質として注目を集めている物質もある。

(2) 非炭化水素化合物

原油の主成分は炭化水素である。しかし，含有量は少ないが硫黄，窒素，酸素も含まれており，これらは有機化合物として存在する。炭素，水素以外の上記の原子をヘテロ原子とよび，原油中にはヘテロ原子を含む化合物の割合は比較的多い。特に，重質留分は大部分がヘテロ原子を含む化合物で，その構造は非常に複雑である。

1) 硫黄化合物　原油中の硫黄分は産地によって非常に異なり0.1〜5.0 wt%の範囲である。日本が輸入している原油の80%近くがアラブ首長国連邦やサウジアラビア（両国で50%以上）などの中東産で，一般に硫黄含有量は多い。

原油中には各種有機硫黄化合物の存在が確認されている。低沸点留分にはメルカプタン（R-SH），アルキルスルフィド（R^1-S-R^2）として存在するが，その割合は比較的少なく，高沸点留分になるにつれて多くなる。またその構造も非常に複雑なポリベンゾチオフェンのような縮合環構造になるといわれている。

これらの硫黄化合物は装置の腐食や触媒毒の原因となり，さらに燃焼するとSO_2を発生し，大気汚染や酸性雨の原因となるため，水素化精製によりH_2Sとして除去されている。一般にガソリン，灯油，軽油などの軽質油は，効果的に脱硫されるが，重質留分中には硫黄含有量も多く，構造も複雑なため，脱硫が困難で，重油燃焼による公害問題が指摘されている。

2) 窒素化合物　原油中の窒素含有量は約0.1〜1.5wt%の範囲で，硫黄にくらべて少ない。窒素化合物のすべてが環状化合物であり，低沸点留分にはほとんど含まれず，高沸点留分になるにつれて多くなる。また窒素化合物は変色やにおいの原因となり，ガム質やスラッジを形成しやすい。また石油精製における触媒劣化や燃焼による窒素酸化物の生成など，有害作用を伴うため，水素化精製によりNH_3として取り除かれる

3) 金属化合物　原油中の金属含有量は0.0001〜0.01 wt%と少ないが，20種以上の金属が検出されている。バナジウムが最も多く，ニッケル，鉄などが数ppmから数

10 ppm 含まれている。

　これらの金属は原油中に細かく分散した水分中に塩の形で溶けていたり，油溶性化合物として存在する。油溶性金属の一部は金属ポルフィリン化合物の形で存在することが知られている。また金属化合物は一般的に高沸点で重質な留分中に濃縮されるが，接触分解の際の触媒上に沈着して触媒毒になったり，燃焼したときにボイラーの加熱炉に付着し，腐食作用を促進するなどの悪影響を及ぼす。

コラム　オクタン価とセタン価

　ガソリンエンジンでは図1に示すように，ガソリンと空気の混合ガスを燃焼室内に吸入し，これを圧縮してから点火して燃焼させ，このときの燃焼熱によって上昇した圧力によりエンジンが始動する。しかし燃焼室内の混合ガスが燃料組成の違いによっては点火前に自然発火し，燃焼室内の圧力が異常に上昇し，特有の金属音を発生する場合がある。

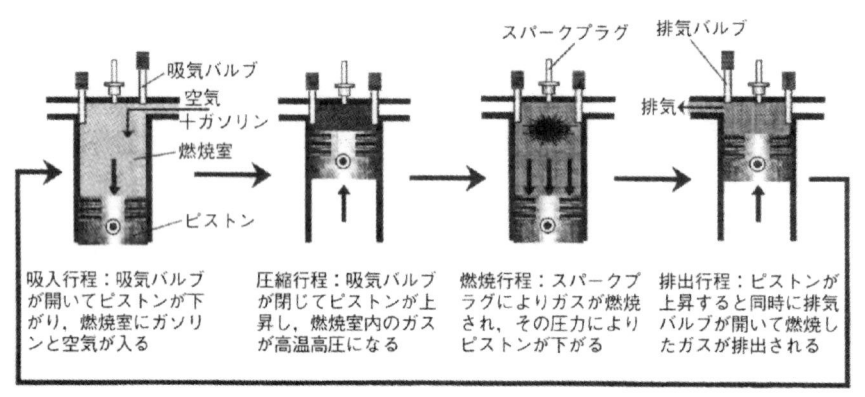

図1　ガソリンエンジンの機作

　例えば，同数のC-C結合（7個）とC-H結合（18個）を有するn-オクタンとイソオクタン（2,2,4-トリメチルペンタン）の燃焼熱は－5090 kJ/molである。しかし，気化したn-オクタンの着火は非常に起りやすく，圧縮段階で自然着火してしまうが，気化したイソオクタンは，n-オクタンよりも着火しにくく，スパークで爆発する。ガソリンエンジンでは燃料があまり速く燃焼すると，ピストンの運動との連携が悪くなり，燃焼エネルギーがエンジン出力に有効に使われなくなる。この現象をノッキングとよぶ。ノッキング現象はガソリンの組成によって非常に異なり，イソパラフィンは起こりにくく，n-パラフィンは起こりやすい。特にn-オクタンのように直鎖が長くなるとひどくなる。ノッキングの起こりにくさをアンチノック性（antiknock property）といい，その指標としてオクタン価（octane number）が用いられる。

```
         CH₃       CH₃
          |         |
CH₃ - C - CH₂ - CH - CH₃                        CH₃ - CH₂ - CH₂ - CH₂ - CH₂ - CH₂ - CH₃
          |
         CH₃
```

イソオクタン（2,2,4-トリメチルペンタン）   n-ヘプタン
【オクタン価100】   【オクタン価0】

　標準燃料としてアンチノック性の高いイソオクタンをオクタン価100とし，アンチノック性の低いn-ヘプタンをオクタン価0とする混合油が使用される。オクタン価の測定には，一定条件でエンジンを稼動し，試料ガソリンがノッキングを起こすときの標準燃料中のイソオクタンの容量％を，試料ガソリンのオクタン価としている。一般にオクタン価は低分子量のものほど高く，同じ炭素数の炭化水素ではn-パラフィン＜n-オレフィン＜ナフテン＜芳香族の順に高くなる。また枝わかれや二重結合が中心に集まるほどオクタン価は高くなる。芳香族炭化水素のオクタン価が100以上と非常に高い値を示すことが知られているが，ベンゼンは，JIS規格では1容量％以下に制限されている。これはベンゼンが大気中に存在し，継続的に摂取した場合，発がん性など人間の健康に被害をおよぼす有害大気汚染物質に指定されているためである。

　市販の自動車ガソリンのオクタン価はJIS規格で定められており，1号（プレミアム）96.0以上，2号（レギュラー）89.0以上の2種類あり，自動車の性能にあわせて使用されている。また，3％以下のエタノールの添加が認められている。

　一方，トラック，バスなどの大型自動車や船などにはディーゼルエンジンが用いられ，その燃料油は軽油や重油である。ディーゼルエンジンでは図2に示すように，燃焼室内に吸入された空気が圧縮されて高温になり，その温度は600～800℃に上昇する。この高温，高圧の空気中に燃料油を煙霧状態で吹き込むと自然発火によって燃焼し，その圧力によってエンジンが始動する。この際，燃料を吹き込んでから自然発火するまでの時間，すなわち発火が遅れるとエンジン内の燃料濃度が高くなり，一時に急激な燃焼を起こすため，ガソリンエンジンのノッキングと同様の現象が起こる。これをディーゼルノックという。

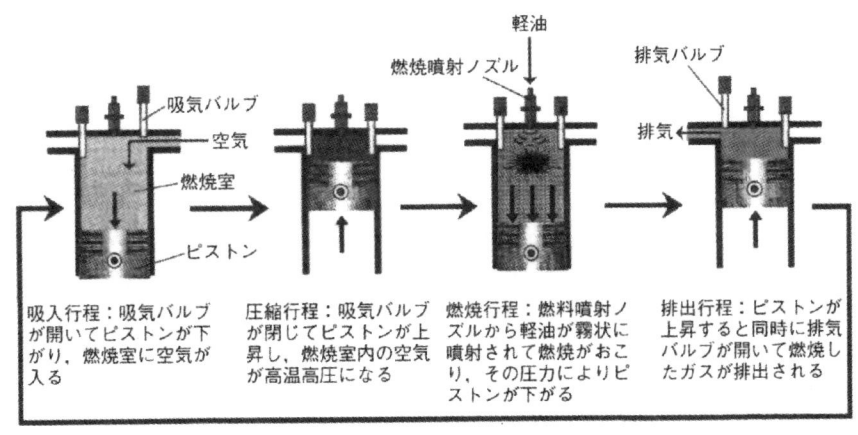

図2　ディーゼルエンジンの機作

ノッキング現象は燃料油の組成によって非常に異なる。n-パラフィンはn-オクタンで示したように，自然発火が起りやすいためディーゼルノックが起こりにくく，イソパラフィンや芳香族成分は自然発火が起りにくいため起こりやすい。その指標としてセタン価（cetane number）が用いられる。

$$CH_3\text{-}(CH_2)_{14}\text{-}CH_3$$

n-セタン（ヘキサデカン）
【セタン価100】

$$CH_3\text{-}\underset{\underset{CH_3}{|}}{\overset{\overset{CH_3}{|}}{C}}\text{-}CH_2\text{-}\underset{\underset{CH_3}{|}}{\overset{\overset{CH_3}{|}}{C}}\text{-}CH_2\text{-}\underset{}{\overset{\overset{CH_3}{|}}{CH}}\text{-}CH_2\text{-}\underset{\underset{CH_3}{|}}{\overset{\overset{CH_3}{|}}{C}}\text{-}CH_3$$

2,2,4,4,6,8,8-ヘプタメチルノナン（HMN）
【セタン価15】

標準燃料としてノッキングの起こりにくい，すなわち着火遅れの小さいn-セタン（ヘキサデカン）をセタン価100とし，着火遅れの大きいHMN（ヘプタメチルノナン）を15とする混合燃料が使用される。

セタン価の測定には一定条件でエンジンを稼動し，試料燃料がノッキングを起こすときの標準燃料中のn-セタンの容量％を試料燃料のセタン価としている。

ディーゼル燃料のセタン価は，n-パラフィン＞イソパラフィン＞ナフテン＞オレフィン＞芳香族の順に小さくなる。これはディーゼルエンジン用の燃料油に要求される燃焼性が，ガソリンエンジンにおける燃料油の性質が正反対になっていることによる。また同種の炭化水素では沸点が高くなるにつれて，セタン価は高くなる。一般にセタン価が高くなるとエンジンの始動性が容易で，排気臭は弱く，燃焼室内の沈積物も少ない。軽油のセタン価はJIS規格で定められており，セタン価45以上に分類される。これは使用する地域の最低気温と関係があり，低温地ではセタン価の低い燃料油が使用される。また，脂肪酸メチルエステルを5％まで添加することが認められている。

5.2.4 石油精製工業

(1) 石油精製プロセス

原油から得られる石油製品は燃料油，石油化学原料油，潤滑油，その他に分類される。

燃料油とは液化石油ガス（LPG），ガソリン，灯油，軽油，重油などであり，これらは工業用，家庭用，エンジン用燃料として石油製品消費量の80％以上を占めている。

原料油とはナフサ留分（粗製ガソリン）を示しており，熱分解によりエチレン，プロピレン，ブタジエン，ベンゼン，その他の石油化学原料が製造される。

潤滑油はエンジン油，切削油，絶縁油，グリースなど多種類に分類され，用途に応じた調合が行われている。その他はアスファルト，石油コークス，硫黄などである。

石油精製とは，原油から石油製品を製造する工程を示しており，沸点差を利用し，混合物から一定の沸点範囲の留分に分離する蒸留操作，水素処理により硫黄，窒素，酸素などを除去する水素化精製，熱分解や接触分解による重質留分の軽質化反応，オクタン価の高いガソリンや芳香族成分に転化する接触改質，水素加圧下で高沸点留分を分解する水素化分解などの緒反応が含まれる。

原油の蒸留から始まりLPGガス，ガソリン，灯油，軽油，重油，潤滑油，アスファル

トなどの石油製品を製造する石油精製の一般的工程を，まず図5.12にまとめて示し，以下順次説明を加える。

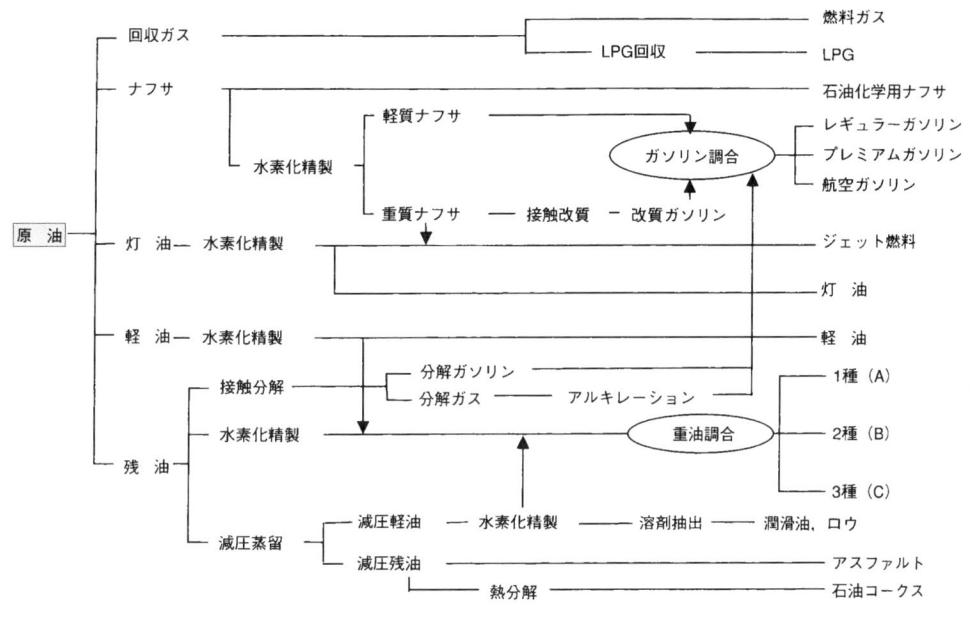

図5.12 石油精製プロセスの概要

(2) 原油の蒸留（直留）

 一般に油井から採取された原油は黒褐色で粘性のある液体であり，水分，塩分，泥などの不純物も含んでいる。特に，塩分の大部分はNa，Ca，Mgなどの塩素化合物で，加熱炉で加熱する際に分解して塩化水素を発生し，装置の腐食の原因になる。そこで蒸留操作の前処理として，脱塩装置で塩分，泥などを除去する。これは原油に水を混合し，塩分を水に移行させるもので，このとき泥分も一緒に沈殿除去できる。

 脱塩された原油は，図5.13(a)に示すような原油精留装置の加熱炉に送られ，さらに高温に加熱されて常圧蒸留塔に送られる。蒸留塔の内部は30～40段のたな段（トレイ）になっており，各段において，図5.13(b)に示すようなバブルキャップで仕切られている。下の段で発生した蒸気がバブルしながら吹き込まれ，各段では溶液と蒸気が平衡状態になるように設計されている。また溶液の一部は，管から下に流れ落ちる。このように各段で蒸発→凝縮→蒸発を繰り返すことにより，より軽質な成分は上のたな段に移動し，蒸発しにくい重質成分は下のたな段に残ることになる。

(a) 精留塔　　　(b) バブルトレイ構造

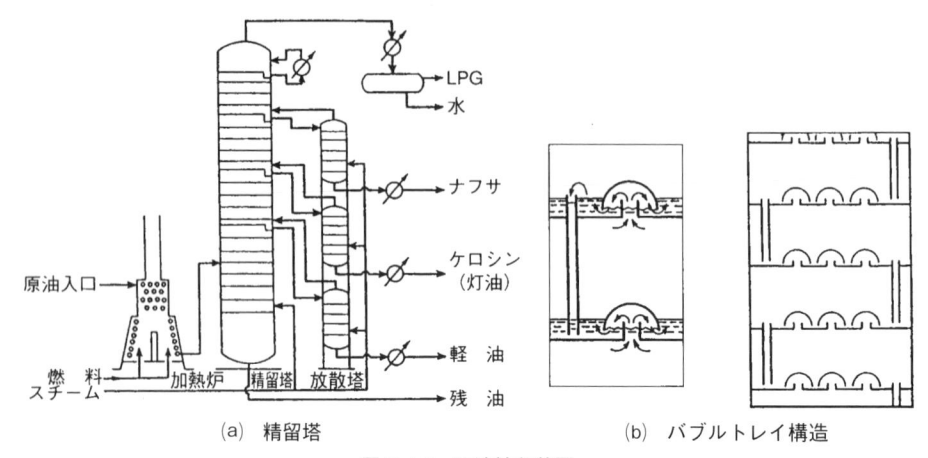

図5.13　原油精留装置

このような操作によって原油は，沸点差の異なるいくつかの留分に分離される。最も上段で採取されるプロパン，ブタンは常温常圧ではガス状態であり，10～20 kg/cm²の圧力下で液化するため液化石油ガス（LPG）とよばれる。

初留から180℃以下の留分をナフサ（naphtha，粗製ガソリン），150～250℃の留分を灯油，200～350℃の留分を軽油，350℃以上の留分を常圧残油といい，常圧での蒸留は終了する。これは350℃以上になると，蒸留中に熱分解が生じるためである。なお，留出量は原油の産地によって非常に異なる。表5.4に，日本が輸入している原油から石油精製工程を経て得られる製品収率を示した。平均するとガソリン21％，灯油分13％，軽油15％，残油49％と重質留分である残油の非常に多いことがわかる。

表5.4　輸入原油からの製品の収率　　　　　　　　　（単位：vol%）

原油名	クウェート（クウェート）	イラニアンライト（イラン）	アラビアンライト（サウジアラビア）	アラビアンミディアム（サウジアラビア）	ウムシャイフ（アラブ首長国連邦）	ザクム（アラブ首長国連邦）	スマトラライト（インドネシア）
ガソリン	19.5	21.1	35.0	18.3	23.0	23.5	15.0
灯油	11.6	17.2	13.5	13.0	16.4	16.6	10.5
軽油	12.8	−	13.5	14.5	16.9	16.7	9.0
残油	53.2	43.5	48.0	52.9	40.9	38.8	62.0

常圧残油は重油や接触分解の原料油としても利用されるが，減圧蒸留により，軽油留分や潤滑油留分が得られる。減圧蒸留は，圧力を30～100 mmHgに下げ，スチームを吹き込みながら，油の分圧を低くして気化を促進し，高沸点留分を分離する方法である（水蒸気蒸留）。この方法により，常圧蒸留では熱分解が起るため分離できない高沸点留分が蒸留分離される。分離留分は非常に高沸点で，高分子量の成分であるが，軽油や潤滑油基剤として利用される。減圧蒸留残さがアスファルトである。原油の蒸留で得られる各留分の性状を表5.5に示す。

表5.5 各留分の性状

原料油	ナフサ	灯油	軽油	減圧軽油
沸点範囲（℃）	～180	150～250	200～350	
比重（15/4℃）	0.735	0.800	0.855	0.925
硫黄分（wt%）	0.035	0.2	1.4	2.5
窒素分（wt ppm）	－	3	150	1,100
平均分子量	115	160	250	440
飽和分（wt%）	90	74	64.8	56.5
単環芳香族（wt%）	10	25	22	19
2環芳香族（wt%）	－	1	12	17
3環芳香族（wt%）	－	0	1	6
4環芳香族（wt%）	－	0	0.2	1.5

(3) 水素化精製

原油の蒸留により得られる石油製品には硫黄，窒素，酸素化合物が不純物として含まれている。これらの不純物を除去する方法として，以前は硫酸やアルカリなどの薬品洗浄，酸性白土（シリカアルミナが主成分）による精製が行われていたが，処理費用や使用済み製品の廃棄処分など多くの問題があった。

そのため，水素加圧下，触媒を用いて石油製品を処理する水素添加法が開発されたが，当初は水素ガスが高価で実用化されなかった。しかし，接触改質法の普及により，大量に副生する水素ガスが利用できるようになり，現在では水素加圧下で触媒を用い，脱硫，脱窒素，脱酸素，不飽和化合物の水素化などが行われており，この方法を水素化精製法とよんでいる。

水素化精製の化学反応　石油製品中の硫黄，窒素，酸素を含む化合物は，水素雰囲気下で水素化分解され，最も安定な炭化水素分と除去が容易な H_2S，NH_3，H_2O に転化される。この場合，低沸点留分では，比較的容易に除去できるが，高沸点留分になるにつれて，多環縮合化合物が多くなるため，水素化分解が起こりにくくなる。

また水素化精製ではオレフィンや芳香族化合物の水素化反応も並行して起こり，安定な飽和炭化水素留分に転化される。

反応条件　水素化精製反応に最も影響する因子は温度と圧力である。温度が低すぎると反応速度が遅くなり，高すぎると熱分解が起こりやすくなる。またコークスが生成して触媒上に沈着し，触媒劣化の原因になる。特に，高沸点留分になるにつれて水素化が起こりにくくなるため厳しい条件が要求される。石油製品によって異なるが，一般には250～430℃の範囲で行われている。圧力の影響も大きく，水素圧が高くなるほど不純物の除去率は高くなり，触媒上へのコークスの沈着も少なく，触媒寿命に与える効果が大きい。

触媒　アルミナ担体にモリブデンを担持したものが主触媒である。これに助触媒としてコバルト，ニッケルが用いられる。これらはコモ触媒(Co-Mo/Al_2O_3)，ニモ触媒(Ni-Mo/Al_2O_3)とよばれている。アルミナへの担持量はモリブデンが15～20 wt%，コバルト，ニッケルが5 wt%程度である。これらの金属は触媒調製において，約600℃で焼

成されるため，酸化物の状態でアルミナ上に担持されている．また使用時には，予備硫化したものの高活性が知られており，その構造としてCoMoS結晶モデルが一般的になっている．

硫黄化合物の脱硫機構は以下のように説明されている．

CoMoSの微細結晶に，硫黄化合物中の硫黄が吸着し，つづいて硫黄原子がCoMoS相に引き抜かれる．硫黄原子が引き抜かれた分子はラジカル化されるが，触媒上に解離吸着している水素が付加して安定な分子になる．またCoMoS相に取り込まれた硫黄原子は水素化されH_2Sに転化される．Co-Mo，Ni-Mo触媒は石油製品中のC-S結合やC-N結合の開裂に活性が高く，熱安定性や触媒寿命が長いことが特徴である．

硫黄の回収　原油の蒸留によって得られるガソリン，灯油，軽油，重油留分中には多くの硫黄化合物が含まれており，これらは水素化精製によりH_2Sに転化されて酸性ガスとして副生する．酸性ガスは酸性ガス除去装置でH_2Sが取り除かれ，燃料ガスまたはプロセスガスとして使用される．酸性ガスからH_2Sを分離する工程は，最初にアルカリ性吸収液で抽出し，次にこれを加熱して追い出す方法で，吸収液にはエタノールアミン系が最も多く用いられている．

酸性ガス除去装置で，H_2Sはエタノールアミンに吸収されて錯塩を形成する．次に錯塩を高温スチームで加水分解し，H_2Sを分離する．

$$R_2NH + H_2S \longrightarrow R_2NH_2^+ + HS^-$$
$$HS^- + H_2O \longrightarrow H_2S + OH^-$$

分離したH_2Sから硫黄を回収するプロセスはクラウス法と呼ばれ，最初に主反応炉でH_2Sの1/3が燃焼してSO_2になり，生成したSO_2が2/3のH_2Sと反応して硫黄を生成する．

$$2H_2S + 3O_2 \longrightarrow 2SO_2 + 2H_2O \quad H_2SとO_2の燃焼反応$$
$$4H_2S + 2SO_2 \longrightarrow 6S + 4H_2O \quad クラウス反応$$
$$2H_2S \longrightarrow 2S + 2H_2 \quad 熱分解反応$$

この反応では925℃以上の高温とアルミナ系の触媒が用いられ，回収硫黄の純度は99％以上，硫黄の回収率は95〜97％以上である．

(4) 石油の分解

1910年代になると，フォードがベルトコンベアーによる自動車の大量生産方式を取り入れ，値段の安くなった自動車が大量に出回り，ガソリンの使用量が急増した．

原油中のガソリン分は表5.4に示したように約20％であり，残りは灯油，軽油，残油である．そこで需要の多いガソリン分を得る方法として，軽油や残油の熱分解法や接触分解法が開発された．

1) **熱分解法**　500℃前後の高温で，触媒を用いないで，高分子量の炭化水素を低分子量の炭化水素に変えるプロセスを熱分解法といい，1910年代に重質油からガソリン分を得る方法として開発された．

一般に炭化水素の熱分解反応は，ラジカル連鎖反応により進行する．最初にC-C結合

またはC-H結合の熱的切断が起こる。このとき結合エネルギーの小さい結合ほど容易に切れる。例えば，C-C結合の結合エネルギーは300～330 kJ/molで，結合の強さは第4級＜第3級＜第2級＜第1級の順であり，熱的切断は第4級炭素が最も起りやすく，第1級が最も切れにくい。また長い直鎖分子では分子の中央から切れやすい。

一方，C-H結合の結合エネルギーは約360～400 kJ/molで，結合の強さは第3級＜第2級＜第1級の順である。また長い直鎖分子では中央に結合した水素が引き抜かれやすい。

重質油のような複雑な混合物の熱分解機構については不明な点もあるが，直鎖パラフィンについてはラジカル連鎖反応によって説明されている。

$$\dot{C}H_3 + R\text{-}CH_2\text{-}CH_2\text{-}CH_2\text{-}CH_2\text{-}CH_2\text{-}CH_2\text{-}CH_2\text{-}CH_2\text{-}CH_2\text{-}CH_2\text{-}CH_3$$

$$\longrightarrow R\text{-}CH_2\text{-}CH_2\text{-}CH_2\text{-}CH_2\text{-}CH_2 \dotplus CH_2\text{-}\dot{C}H\text{-}CH_2\text{-}CH_2\text{-}CH_2\text{-}CH_3 + CH_4 \quad (1)$$

$$\longrightarrow R\text{-}CH_2\text{-}CH_2\text{-}CH_2 \dotplus CH_2\text{-}\dot{C}H_2 + CH_2=CH\text{-}CH_2\text{-}CH_2\text{-}CH_2\text{-}CH_3 \quad (2)$$

$$\longrightarrow R\text{-}CH_2\text{-}CH_2\text{-}CH_2 \dotplus CH_2\text{-}\dot{C}H_2 \longrightarrow R\text{-}CH_2\text{-}CH_2\text{-}\dot{C}H_2 + CH_2=CH_2 \quad (3)$$

$$\longrightarrow R\text{-}\dot{C}H_2 + CH_2=CH_2$$

$$R_1\text{-}\dot{C}H_2 + \dot{C}H_2\text{-}R_2 \longrightarrow R_1\text{-}CH_2\text{-}CH_2\text{-}R_2 \quad (4)$$

ⅰ）最初は熱的にC-C結合が切れて2個のラジカルが生成する。

ⅱ）熱分解によって生成した小さいラジカルは不安定なため大きい分子から比較的小さいエネルギーで水素を引き抜き，自身はパラフィンになり，新しい大きなラジカルが生成する式(1)。

ⅲ）新しく生成した大きなラジカルは熱的に不安定なため，式(2)～(3)のように容易により小さいラジカルとオレフィンに分解する。この場合，分解はラジカルのβ位のC-C結合で起こりやすいため，生成物はエチレンを主とするC1～C3の低級パラフィンやオレフィンであり，高オクタン価成分であるイソパラフィンやイソオレフィンは生成しない。

ⅳ）ⅰ）～ⅲ）の繰り返しによる連鎖的な反応が進行し，この連鎖反応は式(4)のように2つの小さなラジカルの結合によって完結する。

熱分解反応は，ガソリン需要の急増により，重質油からガソリンを得る目的で，多くのプロセスが開発された。しかし，得られるガソリン留分のオクタン価が低く，その後開発された接触分解プロセスに置き換えられた。現在，石油精製工業の分野で行われている熱分解法，残油のアップグレーディング技術として以下のプロセスが実用化されている。

① ビスブレーキング（visbreaking）

高粘度，高流動点の重質油を，温度450～500℃，圧力10～20 kg/cm²の加熱炉内で，高圧スチームを注入しながら，ゆるやかに熱分解をすると，分解反応が抑制され，低粘度，低流動点の分解軽油と少量のガソリン分に転化できる。この方法を最も重質である減圧残油で行い，分解軽油を製造するプロセスである。

② コーキング（coking）

減圧残油を常圧，480～520℃で熱分解し，軽質分と重質分を得るプロセスである。軽質分はガス，ガソリン，分解軽油であり，重質分は長時間の加熱により，縮合反応が進行して石油コークスが得られる。

2) **接触分解**（catalytic cracking）　1930年代になり，天然のシリカ・アルミナである活性白土を触媒とし，重質油を加熱分解すると良質なガソリンが得られることが見い出された。接触分解法はシリカ・アルミナやゼオライトなどの固体酸触媒を用いて，残油から高オクタン価ガソリンを製造するプロセスとして発展し，現在では石油精製工業において，最も重要な工程となっている。

この反応の特徴は，単なる熱分解とは異なり，触媒の作用による分解，異性化，脱水素および水素移行，環化，重合，アルキル化などの諸反応が連続的に起こることであり，生成物はメタンやエタンが少なく，C3以上のオレフィンやイソパラフィンが多く，高オクタン価ガソリンが得られることである。

接触分解の方式　接触分解は重質油と触媒の接触により，重質油を分解して高オクタン価ガソリンを製造するプロセスである。しかし，分解の際にコークスが触媒表面に沈積し，触媒の活性を著しく低下させる。そこで触媒の再生法として，触媒上のコークスを燃焼して除去している。このプロセスは重質油と触媒の接触方式や触媒の再生法により固定床，移動床，流動床に分類される。

図5.14(a)に固定床反応器を示す。固定床は触媒を充填し，反応流体を一定方向に向けて流し反応させる方式で，最も初期に稼動した。触媒を充填した複数の反応塔を並列に設置し，原料油の分解と触媒の再生を交互に行う方式であるが，切り替え設備に問題があり，現在は稼動していない。分解反応と触媒再生を別個の反応塔で行うことで，固定床の問題を解決しようとしたのが移動床である。これは3～4mmの小球状触媒を反応塔の上部から落下させながら，原料蒸気と接触させて分解する方式で，触媒に付着したコークスは反応塔下部の再生塔で燃焼させ，再生触媒は連続的に上部の反応塔に供給される。移動床プロセスも触媒の移動量に制限があり，原料油の大量処理には不適であった。

そのため，現在実施されているのは，ほとんどが流動床式接触分解（Fluid Catalytic Cracking, FCC）である。図5.14(b)に流動床反応器を示す。この特徴は，触媒の粒形が

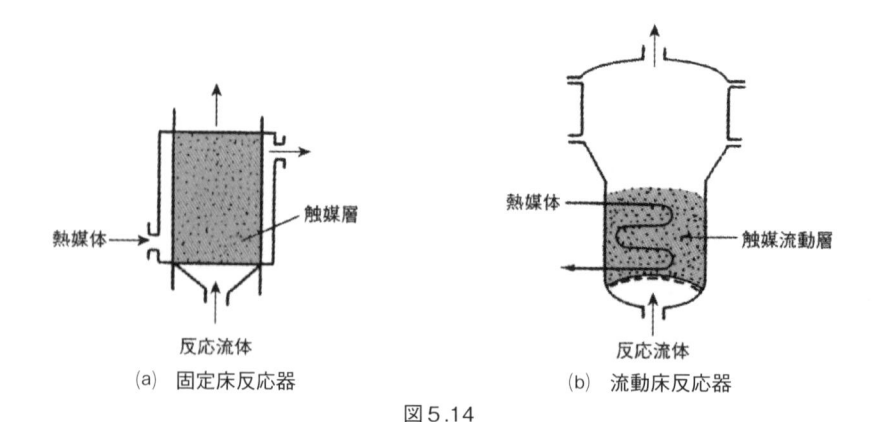

図5.14
(a) 固定床反応器
(b) 流動床反応器

40～100 μm の微粉末であり，触媒と原料油が反応塔内で液体であるかのように振舞いながら接触し，分解反応が進行する。このとき触媒粒子の運動には一定の方向性がなく，あたかも流体が運動するのに似ているので流動床とよばれる。コークスの付着した触媒は，スチームによりストリッパーで油分を除去後，再生塔に送られ，コークスを燃焼して再生される。

FCC は分解反応の吸熱とコークス燃焼の発熱との自己熱バランス型の反応装置で，触媒は熱媒体でもある。

流動床方式は大量処理が可能であり，高オクタン価ガソリンの需要増にともない，製油所ではますます重要性が増し，各社で装置の改良が進められた。

触　媒　接触分解用触媒には，固体酸であるシリカ-アルミナとゼオライトの混合系が用いられる。とくにゼオライト（zeolite）が重要である。ゼオライトの基本構造単位は図 5.15 に示すように，ケイ素とアルミニウム原子を中心に，四面体の頂点に酸素原子が結合した三次元構造である。規則的な配列により得られる骨格構造は，細孔内に大きな表面積を有し，大部分の反応は細孔内で起こる。ゼオライトはシリカとアルミナの四面体の幾何学的配列の仕方によって，異なる細孔構造を有する多くの種類が合成されている。ゼオライトの有効細孔径は一般に 0.1～1.0 nm であり，有機化合物の分子径と同じオーダーである。図 5.16 に示すように，A 型では細孔径入口が 0.42 nm で，n-パラフィンは細孔内に入れるが，枝分れしたイソパラフィンは入れない。したがって，n-パラフィンは反応するが，イソパラフィンは接触反応できない。

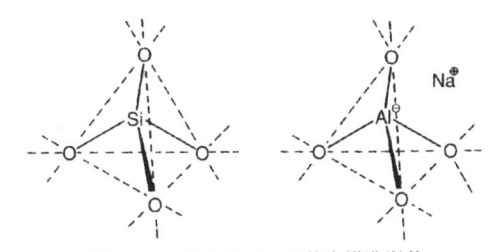

図 5.15　ゼオライトの基本構造単位

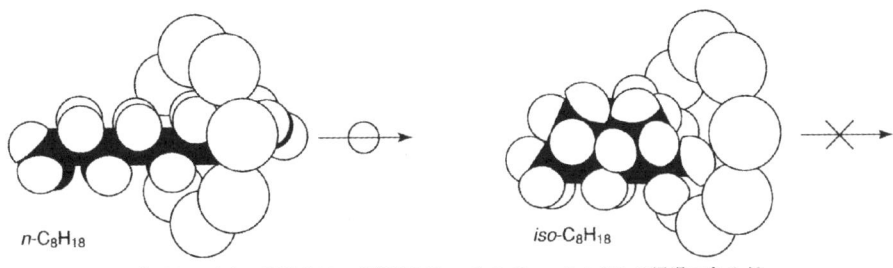

A 型ゼオライトの細孔入口の直径は 0.42 nm なので，n-オクタンは通過できるが，イソオクタンは通過できない。

図 5.16　ゼオライトの細孔入口と分子

ゼオライトの一般式は，$Na_m(AlO_2)_m(SiO_2)_n \cdot xH_2O$ ($n > m$) で表されるが，この Na^+ をプロトンでイオン交換し，加熱することにより固体酸（HZ）になる。反応は固体酸の触媒作用により進行する。高温で循環される触媒に原料油が接触すると，C-C 結合の熱的切断が起こる。生成したラジカルはオレフィン炭化水素になり，これに固体酸からプロトンが与えられて，次のようなカルボカチオンが生成する。

$$R-CH=CH-R + HZ \longrightarrow R-CH_2-\overset{\oplus}{CH}-R + Z^-$$

中間体であるカルボカチオンの安定性は第三級＞第二級＞第一級の順であり，カルボカチオンの安定性に基づいた異性化，β分裂，環化などの反応が優先して起り，先に述べた熱分解法（p.114）とは異なる生成物を与える。

$$R-CH_2-\overset{\oplus}{CH}-CH_2-CH_3 \rightleftarrows R-CH_2-\overset{CH_3}{\underset{\oplus}{CH}}-CH_2 \leftarrows R-CH_2-\overset{CH_3}{\underset{CH_3}{\overset{\oplus}{C}}}-CH_3 \quad (1)$$

異性化反応

(2)

［異性化］　固体酸の作用によって生成したカルボカチオンは，できるだけ安定なカルボカチオンを生成する方向に水素やメチル基が転位し，異性化が進行する。式(1)の反応は，最初にメチル基が転位し，引き続き水素の転位が起こり，より安定な第三級のカルボカチオンが生成する。この結果は n-パラフィンからイソパラフィンの生成を示しており，オクタン価の高いガソリンを得るために好都合である。

［環　化］　分子内にある C-C 二重結合にカルボカチオンが付加することにより式(2)のように環化が起こる。続いて転位により，最も安定な三級のシクロパラフィンカルボカチオンが生成する。さらに共存するオレフィンにプロトン（$H^{\oplus}$）移動およびヒドリド（$H^{\ominus}$）移動が起って環状オレフィンができる。この繰り返しにより芳香族炭化水素が生成する。

3）　水素化分解　　石油精製の工程では比較的新しいプロセスである。多量の水素存在下，反応温度 340～450℃，圧力 70～200 kg/cm² の条件で，分解と水素化の二元機能を持つ触媒を用い，重質な原料油を分解する方法である。触媒には，担体としてシリカ-アルミナやゼオライト，担持金属として Ni-Mo，Co-Mo，Ni-W などが用いられる。

反応は中間体に固体酸の作用によるカルボカチオンが生成して進行するため，接触分解と類似の反応機構と考えられる。また担持金属が水素化触媒であり，分解生成物であるオ

レフィン類の水素化と脱硫や脱窒素などの反応も同時に起こる。したがって，不純物の除去ができ，安定した高オクタン価ガソリンの製造には最適である。また高圧水素を用いるため，軽質ガスやコークスの析出量が少なく，原料に対するガソリン収率が非常に高い。

水素化分解法には多くの利点があるが，高圧を必要とするため，建設費や運転費が高く，さらに多量の水素を必要とする問題点もある。

4) 接触改質（catalytic reforming）　ガソリンエンジンの改良に伴い，オクタン価の高いガソリンが要求されるようになっている。原油の蒸留により得られる直留ガソリンは，オクタン価が40〜60と低く，そのまま自動車ガソリンとして使用することができない。接触改質とは，オクタン価の低い重質ナフサを水素気流中，高温高圧のもとで，触媒の作用により化学構造を変えて，高オクタン価ガソリンを製造する工程である。

生成物は改質ガソリン（リフォメート）とよばれ，オクタン価は96〜104と高く，市販ガソリン中に20〜40％含まれている。また改質ガソリン中には，芳香族炭化水素が多く含まれており，石油化学用のBTX原料としても重要である。

接触改質反応　反応には固体酸に金属を担持した二元機能を持つ触媒が用いられ，反応系は非常に複雑であるが，以下の反応に大別される。

［脱水素反応］　ナフサ留分には，5員環および6員環にアルキル基が置換したナフテン成分が多く含まれている。次式に示すように，6員環は容易に脱水素されて芳香環に転化される。5員環は安定な6員環に異性化したのち，芳香環に転化される。またパラフィン系炭化水素の環化脱水素も，反応条件が過酷になると進行するが，通常の条件では起りにくい。いずれの場合も多量の水素を発生する（カッコ内の数値はオクタン価である）。

(1) ナフテンの脱水素

　　メチルシクロヘキサン　⇌　トルエン　＋　3 H$_2$
　　　　(75)　　　　　　　　　(121)

(2) ナフテンの異性化脱水素

　　エチルシクロペンタン　⇌　メチルシクロヘキサン　⇌　トルエン　＋　3 H$_2$
　　　　　　　　　　　　　　　　　(75)　　　　　　　　　(121)

(3) パラフィンの環化脱水素

　　n-ヘプタン　⇌　ジメチルシクロペンタン　＋　H$_2$　⇌　メチルシクロヘキサン　⇌　トルエン　＋　3 H$_2$
　　　　　　　　　　　　　　　　　　　　　　　　　　　　　　(75)　　　　　　　　　(121)

［異性化］　n-パラフィンから枝分れしたイソパラフィンへの異性化は，次のように進行する。最初は金属の作用による脱水素によりオレフィンが生成する。次に固体酸の作用によりカルボカチオンが生成し，これを中間体としてヒドリドやメチル基の移動により，オレフィンへの異性化が起る。再び金属の作用による水素化によってイソパラフィンに転化する。さらに，反応が進行すると 2,2-および 2,3-ジメチルブタンへと異性化され，オクタン価が高くなる。

$$CH_3-CH_2-CH_2-CH_2-CH_2-CH_3 \xrightarrow[M]{脱水素(-H_2)} CH_3-CH_2-CH_2-CH_2-CH=CH_2$$
　　　　　　　n-ヘキサン　　　　　　　　　　　　　　　　　1-ヘキセン

$$CH_3-CH_2-CH_2-CH_2-CH=CH_2 \xrightarrow[固体酸]{+H^{\oplus}} CH_3-CH_2-CH_2-CH_2-\overset{\oplus}{C}H-CH_3$$

$$\xrightarrow{H^{\ominus}移動} CH_3-CH_2-CH_2-\overset{\oplus}{C}H-CH_2-CH_3 \xrightarrow{CH_3基移動} CH_3-CH_2-CH_2-\underset{CH_2}{\overset{CH_3}{\underset{|}{\overset{|}{C}H}}}-\overset{\oplus}{C}H_2$$

$$\xrightarrow{H^{\ominus}移動} CH_3-CH_2-CH_2-\underset{CH_3}{\overset{CH_3}{\underset{|}{\overset{|}{\overset{\oplus}{C}}}}} \xrightarrow[固体酸]{H^{\oplus}脱離} CH_3-CH_2-CH_2-\underset{}{\overset{CH_3}{\underset{|}{C}}}=CH_2$$

$$\xrightarrow[M]{+H_2(水素化)} CH_3-CH_2-CH_2-\underset{CH_3}{\overset{CH_3}{\underset{|}{\overset{|}{C}H}}}$$
　　　　　　　　　　2-メチルペンタン

C-C-C-C-C-C　　　⎧ C-C-C-C-C　　2-メチルペンタン（83）
　n-ヘキサン（25）　⎪ 　　｜
　　　　　　　　　　⎪　　C
　　　　　　　　　　⎪ C-C-C-C-C　　3-メチルペンタン（86）
　　　　　　　→　 ⎨ 　　｜
　　　　　　　　　　⎪　　C
　　　　　　　　　　⎪　　C
　　　　　　　　　　⎪ C-C-C-C　　　2,2-ジメチルブタン（92）
　　　　　　　　　　⎪ 　　｜
　　　　　　　　　　⎪　　C
　　　　　　　　　　⎪ 　C C
　　　　　　　　　　⎪ 　｜｜
　　　　　　　　　　⎩ C-C-C-C　　　2,3-ジメチルブタン（96）

［水素化分解］　分子量の大きい n-パラフィンはオクタン価が低く，ガソリン留分としては好ましくない。式に示すように水素化分解により低分子量のパラフィンになるとオクタン価は高くなる。しかしガス状炭化水素が副生するため，ガソリン留分が減少し，同時に水素を消費するため，この反応は好ましくない。

$$n\text{-}C_8H_{18} + H_2 \rightleftharpoons C_3H_8 + n\text{-}C_5H_{12}$$
オクタン価　　n-オクタン　　　　　　　　　　n-ペンタン
　　　　　　　（-19）　　　　　　　　　　　（62.1）

接触改質触媒　接触改質触媒には，水素化-脱水素の機能を持つ金属成分が，分解-異性化の機能を持つ固体酸に担持され，両機能がうまく調和した二元機能触媒が用いられる。

初期には固体酸としてアルミナに白金を担持した Pt/Al_2O_3 触媒が用いられた。接触分解法では触媒の活性低下が速く，触媒の再生が重要であったが，白金を担持することにより，長時間活性が持続するようになった。現在では触媒の改良により $Pt\text{-}X/Al_2O_3Cl^-$ で

表される触媒が広く採用されている。XはRe, Ge, Irなどの金属を第2成分として添加したものである。添加量はPtとXがほぼ同量の0.3〜0.6 wt%の範囲である。第2成分は白金をより小さい粒子として分散させ，白金の活性を高める役割をしている。アルミナにはCl^-イオンが0.3〜1.0 wt%の範囲で添加され，酸性機能が調節されている。

この型の触媒はバイメタリック触媒とよばれ，処理能力が高く，低圧で使用でき，活性と寿命が著しく改良された。しかしこの触媒でも使用期間が長くなると，コークスの蓄積により活性が徐々に低下するため，再生が必要になる。反応条件によっても異なるが，再生は半年から1年に一回程度で，触媒の寿命は10年位である。

反応工程　　水素化脱硫された原料油は，多量の水素と混合され，所定の温度まで加熱されて反応塔に送られ，各種反応が起こる。反応条件はプロセスによって異なるが，一般に温度470〜540℃，圧力5〜15 atm，水素／炭化水素比（モル比）3〜10の範囲で調節されている。

この反応は大きな吸熱反応であり，反応が進むにつれて反応塔内の温度が低下する。そこで3〜4基の反応塔と中間に加熱炉を設置し，反応物を再加熱している。反応生成物は冷却され，水素，LPG，リフォメートに気液分離され，水素は圧縮されてリサイクルされる。

表5.6　接触改質原料と製品収率

原　料		製　品	
密度 (g/cm³)	0.767	ガソリン収率	86.9
オクタン価	55.4	C_1〜C_4留分 (wt%)	5.7
パラフィン (vol%)	38.1	ベンゼン (vol%)	2.3
ナフテン (vol%)	42.6	トルエン (vol%)	11.8
芳香族 (vol%)	19.3	C_8留分 (vol%)	21.2
		$C_8 C_9$＋芳香族留分 (vol%)	49.0
		オクタン価	95.8

4）**高オクタン価ガソリン基材の製造**　　石油精製の工程において，多量の分解ガスが副生する。とくに，接触分解では20%以上の分解ガスが副生し，この中には化学的に反応しやすいオレフィン類が非常に多い。これらを原料としてオクタン価の高いイソパラフィンの合成が工業化され，生成物はアルキレート（alkylate）と呼ばれている。また，軽質ナフサでオクタン価の低いn-ペンタンとn-ヘキサン留分を異性化し，イソパラフィンに転化する方法も工業化されており，生成物は異性化ガソリンと呼ばれている。アルキレートや異性化ガソリンは航空ガソリンやプレミアムガソリンへの混合基材として用いられる。

［アルキレーション］　　アルキレーションとは，イソブタンにプロピレンやブチレンを付加させ，高オクタン価のイソパラフィン（アルキレート）を製造するプロセスである。触媒にはH_2SO_4やHFが用いられ，反応は2〜10℃の低温で進行する。プロピレンとイソブタンから2,3-ジメチルペンタンと2,2,3-トリメチルブタンを生成する反応経路を次式に示す。

$$CH_3-CH=CH_2 \xrightarrow{H^{\oplus}(触媒)} CH_3-\overset{\oplus}{C}H-CH_3$$
プロピレン

$$CH_3-\overset{\oplus}{C}H-CH_3 + CH_3-\underset{CH_3}{\overset{CH_3}{\underset{|}{\overset{|}{C}H}}} \longrightarrow CH_3-CH_2-CH_3 + CH_3-\underset{CH_3}{\overset{CH_3}{\underset{|}{\overset{|}{C}^{\oplus}}}}$$

2-メチルプロパン
（イソブタン）

（反応スキーム：t-ブチルカチオン + プロピレン → H移動, CH₃移動を経て 2,3-ジメチルペンタン と 2,2,3-トリメチルブタン を生成）

2,3-ジメチルペンタン（プロピレンとの反応へ）　　　　　2,2,3-トリメチルブタン（プロピレンとの反応へ）

　まず，プロトンがプロピレンに付加し，カルボカチオンが生成する。これがイソブタンから水素を引き抜き，自身はプロパンになり，同時に新しいカルボカチオンが生成する。これにプロピレンが付加して水素やメチル基の移動により最も安定な三級のカルボカチオンになる。さらに，イソブタンが付加して 2,3-ジメチルペンタンと 2,2,3-トリメチルブタンを生じる。

　［異性化］　アルキレートの製造に用いられるイソブタンは，石油精製の工程で得られる量が少なく，n-ブタンの異性化により製造されている。低沸点の n-パラフィンは異性化するとオクタン価が著しく改善されるため，n-ペンタンと n-ヘキサン留分の異性化が工業的に行われている。

　触媒として，初期には塩化アルミニウムのようなフリーデル-クラフツ型触媒が用いられていたが，接触改質法の発展により，現在では Pt/Al_2O_3 を有機塩素化合物で処理した二元機能型触媒が採用されている。ペンタンとヘキサン留分は水素ガスと共に反応塔に送られ，温度 120～200℃，圧力 20～70 kg/cm² の条件で異性化される。

5.2.5 石油製品

石油精製のプロセスで，原油から製造される石油製品は燃料油，原料油，潤滑油類，その他に大別される。燃料油は LPG，ガソリン，灯油，軽油，重油で，工業用，家庭用，エンジン用燃料として，石油消費量の 80 % 以上を占めている。原料油とは石油化学工業の原料となるナフサ留分で，熱分解によりエチレン，プロピレン，BTX など多くの石油化学工業基礎製品の製造に用いられる。

表5.7　石油製品の分類

分類	製品	
燃料ガス	液化石油ガス（LPG）（JIS K2240）	
	石油ガス（オフガス）	
燃料油	ガソリン	航空ガソリン（JIS K2206）
		自動車ガソリン（JIS K2202）
	ナフサ	
	航空タービン燃料油（ジェット燃料）（JIS K2209）	
	灯油（JIS K2203）	
	軽油（JIS K2204）	
	重油	A 重油（JIS K2205）
		B 重油（JIS K2205）
		C 重油（JIS K2205）
石油系溶剤 潤滑油	工業ガソリン（JIS K2201）	
	ガソリンエンジン油（JIS K2215）	
	ディーゼルエンジン油（JIS K2215）	
	舶用エンジン油（JIS K2215）	
	タービン油（JIS K2213）	
	ギヤー油（JIS K2219）	
	油圧作動油	
	圧縮機油	
	エアーフィルター油（JIS K2243）	
	冷凍機油（JIS K2211）	
	金属加工油	
	滑り案内面油	
	軸受油（JIS K2239）	
	マシン油（JIS K2238）	
特殊用途 石油製品	電気絶縁油	コンデンサー油・ケーブル油（JIS C2320）
		しゃ断器油・変圧器油（JIS C2320）
	工作油	切削油剤（JIS K2241）
		熱処理油（JIS K2242）
		さび止め油（JIS K2246）
		圧延油
	農薬オイル	
	流動パラフィン（JIS K2231）	
グリース	一般用グリース（JIS K2220）	
	転がり軸受用グリース（JIS K2220）	
	自動車用シャシーグリース（JIS K2220）	
	自動車用ホイールベアリンググリース（JIS K2220）	
	集中給油用グリース（JIS K2220）	
	高荷重用グリース（JIS K2220）	
	ギアコンパウンド（JIS K2220）	
アスファルト	ストレートアスファルト（JIS K2207）	
	ブローンアスファルト（JIS K2207）	
石油ワックス	マイクロクリスタリンワックス（マイクロワックス）（JIS K2235）	
	ペトロラタム（JIS K2235）	
石油コークス 硫　黄		

潤滑油類は，原油中の高沸点留分から，潤滑性にすぐれた成分を抽出した留分で，用途に応じて添加剤も加えて調合され，その種類は非常に多い。その他にはアスファルト，コークス，硫黄がある。

　石油製品は，用途により原油から分離されたものである。純化合物でないため，用途に応じた規格を作り，その製品の適否を定めている。したがって，石油製品を知るためには，その製品規格と試験法について知らなければならない。製品規格は，日本工業規格（JIS）に定められており，表5.7に石油製品の分類とJIS規格番号を示す。

(1)　液化石油ガス（LPG）　JIS K2240

　石油精製プロセスでの原油の蒸留，接触分解，接触改質などで副生するガスから分離されるが，75％以上は産油国の原油随伴ガスおよび天然ガスから分離されたものが液化され，LPGタンカーにより輸入されている。

　プロパン，ブタンを主成分とし，常温，常圧では気体であるが，加圧または冷却すると容易に液化するため，液化石油ガス（Liquefied Petroleum Gas, LPG）と呼ばれている。液化すると体積が約1/250に縮小するため，貯蔵，運搬，取り扱いが便利であり，また硫黄を含む成分もほとんどなく，クリーンな燃料として，家庭用，業務用，工業用，自動車用などに広く利用されている。

　LPGは空気の1.5～2倍の重さがあり，漏れた場合，都市ガスと異なり，低い場所に移動して溜まりやすく危険なため，通常はメルカプタンなどを着臭剤として添加している。

表5.8　LPGの性状

	沸　点	液加圧	1㎥発熱量	ガス密度（空気を1）
プロパン	-42.1℃	8 kg/㎠	94000 kJ	1.550
ブタン	-0.5℃	2 kg/㎠	121000 kJ	2.076

(2)　ガソリン（gasoline）

　比重0.65～0.75，沸点範囲が30～230℃の無色透明な軽質留分で，用途により自動車ガソリン，航空ガソリン，工業用ガソリンに分類される。非常に引火しやすく，取り扱いには注意が必要である。

①　自動車ガソリン　JIS K2202

　自動車や農機具用の燃料として用いられるが，大部分は自動車用である。市販の自動車ガソリンは，直留ガソリンに改質ガソリンや分解ガソリンなどの高オクタン価ガソリン基剤を混合し，さらに品質の向上や性状を安定させるため，表5.9に示すような酸化防止剤や腐食防止剤などの添加剤を加えて製造される。

表5.9　自動車ガソリンに使用される各種添加剤

種　類	添加目的	有効成分
酸化防止剤	ガソリン中には，オレフィンやジオレフィンが含まれており，酸化によりガム質やスラッジの原因になるため，これを抑制する。	アルキルフェノール類，芳香族アミン類
金属不活性剤	ガソリン中には，製造工程や燃料供給系統の材質から混入する微量の金属が含まれる。これが酸化を促進し，ガム質の生成原因になるため，金属と反応して不活性にする。	アミンカルボニル縮合系（N,N-ジサリチリデン-1,2-プロパンジアミン）
清浄剤	インジェクター，吸気弁，燃焼室などにデポジットとよばれるカーボン質の堆積質が生成するため，これを抑制して吸気系を清浄に保つ。	親油基の長鎖炭化水素と極性基のアミノ基をもつ化合物（ポリオレフィンアミン）
腐食防止剤	ガソリン中には微量水分が含まれており，金属面腐食の原因になる。金属面に吸着して保護膜を形成し腐食を防止する。	アルキルアミノホスフェートなどの界面活性剤
着色剤	JIS K 2202で自動車ガソリンはオレンジ系色に規定	油溶性のアゾ系染料
氷結防止剤	吸入空気中に含まれる微量水分の気化器での氷結防止	グリコール，ジメチルホルムアミド

　良質なガソリンにはオクタン価，揮発性，安定性，廃ガス公害を起こさない組成などが要求され，JIS に製品規格が定められている。JIS 規格はオクタン価で2分類されており，1号（プレミアム）は96以上，2号（レギュラー）は89以上であるが，それぞれの自動車の性能にあわせて使用されている。ガソリンの揮発性は自動車の走行と密接な関係があり，蒸留性状と蒸気圧が規定されている。

　ガソリンエンジンの始動性は，10％留出温度が高すぎる（蒸気圧が低い）と冬期はエンジンの始動が遅くなる。また10％留出温度が低すぎる（蒸気圧が高い）と夏期には加熱されたガソリン蒸気のため燃料の供給が影響を受ける。この現象をベーパーロックという。50％留出温度は走行が定常になるまでの状態と加速性に関係する。90％留出温度は気化しにくい重質留分を規制している。ベンゼンは完全燃焼しにくく排ガス中に残るため1％以下に規制されている。その他酸化安定性，腐食性，堆積物などについての性状が規制されている。また，硫黄分は排ガス中の SO_x 低減のため，10 ppp 以下に規制されている。

②　航空ガソリン　JIS K2206

　航空ガソリンの JIS 規格は自動車ガソリンの検査項目と類似している。したがって自動車ガソリンと成分的には同じであるが，自動車にくらべて苛酷な条件で操縦が行われるため，オクタン価や揮発性の目安となる蒸留性状，蒸気圧などが厳しく規制されている。

　特に，高オクタン価が要求されるため，イソパラフィンを多く含むアルキレートなどの基材に，さらに四エチル鉛を加えた高オクタン価ガソリンが製造されている。

③　工業ガソリン　JIS K2201

　石油系溶剤として安価で大量に入手できるため，洗浄用，ゴム用溶剤，塗料用，抽出用，ドライクリーニング用など広く利用されており，使用目的に応じて JIS 1号から5号まで分類されている。また化学実験用の試薬としても沸点範囲が次のように JIS で規定され，市販されている。

石油エーテル	K8593	30～60℃	（90 vol%以上）
石油ベンジン	K8594	50～80℃	（90 vol%以上）
リグロイン	K8937	80～110℃	（90 vol%以上）

(3) 航空タービン燃料油（ジェット燃料）JIS K2209

ジェット燃料に必要な性状は，発熱量が高く，燃焼性が良いことで，パラフィン系炭化水素が適している。また1万 m 以上の上空を飛行するため，低温での n-パラフィンの析出が問題になるため，析出温度が規定される。重質ナフサから灯油にかけての 50～300℃の留分が燃料油として製造されている。

(4) 灯　油（kerosene）　JIS K2203

比重 0.76～0.80，沸点範囲 150～270℃の無色透明な液体である。原油の常圧蒸留により分離後，水素化処理して硫黄分やその他の不純物を取り除いた精製油である。

用途により JIS 規格では 2 つに分類されている。1 号は主に石油ストーブなどの暖房用燃料であり，2 号は農業発動機用燃料，溶剤，洗浄用などに使用される。特に，1 号は家庭用燃料として広く利用されているため，取り扱いが安全で，燃焼したとき煙が出たり，不完全燃焼による悪臭がしないことが要求される。

安全性については引火点が 40℃以上と規定されており，常温での引火の危険性はすくない。燃焼性は煙点で評価される。これは規定の器具で灯油を燃焼し，煙が出ないで燃焼できる炎の高さで表され，燃焼性の良い灯油ほど，炎が高くなる。JIS 規格では 23 mm 以上と規定されている。一般にパラフィン系が高く，ナフテン，芳香族の順に低くなる。

また灯油はポリタンクに入れて保存するが，長期間放置すると，酸化されて着色されやすい。着色した灯油を燃焼すると芯に炭素分が沈着し，不完全燃焼の原因になるため，家庭での貯蔵には太陽光線の当たらない冷暗所に貯蔵することが望ましい。

(5) 軽　油（gas oil）　JIS K2204

比重 0.79～0.85，沸点範囲 200～350℃のほぼ透明な液体である。灯油の次に留出する留分で，水素化処理して硫黄分やその他の不純物を取り除いた精製油である。用途はバスやトラックなどのディーゼルエンジン用燃料が大部分で，その他ブルドーザーなどの建設用重機，鉄道のディーゼルカーなどの燃料である。

軽油は流動点を基準として JIS 規格が定められている。流動点とは規定の装置で試料を 45℃に加熱した後，かきまぜないで冷却し，試料が流動する最低温度を表し，JIS 規格では 5℃から －30℃まで 5 つに分類されている。この区分は軽油の品質を表すものではなく，地域の気温に応じて適切な種類が選ばれる。

軽油中には長鎖の n-パラフィンが多く含まれており，低温になると長鎖の n-パラフィンが析出しやすくなる。したがって，流動点とは n-パラフィンの析出による燃料フィルターのつまりや，ポンプの作動不良などの障害を防ぐための目安である。またディーゼルエンジンの特性として着火性が重要であり，セタン価が規定されているが，市販軽油のセ

タン価は 45 ～ 60 の範囲であり，実用上支障はない。

ディーゼルエンジンで大きな問題は排気ガスである。排気ガス中には硫黄酸化物はもちろん窒素酸化物，不完全燃焼による CO，アルデヒド類などの酸化物やすすなどが含まれている。すすは無定形炭素の微粒子や強力な発ガン物質であるベンゾピレンのような多環芳香族炭化水素を主体とする微粒子（PM 2.5）で，人体への影響が危惧されている。特に，硫黄分については環境対策の観点から規制が強化され，従来 0.5 ％以下であったものが，1991 年から 0.2 ％以下，1996 年から 0.05 ％以下，2000 年から 10 ppm 以下になり，従来の脱硫装置では目的が達成できないため，超深度脱硫装置に更新されている。ディーゼル車の排気ガスについては，今後ますます規制が厳しくなり，燃料油のクリーン化や燃焼技術の改良が求められている。

(6) 重　油 (heavy oil)　JIS K2205

重油は沸点 350 ℃以上の常圧蒸留残渣に軽油を混合したもので，比重 0.9 ～ 1.0，粘性の高い褐色または黒色の液体である。JIS では表 5.10 に示すように，粘度の違いによって 3 種に分類され，さらに硫黄分により細かく分類されている。ここで 1 種，2 種，3 種はそれぞれ A 重油，B 重油，C 重油ともよばれている。

表 5.10　日本工業規格　重油　JIS K2205-1991

重油は，内燃機関用，ボイラー用および各種炉用などの燃料として適当な品質の精製鉱油であって，次の規定に適合しなければならない。

種　類	1 種 (A 重油)		2 種	3 種 (C 重油)			試験方法
	1 号	2 号	(B 重油)	1 号	2 号	3 号	
反　応			中性				JIS K 2252
引火点 (℃)		60 以上		70 以上			JIS K 2265
動粘度 (50 ℃) (mm²s⁻¹ [cSt])	20 以下		50 以下	250 以下	400 以下	400 を超え 1,000 以下	JIS K 2283
流動点 (℃)	5 以下 †		10 以下 †	—			JIS K 2269
残留炭素分 (質量 %)	4 以下		8 以下	—			JIS K 2270
水　分 (容量 %)	0.3 以下		0.4 以下	0.5 以下	0.6 以下	2.0 以下	JIS K 2275
灰　分 (質量 %)		0.05 以下		0.1 以下	—		JIS K 2272
硫黄分 (質量 %)	0.5 以下	2.0 以下	3.0 以下	3.5 以下	—	—	JIS K 2541

† 1 種および 2 種の寒候用のものの流動点は 0 ℃以下とし，1 種の暖候用の流動点は 10 ℃以下とする。

重油の用途は，種類も多く多岐に亘っているが，主にディーゼルエンジン用とボイラーや工業用加熱炉に大別される。

ディーゼルエンジン用やビル暖房用のボイラーには，公害規制の強化に伴い，硫黄分の少ない A 重油が用いられるようになっている。また火力発電所のボイラーや各種工業用加熱炉には，コストの安い C 重油が大量に使用されており，排ガス中には SO_x や NO_x が含まれる。そこで，燃焼プロセス中に排煙脱硫装置や脱硝装置が設置されており，クリーン排ガスとして排出されている。なお，B 重油については A 重油または C 重油に置き換えられ，ほとんど生産されていない。また火力発電所では，環境問題に配慮して C 重油

の利用を減少させている。

(7) 潤滑油（lubricating oil）

潤滑油は，機械類の摩擦部分を滑らかに稼動させるために用いられる。機械類の進歩に伴ってその使用量も増加し，用途も多様化しており，数多くの種類がある。アスファルト質，樹脂質，硫黄分などを脱瀝装置で液化プロパン処理して取り除いた脱瀝油が用いられる。分離留分は，最初に潤滑性の乏しい芳香族分や多環ナフテン分を溶剤抽出プロセスで分離除去する。溶媒にはNMP，フルフラール，フェノールなどが用いられる。続いて水素化精製により硫黄や窒素分を除去する。

潤滑油の特性として，低温流動性が重要であり，流動点や凝固点の高いn-パラフィン分を取り除く操作が行われる。これは，溶剤を用いて潤滑留分を溶解し，それを冷却することにより溶解しにくい留分を分離する。このときの析出留分が粗ロウである。脱ロウされた留分は，沸点，流動性，粘度，安定性などをもとに，使用目的に応じて配合され，さら添加剤を加えて最終製品になる。

(8) アスファルト（asphalt）

石油精製の工程で，残渣油として得られる最終製品である。原油中の最も高沸点留分であり，原油中に含まれる硫黄，窒素，酸素，金属などの大部分が濃縮されている。その構造は硫黄，窒素，酸素などが複雑に結合した多環縮合化合物を主体とする混合物であり，それぞれの成分を単離することは不可能である。

アスファルトは減圧残油として直接得られる軟質なストレートアスファルトと，ストレートアスファルトに高温の空気を吹き込んで部分酸化した硬質なブローンアスファルトがある。アスファルトの最大の用途は道路舗装用で，その他に水利工事，防水材料，接着剤への混合，屋根の塗装などの原材料として幅広く利用されている。

5.3 石油化学

5.3.1 石油化学工業

原油から石油精製の工程で得られる重質ナフサを原料としてエチレン，プロピレン，BTXなどの基礎製品の製造，基礎製品を原料としてアルコール，アルデヒド，エチレンオキシド，塩化ビニル，スチレンなどの各種二次製品の製造，二次製品を原料として合成樹脂，合成繊維などの最終製品を製造する化学工業を石油化学工業という。

石油化学工業は，製油所・基礎製品の製造・二次製品の製造・最終製品の製造へとパイプラインで結ばれたコンビナート（企業集団）を形成しており，われわれの衣食住に欠かすことのできない，多くの製品を送りだしている。図5.17に石油化学コンビナートの原料の流れと製品および企業の一例を示す。

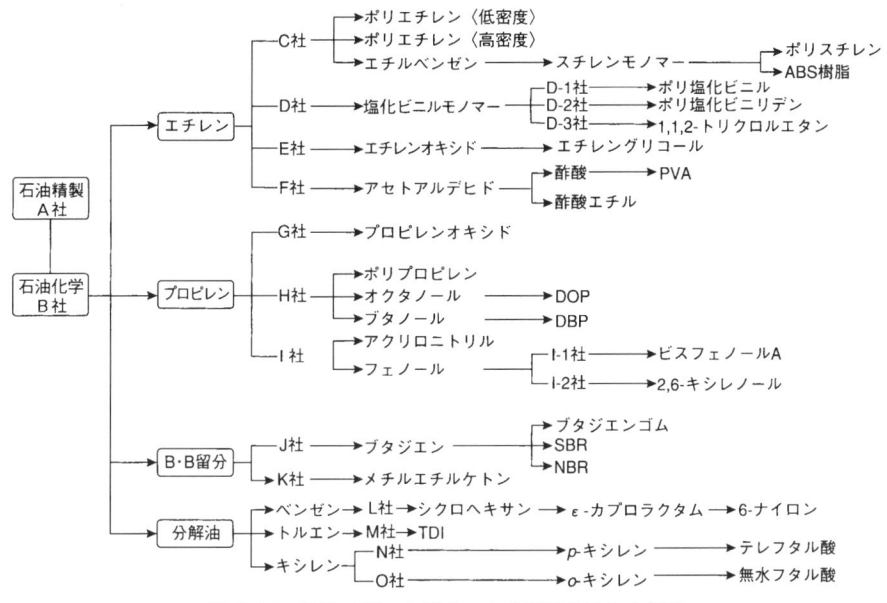

図5.17 石油化学コンビナートの原料の流れと製品

　石油化学工業のはじまりは，アメリカの自動車産業の発展に由来する。1910年代，自動車が大量生産されるようになり，ガソリンの消費が急増した。原油中にガソリン分は約20％しか含まれておらず，残りは灯油，軽油，残油である。そこで灯油，軽油からガソリン分を得る方法として，先に述べたように熱分解法や接触分解法が開発され，大量の分解ガソリンが製造されたが，同時に多量の分解ガスが副生した。分解ガス中には反応性の高いエチレン，プロピレン，ブチレンなどが含まれており，分解ガスを利用してアルコールやケトン類などの各種有機溶剤が合成された。

　1940年代，第二次世界大戦により航空機用の高オクタン化ガソリンが必要となり，接触分解法によって大量の高オクタン化ガソリンが製造されるようになった。その結果，大量のプロピレンやブチレンなどの分解ガスが副産物として回収され，これから合成基礎原料が豊富にかつ安価に製造され，さらにこれらの合成基礎原料をもとに合成樹脂，合成繊維，合成ゴムなどの高分子製品が製造されるようになった。この時代の石油化学工業は，石油が豊富に産出するアメリカにおいて開発，発展した。

　1950年代になると，アメリカ以外の国々でも石油化学工業が開始され，新しい技術の開発とともに，その進歩は著しく，初期の副生する分解ガスの利用から，石油や天然ガスを直接出発原料とする石油化学工業に驚異的な発展をとげ，石油化学コンビナートを形成するようになった。

5.3.2　石油化学原料

　石油化学工業の主な基礎原料はエチレン，プロピレン，ブタジエンなどの低級オレフィン類とBTXなどの芳香族炭化水素である。表5.11に基礎原料の生産量を示す。エチレンの生産量が最も多く，エチレンが石油化学工業の中心であることがわかる。エチレン製

造の原料は，アメリカ・カナダや中東産油国で豊富に存在する天然ガスや油田ガスであり，石油資源に乏しい日本やヨーロッパではナフサが用いられる。

表5.11　主要石油化学製品生産実績（2012）

	品目	万t		品目	万t
オレフィン	エチレン	615	芳香族	トルエン	139
	プロピレン	524		キシレン	598
	ブタジエン	90		パラキシレン	360
	ベンゼン	421			

(1) ナフサの熱分解

　直鎖の炭化水素の熱分解は，最初に結合エネルギーの小さいC-C結合が切断し，生成したラジカルの連鎖反応によって進行するため，生成物はエチレンを主とする低級パラフィンやオレフィンである。ナフサを原料とし，エチレンを主とする低級オレフィンの収率を上げるためには，分解温度，滞留時間，炭化水素の分圧の3条件が大きな因子になる。

　分解温度が低い場合，C-C結合の中央で優先的に切断するが，高温になるほど切断する位置が末端に移り，β-分裂の速度が速くなるためエチレン収率が高くなる。滞留時間が短いと，一次反応生成物であるオレフィン類の収率は高くなるが，長くなるにつれて生成したオレフィンのオリゴマー化やコークスの生成など二次反応が起こるようになる。また炭化水素の熱分解は，分子数が増加する反応であり分圧が高くなる。分圧が高くなると，重合や縮合などの二次反応が起こりやすくなるため，オレフィンの収率を高くするためには分圧を低くする必要がある。一般には水蒸気を同時に送入し，炭化水素ガスの分圧を低くしている。また水蒸気はコークス化の抑制にも作用する。上記の3条件を要約すると，高温，短い滞留時間，低い分圧での熱分解がナフサからエチレンを主とする低級オレフィンを収率よく生成する条件である。

　一般には分解温度800〜900℃，滞留時間0.2〜1.0秒が採用されており，条件によって生成するオレフィンの分布も異なる。

(2) 熱分解生成物の分離，精製

　熱分解には管状炉方式が最も多く採用されている。これは外部よりバーナーで加熱された管状炉中に炭化水素と水蒸気を同時に送り込み，炭化水素の分圧を下げて分解する方式である。製造工程は管状炉による熱分解工程，急冷工程，圧縮工程，深冷分離工程に分けられる。製造工程とナフサの水蒸気分解によって得られる各生成物の収率の一例を図5.18に示す。

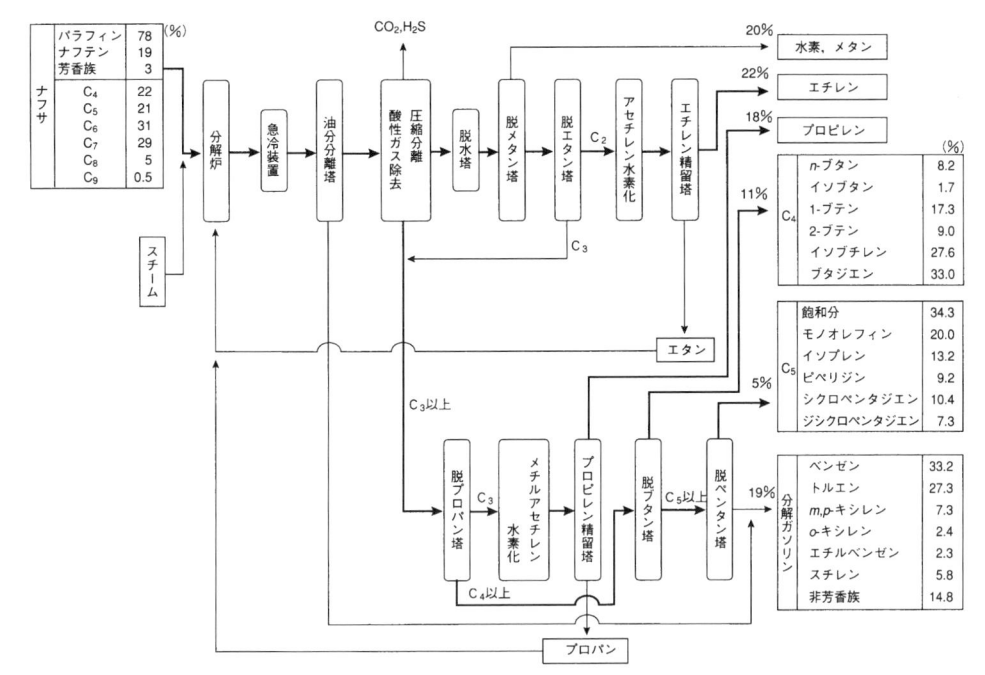

図5.18 管状炉方式ナフサ熱分解工程図

　急冷工程では，分解炉を出たガスの重縮合反応などを防ぎ，安定化させるために，400℃以下まで急冷される。圧縮工程では35～40 atmまで圧縮し，分解ガス中に含まれるH_2S，CO_2，COSなどの酸性ガスをアミンまたはカ性ソーダで洗浄し除去する。水分も低温で氷結するため，モレキュラシーブなどの脱水剤により除去する。乾燥された分解ガスは深冷分離工程に送られる。深冷分離工程では低温加圧蒸留法が行われる。乾燥された分解ガスは約－100℃，32 atmまで低温，加圧され，脱メタン塔に入る。水素とメタンは塔頂から分離され，エチレンとその他の留分は塔底に分離される。次に脱エタン塔に送られ，C2以下の留分とC3以上の留分に分離される。C2ガスにはアセチレンが含まれるため水素化してエチレン精留塔に送り，エチレンとエタンに分離する。エタンは再び分解炉に送られる。得られたエチレンの純度は99.9％以上である。

　C3以上の留分は脱プロパン塔に入り，C3以下の留分とC4以上の留分に分離される。C3留分中にはメチルアセチレンやアレンが含まれるため水素化してプロピレン精留塔に送り，プロピレンとプロパンに分離する。プロパンは分解炉に送られる。プロピレンの純度は99.5％以上である。

　C4以上の留分は脱ブタン塔に入り，C4留分とC5留分およびC6以上の分解ガソリンに分離される。分解ガソリン中には芳香族化合物が含まれており，これからBTX留分が分離される。

(3) C4オレフィンの分離と製造

　分解ガス中に含まれるC4留分は，B-B留分とよばれ多くの混合物からなり，その存在

比は分解プロセスにより異なる。ナフサ分解の一例を表5.12に示す。1,3-ブタジエンが最も多く50%，イソブテンが約20%，1-ブテンが15%，2-ブテンが9%で他の成分は少ない。接触分解でも多くの分解ガスが生成するが，温度が低いためイソブチレンが多く，他の成分は少ない。C4留分は表5.12に示すように沸点差が小さく，さらに共沸も生じるため単蒸留では分離できない。

表5.12　ナフサ分解のC$_4$留分の組成

	沸点 (℃)	組成 (wt%)		沸点 (℃)	組成 (wt%)
プロパン	−42.1	0.18	cis-2-ブテン	3.7	3.41
プロピレン	−47.7		1,3-ブタジエン	−4.5	50.54
ブタン	−0.5	0.4	1,2-ブタジエン	48	0.13
イソブタン	−11.7	0.75	メチルアセチレン	−23.2	−
1-ブテン	−6.3	15.40	エチルアセチレン	8.7	0.18
イソブテン	−6.9	22.83	ビニルアセチレン	5.1	1.27
trans-2-ブテン	0.9	4.93	C$_5$類	−	−

（石油学会編，『石油化学プロセス』，講談社（2001））

図5.19にC4留分の分離工程を示す。

C4留分の分離では最初に1,3-ブタジエンを抽出蒸留により分離する。これはブタジエンに対して強い親和力を持つ極性溶媒を加え，ブタジエンの揮発性を低くして蒸留すると他の成分は蒸留塔の塔頂から留去し，ブタジエンを塔底に残す方法である。塔底のブタジエンと溶媒は加熱蒸留により分離される。溶媒にはジメチルホルムアミドや N-メチルピロリドンなどが用いられる。

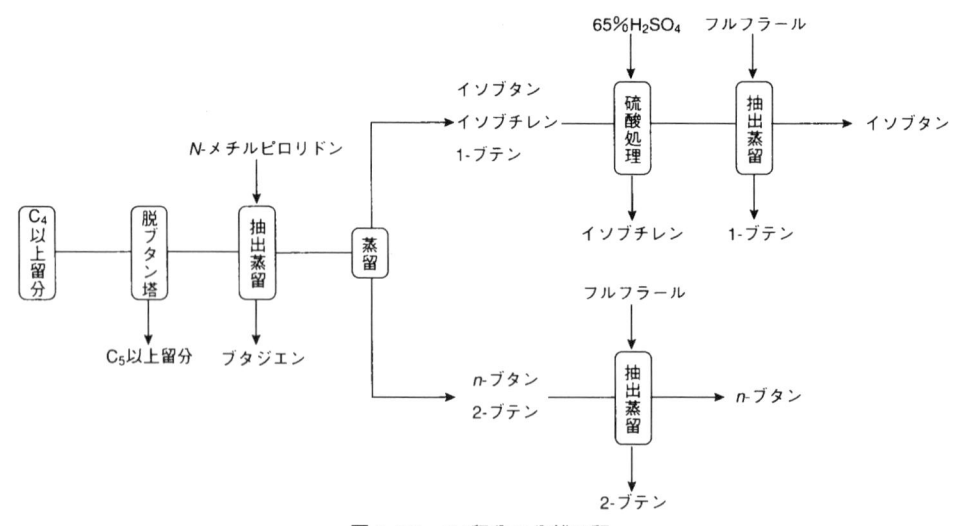

図5.19　C4留分の分離工程

次に通常の蒸留操作により，沸点差の小さいイソブタン，イソブチレン，1-ブテンを塔頂から，n-ブタン，2-ブテンを塔底より分離する。塔頂から分離する留分中，イソブ

チレンは非常に反応性が高く 50 ～ 60 % の H_2SO_4 を用いて下式に示すように t-ブタノールへ水和し,その後脱水して回収する.

$$\underset{CH_3}{\overset{CH_3}{>}}C=CH_2 \ + \ H_2O \ \underset{}{\overset{H^+}{\rightleftharpoons}} \ CH_3-\underset{\underset{OH}{|}}{\overset{\overset{CH_3}{|}}{C}}-CH_3$$

他のイソブチレン回収法として,分子ふるい(A 型ゼオライトなど)を用いる方法が工業化されている.これは分子ふるいにイソブチレンは吸着されないが,n-ブテンや n-ブタンが吸着されることを利用したものである.

次に,イソブタン,1-ブテンおよび n-ブタン,2-ブテンの留分からフルフラールによる抽出蒸留により,1-ブテンと 2-ブテンがそれぞれ分離される.

C4 留分中最も需要の多い 1,3-ブタジエンは n-ブタン,n-ブテンの脱水素反応によっても製造されている.特にアメリカではこの方法が主流になっている.これは Al_2O_3-Cr_2O_3,Fe_2O_3-Cr_2O_3-K_2O などの触媒を用いて,600 ～ 680 ℃ で下式のように脱水素するものである.

$$CH_3-CH_2-CH_2-CH_3 \longrightarrow CH_2=CH-CH=CH_2 \ + \ 2H_2$$
$$CH_2=CH-CH_2-CH_3 \longrightarrow CH_2=CH-CH=CH_2 \ + \ H_2$$

(4) C5 オレフィンの分離と製造

C5 留分は異性体の数が多く,混合物から工業的にそれぞれの成分を分離するのは困難である.そこで工業的に利用価値のあるイソプレンとシクロペンタジエンが単離されている.天然ゴムの構造はイソプレンが重合した cis-1,4-ポリイソプレンである.イソプレンは C5 留分中には約 10 ～ 15 wt% 含まれている.C5 留分よりイソプレンの分離はブタジエンと同様に,N-メチルピロリドンやアセトニトリルなどの溶媒を用いた抽出蒸留が行われている.

またイソプレンはイソペンテンの脱水素による製造も行われている.C5 留分よりイソプレンを回収後,C4 留分のときと同様に H_2SO_4 処理し,2-メチル-1-ブテン,2-メチル-2-ブテンを回収する.その後 Fe_2O_3-Cr_2O_3-K_2O 触媒を用いて 600 ℃ 以上の温度で脱水素する.

$$\begin{array}{c} CH_2=\overset{\overset{CH_3}{|}}{C}-CH_2-CH_3 \\ CH_3-\underset{\underset{}{}}{\overset{\overset{CH_3}{|}}{C}}=CH-CH_3 \end{array} \xrightarrow{600℃} CH_2=\overset{\overset{CH_3}{|}}{C}-CH=CH_2 \ + \ H_2$$

シクロペンタジエンは,二量体のジシクロペンタジエンと合せて C5 留分中に約 20 % 含まれている.単離して各種樹脂や農薬などの出発原料として利用されている.またフェロセンなどの有機金属化合物の合成など,今後,新しい利用が期待されている出発原料である.C5 留分からの分離方法は,イソプレンの抽出蒸留後,加圧下で 140 ～ 150 ℃ に加熱すると,シクロペンタジエンは二量化してジシクロペンタジエンになる.これを減圧蒸

留すると他のC5成分は容易に除去できる。次に残留物を200℃以上に加熱すると単量体に分解するため，蒸留によりシクロペンタジエンが得られる。図5.20にシクロペンタジエンの分離工程を示す。主な用途とこれから期待される用途を図5.21にまとめて示す。

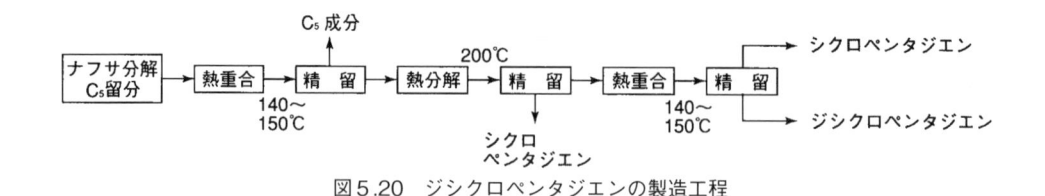

図5.20 ジシクロペンタジエンの製造工程

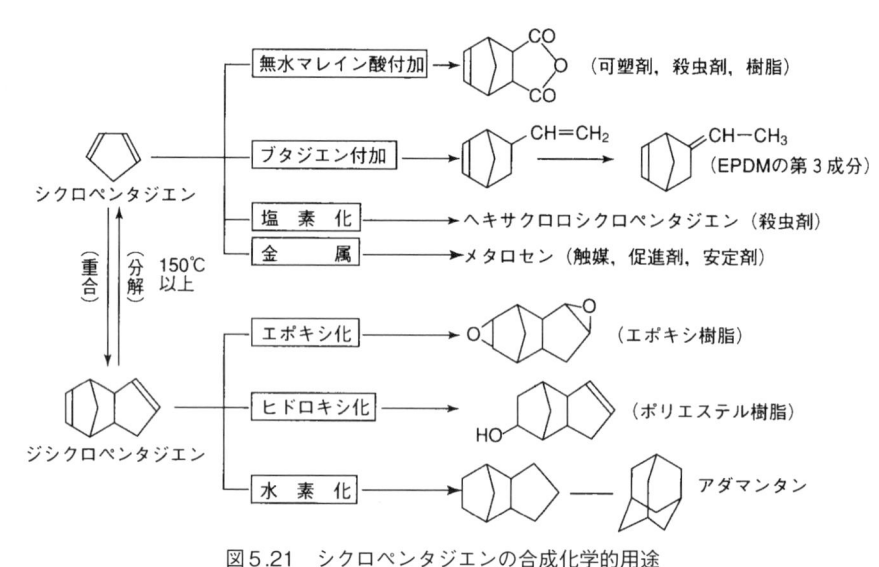

図5.21 シクロペンタジエンの合成化学的用途

(5) 芳香族炭化水素の製造

ベンゼン，トルエン，キシレン（これらをまとめてBTXと称する）はポリスチレン，ポリエステル，ナイロンなど多くの合成樹脂や合成繊維の出発原料として大量に使用されている。BTXは以下の3種のプロセスで製造される留分からそれぞれ分離されている。

① 石炭のコークス化プロセスで得られるコールタール（4.3.2(5)参照）
② 高オクタン価ガソリン製造プロセスからの改質ガソリン
③ オレフィン製造プロセスからの分解ガソリン
④ C_3, C_4パラフィンの芳香族化

ここでコークスの需要が年々減少傾向にあり，副産物であるコールタール量も減少しており，90％以上のBTXはナフサの改質法と分解法より製造されている。

1) 改質法と分解法の生成物組成　改質ガソリンと分解ガソリンの組成を表5.13に示す。改質法重質ナフサを水素気流中，高温高圧のもとで，触媒の作用によって化学構造を変え，高オクタン価ガソリンに改質したものである。反応は脱水素による環化や異性化

などが起こるため,組成には芳香族化合物やイソパラフィンが多く含まれている。特にトルエン,キシレン,高分子量芳香族成分が多く,ベンゼンは少ない。一方,分解法はエチレンやプロピレンを主とするオレフィン類の製造を目的としたナフサの熱分解プロセスの高沸点留分であり,分解温度が高いためにベンゼンが非常に多く,他の芳香族成分は少ない。またモノオレフィンやジオレフィンも含まれており,これらの成分は分離操作の過程において重合しやすいため,前処理としてNiやPd触媒を用いて低温で水素化して除去されている。

表5.13 改質および分解ガソリンの典型的組成(wt%)

生 成 物	改質ガソリン	分解ガソリン
ベンゼン	3	40
トルエン	13	20
キシレン	18	4〜5
エチルベンゼン	5	2〜3
高分子量芳香族	16	3
非芳香族	45	28〜31

2) 芳香族化合物と非芳香族化合物の分離　　改質および分解法の生成物は,芳香族成分と非芳香族成分の混合物である。芳香族化合物と非芳香族化合物の間には共沸混合物ができるため,普通の蒸留法では分離できない。

表5.14はベンゼンとC6,C7非芳香族成分の共沸点および共沸割合を示したものである。ベンゼンとn-ヘプタンでは共沸点80.1℃,共沸割合が99.3 wt%で分離が難しい。他の成分も同じく蒸留法での分離は困難である。そこで非芳香族留分と芳香族留分を分離する方法として共沸蒸留法,抽出蒸留法,溶剤抽出法などの工業的分離法が行われている。

表5.14 共沸混合物の沸点

	沸 点(℃)		ベンゼンと共沸混合物の沸点差	共沸混合物中のベンゼンの割合
	炭化水素	共沸混合物		
ベンゼン	80.1	—	—	—
シクロヘキサン	80.6	77.7	2.4	51.8
メチルシクロペンタン	71.8	71.5	8.6	9.4
ヘキサン	69.0	68.5	11.6	9.7
2,2-ジメチルペンタン	79.1	75.9	4.2	46.3
2,3-ジメチルペンタン	89.8	79.2	0.9	79.5
2,4-ジメチルペンタン	80.8	75.2	4.9	48.3
n-ヘプタン	98.4	80.1	0	99.3
2,2,3-トリメチルブタン	79.9	75.6	4.5	50.5
2,2,4-トリメチルペンタン	99.2	80.1	0	97.7

共沸蒸留法は,非芳香族化合物と親和性の強いアセトンやメタノールを溶媒とし,非芳

香族留分と共沸物を作り，揮発性を高めて塔頂より留出させ，芳香族留分を塔底に残す方法である。

抽出蒸留法は，芳香族化合物と親和性の強い N-メチルピロリドンやスルホランなどの極性溶媒を用い，芳香族留分の不揮発性を大きくし，非芳香族留分は塔頂から留去し，芳香族留分と溶媒を塔底に残す方法である。その後スチームを吹き込んで芳香族留分と溶媒を分離する。

溶剤抽出法は，工業的に最も広く採用されているプロセスであり，原料に溶剤を混合し，原料の溶剤に対する溶解度の差を利用して分別するもので，蒸留操作などで分離できない原料に対して適用される。ここでは芳香族化合物に対して溶解度が大きく，非芳香族化合物に対して溶解度の小さい溶媒が用いられる。

溶剤抽出プロセスは原料を抽出塔中央部から送入し，溶媒を塔頂から送入する。原料と溶媒は抽出塔内で向流接触して芳香族成分を選択的に抽出し，塔頂から非芳香族成分が，塔底から芳香族成分と溶媒が分離される。塔底留分を蒸留塔に移動し，芳香族成分は塔頂から回収し，塔底に残った溶媒は抽出塔にリサイクルされる。溶剤抽出法に用いられる溶剤および抽出条件を表5.15に示す。芳香族成分との分離を容易にするため，一般に沸点が高く，極性の大きい溶媒が用いられている。

表5.15 芳香族化合物の抽出プロセス

プロセス	溶　剤	溶剤沸点（℃）	抽出条件	溶剤：原料
Udex (UOP-Dow)	ジエチレングリコール	245	130～150℃, 5～8 atm	6～8：1
Sulfolane (Shell-UOP)	スルホラン	287	100℃, 2 atm	3～6：1
Arosolvan (Lurgi)	メチルピロリドン	206	20～40℃, 1 atm	4～5：1
IFP (IFP)	ジメチルスルホキシド	189	20～30℃, 1 atm	3～5：1
Morphylex (Krupp-Koppers)	ホルミルモルホリン	244	180～200℃, 1 atm	5～6：1

3）芳香族化合物の分離　　非芳香族成分を分離後，芳香族成分は図5.22に示すようにベンゼン，トルエン，C8以上の留分に蒸留により分離する。また，表5.16に示すようにベンゼン，トルエンは沸点差が大きく精度よく分離できる。C8以上の留分は異性体が多く沸点差が小さいため精度の高い精留塔が必要である。また m-, p-キシレン異性体は沸点差が小さく蒸留では分離できない。

一般には，図5.22に示すように，C8以上の留分を5℃以上の沸点差がある o-キシレンを含む高沸点留分とエチルベンゼン，m-, p-キシレンを含むC8留分に分離する。次に，より精度の高い精留塔を用いてエチルベンゼン，m-, p-キシレン留分からエチルベンゼンを分離する。また高沸点留分から o-キシレンを分離する。

表5.16 芳香族化合物の物理的性質

	融点（℃）	沸点（℃）	密度（20℃）（g/cm³）
ベンゼン	＋5.53	80.10	0.8790
トルエン	－94.99	110.63	0.8669
エチルベンゼン	－94.98	136.19	0.8670
m-キシレン	－47.87	139.10	0.8642
p-キシレン	＋13.26	138.35	0.8610
o-キシレン	－25.18	144.41	0.8802

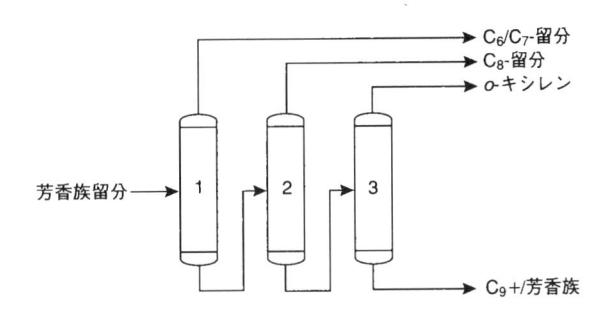

1 ベンゼン/トルエン分離塔，2 C_8-留分分離塔，3 o-キシレン分離塔
図5.22 蒸留による芳香族化合物の分離

　m-, p-キシレンの分離には吸着分離プロセスと深冷結晶化プロセスおよびm-キシレン錯化合物形成プロセスが工業的に行われている。

　深冷結晶化プロセスは，表5.16に示すようにp-キシレンの融点がm-キシレンの融点より61℃も高く，この温度差が工業的分離法として利用されている。しかし，p-キシレンとC8留分の融点に大きな差があるにもかかわらず，混合系では図5.23に示すように共融点が存在する。－52.56℃でm-, p-キシレンは同時に結晶化し，分離することができない。そこで深冷結晶化プロセスでは原料キシレンを乾燥後，エチレンやプロピレンなどの冷媒を用いて－60～－80℃に冷却してp-キシレンを析出させ，析出したp-キシレンをかき集めて遠心分離またはろ過によって結晶を油分から分離する。この操作の繰り返しによ

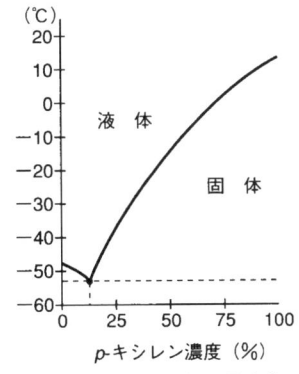

図5.23 キシレンとC8留分混合物の状態図

り,純度99.5%以上のp-キシレンが単離される。m-キシレンは全量が異性化工程にまわされる。

吸着分離プロセスは,クロマトグラフィーの原理に基づき,原料キシレンが吸着層を移動していく間に,吸着剤に親和性の強いp-キシレンが吸着し,他の成分と分離する。次に吸着したp-キシレンを脱離液により吸着剤から分離回収する方法である。吸着剤には合成ゼオライトが使用され,脱離液にはp-キシレンと蒸留分離しやすいp-ジエチルベンゼンが使用されている。またこのプロセスではゼオライトを充填した10個以上の吸着塔からできており,液流は特殊なロータリーバルブで吸収塔間の切り替えがコントロールされ,p-キシレンの純度が高くなるように工夫されている。

m-キシレン錯化合物形成プロセスは,C8留分をHF-BF_3で処理すると選択的に安定な錯化合物ができ,他の成分と分離できることを利用した方法である。錯化合物は熱によって分解され,99%以上のm-キシレンが回収され,全量が異性化工程にまわされる。

4) **芳香族化合物の相互変換法** ナフサを原料とする改質ガソリンや分解ガソリン中には,表5.17に示すように多量のトルエンと高級芳香族成分が含まれており,これらは石油化学原料としての需要が少ないため余剰が生じる。またキシレンではm-キシレンが全体の50%を占めるが,m-キシレンの需要も少ない。

表5.17 各種石油留分の芳香族炭化水素濃度と組成(wt%)

油 種	改質原料ナフサ	接触改質ナフサ	熱分解副生油	接触分解ガソリン
蒸留性状	102〜	66.5〜	63.5〜	51〜168℃
ベンゼン	2.0	5.4	28.1	5.7
トルエン	24.7	28.9	27.4	10.0
o-キシレン	9.5	7.6	5.9	5.9
m-キシレン	18.1	16.1	9.6	12.5
p-キシレン	7.2	7.5	4.2	5.4
エチルベンゼン	8.5	6.5	10.5	3.6
C_9	26.8	23.3	13.6	33.4
C_{10}	3.2	4.7	0.6	23.4
合 計	100.0	100.0	100.0	100.0

図5.24はベンゼンとキシレンの用途を示したもので,これらの需要は非常に多い。そこで需要の少ないトルエン,m-キシレン,高級芳香族成分から,需要の多いベンゼン,o-,p-キシレンへの変換法が工業的に行われている。

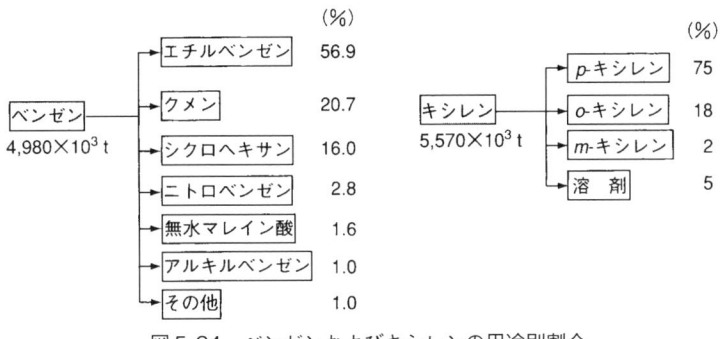

```
ベンゼン            エチルベンゼン   56.9              p-キシレン   75
4,980×10³ t       クメン         20.7    キシレン    o-キシレン   18
                  シクロヘキサン   16.0   5,570×10³ t  m-キシレン   2
                  ニトロベンゼン    2.8              溶 剤       5
                  無水マレイン酸    1.6
                  アルキルベンゼン   1.0
                  その他          1.0
```

図5.24　ベンゼンおよびキシレンの用途別割合

アルキルベンゼン類の水素化脱アルキル法　トルエンや高級芳香族成分を水素存在下，下式のように，脱メチルにより需要の多いベンゼンを製造するプロセスである。反応は，アルキルベンゼン類を数十気圧の水素加圧下，700～750℃に加熱する熱分解法とCr_2O_3-Al_2O_3触媒存在下，550～650℃に加熱する接触法が工業的に行われており，ベンゼンの収率は高い。またこの反応では高収率でメタンが得られるため，メタンの水蒸気改質によって得た水素を使用している。

$$\text{C}_6\text{H}_5-R \xrightarrow{H_2} \text{C}_6\text{H}_6 + RH$$

アルキルベンゼン類の不均化およびトランスアルキル化　トルエンのメチル基移動によるベンゼンとキシレンの製造（式1）のように，同種のアルキルベンゼン間のアルキル基移動を不均化とよび，トルエンとC9芳香族成分間のメチル基移動（式2）のように異種分子間でのアルキル基の移動をトランスアルキル化とよんでいる。この反応には，SiO_2-Al_2O_3やゼオライトのような固体酸が触媒として用いられ，アルキルカチオンの移動により反応が進行する。工業的には過剰にあるトルエンからベンゼンとキシレンの製造，トルエンとC9芳香族成分からのキシレンの製造が行われている。

$$2\,\text{C}_6\text{H}_5\text{CH}_3 \rightleftharpoons \text{C}_6\text{H}_6 + \text{C}_6\text{H}_4(\text{CH}_3)_2 \quad (1)$$

不均化反応

$$\text{C}_6\text{H}_5\text{CH}_3 + \text{C}_6\text{H}_3(\text{CH}_3)_3 \rightleftharpoons 2\,\text{C}_6\text{H}_4(\text{CH}_3)_2 \quad (2)$$

トランスアルキル化反応

***m*-キシレンの異性化**　C8芳香族成分の温度と平衡組成の関係を図5.25に示す。*m*-キシレンを原料にする異性化では，温度と触媒が重要な因子である。

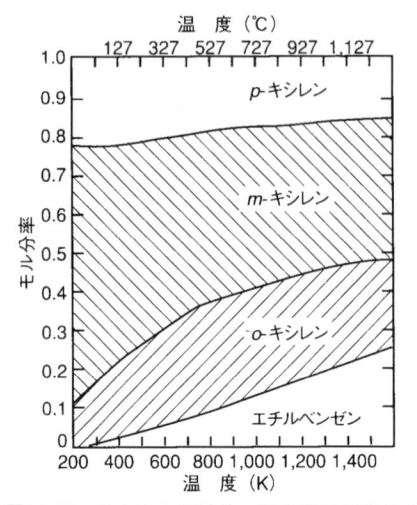

図5.25 キシレン異性体の熱力学的平衡組成

工業的プロセスではp-キシレンが多く存在する200〜500℃の温度範囲でH-ZSM 5を中心とするゼオライト触媒によるo-, m-キシレンの異性化が現在では主流となっている。

次のようなアルキルカチオンの移動により異性化が進行する。

異性化反応　　　　　アルキルベンゼンの変換法

(6) 芳香族炭化水素の製造系統図

改質および分解ガソリンから抽出される芳香族炭化水素中，石油化学工業で重要な原料はベンゼン，o-, p-キシレンであり，その他の成分の需要は少ない。図5.26は芳香族炭化水素の需要の少ない成分から需要の多い成分への相互変換法系統的にまとめたものである。

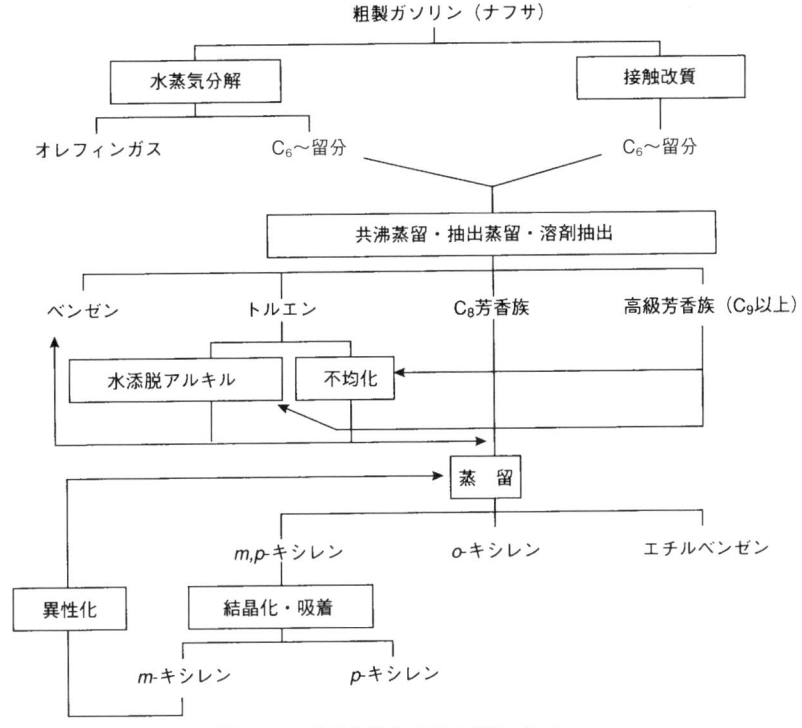

図5.26 芳香族炭化水素の製造プロセス

5.3.3 石油化学製品

石油化学工業の主な原料はエチレン，プロピレンなどの低級オレフィン類とBTXなどの芳香族炭化水素である。これらは合成樹脂，合成繊維，合成ゴム，塗料，界面活性剤など広汎な分野の原料として大量に使用されている。特に，合成樹脂の需要が全体の60％を占め，さらにその70％が代表的な石油化学製品と言われる低密度ポリエチレン，高密度ポリエチレン，ポリプロピレン，ポリスチレン，ポリ塩化ビニルの5大汎用樹脂である。これらの製品はほとんどがエチレン，プロピレン，ベンゼンを原料とし重合，アルキル化，ハロゲン化，酸化などの諸反応による中間体を経て製造されている。

本項は多岐に亘るので，その構成と主要製品を次にまとめる。

---

(1) エチレンから得られる石油化学製品
    1) 重合   ポリエチレン，α-オレフィン
    2) アルキル化   スチレン，ABS樹脂
    3) 塩素化   塩化ビニル，塩化ビニリデン
    4) 酸化   酸化エチレン，エチレングリコール，エタノールアミン
                          アセトアルデヒド，酢酸，酢酸エチル，ブタノール，
                          オクタノール，酢酸ビニル
    5) 水和   エタノール

(2) プロピレンから得られる石油化学製品
- 1) 重合　　　　　　ポリプロピレン
- 2) アルキル化　　　フェノール, アセトン
- 3) 塩素化　　　　　塩化アリル, グリセリン
- 4) 酸化　　　　　　プロピレンオキシド
- 5) アリル酸化・アンモ酸化　アクリル酸, アクリロニトリル, メタクリル酸
- 6) ヒドロホルミル化　ブチルアルデヒド, ブチルアルコール
- 7) 水和　　　　　　イソプロパノール

(3) ブダジエンから得られる石油化学製品
- 1) 重合　　　　　　ポリブタジエン, SBR
- 2) 塩素化　　　　　クロロプレン
- 3) 酸化　　　　　　1,4-ブタンジオール

(4) イソブチレンから得られる石油化学製品
- 1) アルキル化　　　ブチルフェノール
- 2) 酸化　　　　　　メタクリル酸
- 3) 水和　　　　　　t-ブタノール

(5) ブテンから得られる石油化学製品
- 1) 酸化　　　　　　無水マレイン酸
- 2) 水和　　　　　　2-ブタノール

(6) ベンゼンから得られる石油化学製品
- 1) 水素化　　　　　シクロヘキサン, ε-カプロラクタム, アジピン酸, ヘキサメチレンジアミン
- 2) 酸化　　　　　　無水マレイン酸
- 3) アルキル化　　　アルキルベンゼン
- 4) ニトロ化　　　　アニリン, MDI

(7) トルエンから得られる石油化学製品　TDI, ウレタン

(8) キシレンから得られる石油化学製品　無水フタル酸, テレフタル酸

(1) エチレンから得られる石油化学製品

　エチレンを原料として合成される石油化学製品は極めて多く, その製造工程も諸反応による中間体を経て製品になっている。図5.27にエチレンを原料として製造されるおもな石油化学製品の系統図を示す。以下, 1)重合, 2)アルキル化, 3)塩素化, 4)酸化, 5)水和反応による製品について順次説明する。

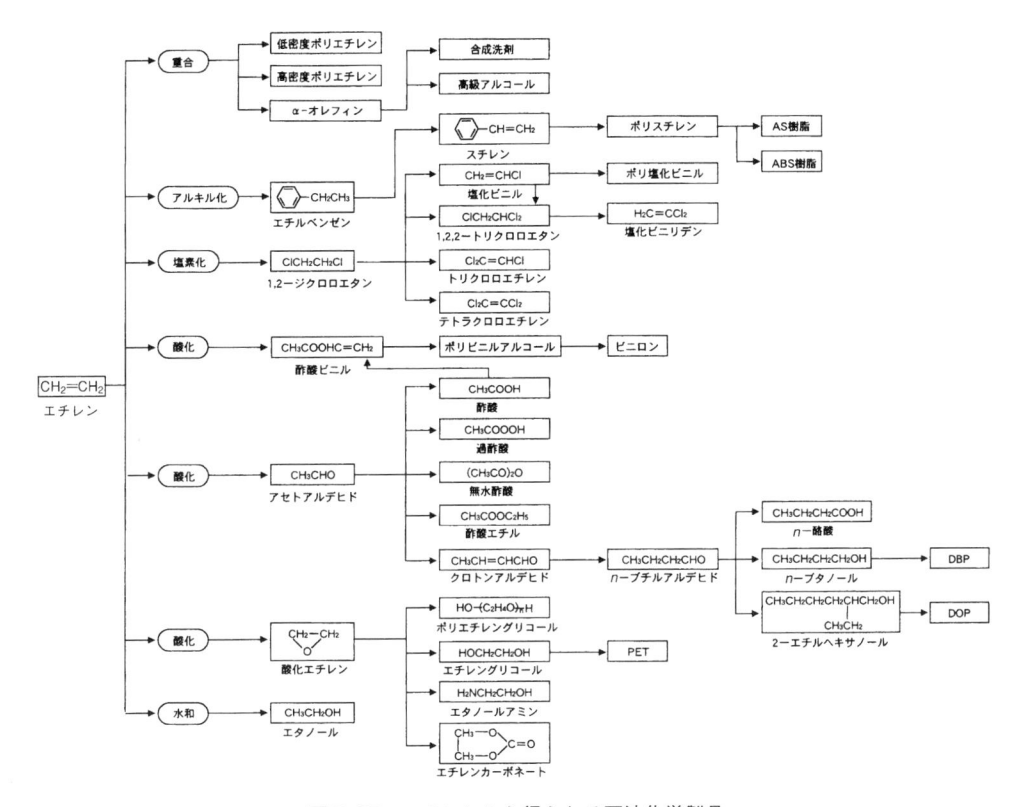

図5.27 エチレンから得られる石油化学製品

1) **重 合**　エチレンを重合するとポリエチレンが得られる。ポリエチレンは合成樹脂の中で最も多く製造される石油化学製品であり，低密度ポリエチレン（LDPE）と高密度ポリエチレン（HDPE）に分類される。

① 低密度ポリエチレン

エチレンガスに過酸化物をラジカル開始剤として加え，150〜200℃，1500〜2000 atmの高圧で重合させることから，高圧法とよばれている。この方法による生産量が最も多く，化学構造は枝分かれが多く，密度は0.91〜0.93 g/cm³と低い。

② 高密度ポリエチレン

四塩化チタンとトリエチルアルミニウムから調製したチーグラー触媒 [$Al(C_2H_5)_3$-$TiCl_4$] をヘキサンなどの液状飽和炭化水素に分散し，常温，常圧下でエチレンを吹き込むとポリエチレンが生成する。常圧でエチレンが重合することから低圧法とよばれている。枝分かれが非常に少ない直線状の分子構造で，密度が0.94〜0.97 g/cm³と高い。

ポリエチレンは耐熱性には劣るが，機械的強度，耐薬品性，耐水性などに優れている。加工性が良く，どんな形状にも容易に成形できるため各種容器，台所用品，日用雑貨品，包装用フィルムなど用途はきわめて広い。

③ α-オレフィン

α-オレフィンとは，末端に二重結合を持つオレフィンの総称であり，主に次式のよう

なエチレンのオリゴメリゼーションによって製造される。反応の機構は，触媒であるトリエチルアルミニウムにエチレンを連続的に挿入されるもので，重合度は温度によって制御される。

a-オレフィンは合成洗剤や可塑剤の原料として重要である。

$$\text{Al}\begin{matrix}-\text{CH}_2\text{CH}_3\\-\text{CH}_2\text{CH}_3\\-\text{CH}_2\text{CH}_3\end{matrix} + n\,\text{CH}_2=\text{CH}_2 \longrightarrow \text{Al}\begin{matrix}-\text{CH}_2\text{CH}_2\text{R}_1\\-\text{CH}_2\text{CH}_2\text{R}_2\\-\text{CH}_2\text{CH}_2\text{R}_3\end{matrix} + 3\,\text{CH}_2=\text{CH}_2$$

トリエチルアルミニウム　　　　　　　　　　　トリアルキルアルミニウム

$$\longrightarrow \text{Al}\begin{matrix}-\text{CH}_2\text{CH}_3\\-\text{CH}_2\text{CH}_3\\-\text{CH}_2\text{CH}_3\end{matrix} + \begin{matrix}\text{CH}_2=\text{CH}-\text{R}_1\\\text{CH}_2=\text{CH}-\text{R}_2\\\text{CH}_2=\text{CH}-\text{R}_3\end{matrix}$$

α-オレフィン

2) アルキル化　工業的に重要なプロセスはエチレンとベンゼンからエチルベンゼンの合成である。

エチルベンゼンはスチレンモノマーの合成原料であり，大量に製造されている。エチルベンゼンはC8芳香族留分中にも含まれるが需要に足るほどは得られないので，大部分は次式のようにベンゼンのエチレンによるアルキル化によって製造され，その後，脱水素反応によりスチレンモノマーに変換される。

$$\bigcirc + \text{CH}_2=\text{CH}_2 \xrightarrow{\text{触媒}} \bigcirc\!-\text{CH}_2-\text{CH}_3 \xrightarrow[\substack{550\sim600℃\\常圧}]{\text{Fe}_2\text{O}_3-\text{Cr}_2\text{O}_3} \bigcirc\!-\text{CH}=\text{CH}_2 + \text{H}_2$$

エチルベンゼン　　　　　　　　　　　スチレン

アルキル化触媒としては，ゼオライトが用いられている。

スチレンはエチルベンゼンの気相接触脱水素反応により製造される。製造プロセスは，Fe_2O_3をベースに助触媒としてアルカリ金属やアルカリ土類金属酸化物を添加した多成分系触媒が用いられる。脱水素反応は，一般に高温で行われるため，炭化水素原料の分解も起こりやすく，炭素析出による触媒劣化が生じる。また分子数が増加する反応であり，炭化水素の分圧が高くなるため，平衡論的には分圧を低くすることが望ましい。そこで多量のスチームを導入することにより，高温低圧の条件下で反応が進行し，生成スチレンモノマーのオリゴマー化や触媒表面へのコーク状物質の蓄積を抑制している。

主な反応条件を以下に示す。

　　触媒　Fe_2O_3-Cr_2O_3-K_2O，温度　550～600℃，圧力　常圧
　　　　H_2O／エチルベンゼン　5～15 mol

スチレンモノマーは反応性に富み，光や熱により重合するが，一般には過酸化物などのラジカル開始剤を触媒とし，ポリスチレンの用途により，各種重合法が採用される。

ポリスチレンは無色透明で硬く，耐水性，耐薬品性に優れている。特に電気絶縁性に優れ，電気材料として広く利用されている。また成形しやすく，自由に着色できるため日用品，容器，食器類などにも用いられる。一方，軟化温度が低く，硬いがもろいという欠点もあり，この欠点を改善するため，他のポリマーとの共重合やブレンドなどにより，表5.18に示すような多くのポリスチレン系樹脂が製造されている。

表5.18 ポリスチレン系樹脂の種類

種 類	構 造
AS樹脂	アクリロニトリル―スチレン共重合体
ABS樹脂	ポリブタジエンのアクリロニトリル,スチレングラフト共重合体
AAS樹脂	アクリルゴムのアクリロニトリル,スチレングラフト共重合体
ACS樹脂	塩素化ポリエチレンのアクリロニトリル,スチレングラフト共重合体

AS樹脂は,次式に示すようなアクリロニトリルとスチレンの共重合体で,ポリスチレンの耐衝撃性,耐薬品性,耐熱性などを改良したポリマーである。

また,ABS樹脂はアクリロニトリル-ブタジエン-スチレンの3成分から成り,AS樹脂に合成ゴムを加えて耐衝撃性,耐熱性,絶縁性などをさらに改良したポリマーである。製法はブタジエンを重合してポリブタジエンとし,これにアクリロニトリル・スチレン共重合体をブレンドしたものである(図5.28)。

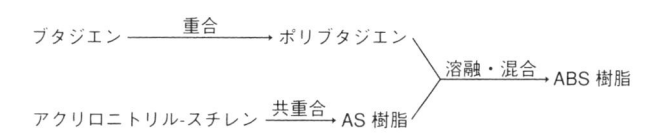

図5.28 ABS樹脂の製造工程

3) 塩素化　エチレンを塩素化すると,塩化ビニルや塩化ビニリデンなどの合成樹脂原料やトリクロロエチレンなどの工業的に重要な溶剤が得られる。

塩化ビニル　塩素化合物で最も多く製造されているのは,塩化ビニル樹脂原料である塩化ビニルモノマーである。初期にはアセチレンを原料として製造していたが,現在はエチレンの直接塩素化またはオキシ塩素化により1,2-ジクロロエタン(EDC)にした後,脱塩化水素により製造している。

① EDC法　0.1～0.5％の$FeCl_3$触媒を含む1,2-ジクロロエタン(EDC)溶液に,60℃,4～5atmでエチレンと塩素ガスを等モル吹き込むとEDCが生成する。EDCを多管式反応器を用いて500～600℃,25～35atmで熱分解すると脱塩化水素反応により,塩化ビニルモノマーが得られる。

$$CH_2=CH_2 + Cl_2 \xrightarrow[FeCl_3]{60\,℃} Cl-CH_2-CH_2-Cl \xrightarrow{500\,℃} CH_2=CH-Cl + HCl$$

　　　　　　　　　　　　　　1,2-ジクロロエタン（EDC）　　塩化ビニル

② オキシ塩素化法　　EDC法で副生するHClを有効利用するため開発された方法で，エチレン，HCl，O_2の混合ガスを220～240℃，2～4 atmで$CuCl_2$触媒存在下，気相で反応しEDCを得る。EDCは熱分解により塩化ビニルモノマーになる。

$$CH_2=CH_2 + 2HCl + \frac{1}{2}O_2 \xrightarrow[CuCl_2]{230\,℃,\,3\,atm} Cl-CH_2-CH_2-Cl + H_2O$$
$$\longrightarrow CH_2=CH-Cl + HCl$$

このプロセスの$CuCl_2$の触媒作用を次に示す。$CuCl_2$はCuClに還元されるが，HClとO_2で酸化されて$CuCl_2$に戻る。

$$2CuCl_2 + CH_2=CH_2 \longrightarrow 2CuCl + Cl-CH_2-CH_2-Cl$$
　塩化第二銅

$$2CuCl + \frac{1}{2}O_2 \longrightarrow CuO \cdot CuCl_2 + 2HCl \longrightarrow 2CuCl_2 + H_2O$$
　塩化第一銅

　ポリ塩化ビニルは，有機過酸化物を重合開始剤とし，付加重合により合成される。耐水性，耐薬品性，難燃性，電気絶縁性などに優れ，その用途はきわめて多岐にわたっている。ポリ塩化ビニルは白い粉末で，そのままでは加工しにくいため可塑剤を加えて加工される。可塑剤の少ないものは硬質ポリ塩化ビニルとよばれ，硬くて機械的強度が強く，化学的に安定であるため建築材料，化学工業や電気工業の材料として用いられる。一方，可塑剤を多く加えると柔軟性のある軟質ポリ塩化ビニルになり，フィルム，レザーなどとして利用される。可塑剤にはDOP（フタル酸ジオクチル）やDBP（フタル酸ジブチル）が用いられる。

　塩化ビニリデン　　塩化ビニルまたはEDCを塩素化して，次式のように1,1,2-トリクロロエタンにする。次にこれを石灰水に送入すると脱塩化水素により塩化ビニリデンモノマーがガス状で発生する。

$$CH_2=CHCl + Cl_2 \searrow$$
$$ \longrightarrow ClCH_2CHCl_2 + HCl$$
$$ClCH_2CH_2Cl + Cl_2 \xrightarrow{FeCl_3} 1,1,2\text{-トリクロロエタン}$$

$$2ClCH_2CHCl_2 + Ca(OH)_2 \xrightarrow{60～100\,℃} 2CH_2=CCl_2 + CaCl_2 + 2H_2O$$
　　　　　　　　　　消石灰　　　　　　　　塩化ビニリデン　塩化カルシウム

　ポリ塩化ビニリデンは，耐薬品性に優れ，ほとんどの化学薬品や有機溶剤におかされないため化学工場の耐薬品材料として利用される。またフィルム状のものは水蒸気やガス類の透過性が非常に低く，食品包装用フィルムとしても広く利用されている。

トリクロロエチレンおよびテトラクロロエチレン　1,2-ジクロロエタンを触媒の存在下，塩素化分解するとトリおよびテトラクロロエチレンが同時に得られる。また副生するHClとO₂を同時に反応させるオキシ塩素化によってもトリおよびテトラクロロエチレンが得られる。

塩素化分解法

$$ClCH_2CH_2Cl + Cl_2 \longrightarrow Cl_2C=CHCl + Cl_2C=CCl_2 + HCl$$
　　　　　　　　　　　　　　　トリクロロエチレン　テトラクロロエチレン

オキシ塩素化法

$$ClCH_2CH_2Cl + 2HCl + \frac{1}{2}O_2 \longrightarrow Cl_2C=CHCl + Cl_2C=CCl_2 + H_2O$$

トリおよびテトラクロロエチレンは不燃性，高い溶解性，腐食性がないため，金属および半導体製造用の洗浄剤，ドライクリーニング用溶剤，フロンの製造原料として用いられていたが環境汚染のため現在は用いられていない。

4) **酸　化**　エチレンの酸化反応は酸化エチレンの製造，アセトアルデヒドの製造，酢酸ビニルの製造に分類される。これらは石油化学製品の中間原料であり大量に生産されている。

酸化エチレン（エチレンオキシド）　酸化エチレンはエチレングリコールの中間原料として大量に生産されている。工業的製法は，銀触媒を用いて空気または酸素による直接酸化法である。この反応は，一部燃焼反応（$CH_2=CH_2 + 3O_2 \rightarrow 2CO_2 + 2H_2O$）を伴うため，大きな発熱反応である。

$$CH_2=CH_2 + \frac{1}{2}O_2 \xrightarrow[250℃]{Ag} \underset{O}{CH_2-CH_2}$$

そこで不活性ガスを希釈剤として原料中に添加し，爆発防止とCO_2の副生を抑えている。ここで興味のあることは，エチレンの直接酸化で酸化エチレンを与える主触媒はAgのみである。またAg触媒にNa，K，Baなどのアルカリ金属を混合すると選択性を著しく向上するが，各成分の作用は明らかでない。

酸化エチレンは非常に反応性に富み，H_2O，アミン，CO_2などと容易に反応し，多くの誘導体を生成する。最も大きな用途はエチレングリコールである。

エチレングリコール　酸化エチレンは水和によりエチレングリコールを生成する。工業的には180～200℃，20～24 atmの条件下，無触媒で水と反応させる。この時水和量により，ジ-，トリ-，テトラ-，ポリエチレングリコールの混合物をを生成する。

$$\underset{O}{CH_2-CH_2} + H_2O \xrightarrow[20\sim 24\,atm]{180\sim 200\,℃} \underset{\text{エチレングリコール}}{HOCH_2CH_2OH}$$

$$HOCH_2CH_2OH + \underset{O}{CH_2-CH_2} \longrightarrow \underset{\text{ジエチレングリコール}}{HOCH_2CH_2OCH_2CH_2OH} \xrightarrow{-H_2O} \underset{\text{1,4-ジオキサン}}{\bigcirc}$$

$$\longrightarrow \underset{\text{トリエチレングリコール}}{HOCH_2CH_2OCH_2CH_2OCH_2CH_2OH}$$

$$\longrightarrow \underset{\text{ポリエチレングリコール}}{HO\text{−}(C_2H_4O)_n\text{−}H}$$

エチレングリコールは無色，無臭のやや粘稠な不揮発性の液体である。ポリエステルの原料，自動車用の不凍液など用途はきわめて多い。またジエチレングリコールからは脱水すると1,4-ジオキサンが得られ，ポリエチレングリコールは界面活性剤や医薬品原料として利用される。

エタノールアミン　酸化エチレンはアンモニアと直接反応してエタノールアミンを生成する。生成物は次式に示すように，モノ-，ジ-，トリエタノールアミンの混合物である。反応温度は30〜40℃，圧力は1〜2 atm である。

$$\underset{O}{CH_2-CH_2} + NH_3$$

$$\xrightarrow{30\sim 40\,℃} \underset{\text{モノエタノールアミン}}{H_2NCH_2CH_2OH} + \underset{\text{ジエタノールアミン}}{HN(CH_2CH_2OH)_2} + \underset{\text{トリエタノールアミン}}{N(CH_2CH_2OH)_3}$$

エタノールアミンは CO_2 や H_2S などの酸性ガスを吸収し，加熱すると容易に放出するため，酸性ガスを取り除く精製溶剤として大量に利用されている。また洗浄剤，乳化剤，化粧品原料としても利用される。

炭酸エチレン（エチレンカーボネート）　酸化エチレンに塩基を触媒として CO_2 を反応させると，炭酸エチレンを生成する。炭酸エチレンはポリマーの溶剤などに利用される。

$$\underset{O}{CH_2-CH_2} + CO_2 \xrightarrow{\text{塩基}} \underset{\text{炭酸エチレン}}{\begin{array}{c}CH_2-O\\|\quad\quad\;\;\diagdown\\CH_2-O\;\,\diagup\end{array}C=O}$$

アセトアルデヒド　エチレンの液相酸化によるアセトアルデヒドの合成はヘキスト・ワッカー（Hoechst-Wacker）法として有名である。触媒には塩化パラジウム-塩化第二銅系が用いられる。エチレンからアセトアルデヒドが生成し，触媒が再生される。

$$CH_2=CH_2 + PdCl_2 \longrightarrow C_2H_4 \cdot PdCl_2 + H_2O \longrightarrow CH_3CHO + Pd^0 + 2HCl$$
塩化パラジウム　　　錯体　　　　　　　　アセトアルデヒド

$$2CuCl_2 + Pd^0 \longrightarrow Cu_2Cl_2 + PdCl_2$$

$$Cu_2Cl_2 + 2HCl + \frac{1}{2}O_2 \longrightarrow 2CuCl_2 + H_2O$$

この反応では最初にエチレン-$PdCl_2$ 錯体が生成し，これに水が付加してアセトアルデヒドが生成する。次に PdO を $CuCl_2$ により酸化して $PdCl_2$ を再生し，さらに還元された Cu_2Cl_2 を酸素で酸化して $CuCl_2$ を再生する。結果としてエチレンは酸素でアセトアルデヒドに酸化されたことになる。このプロセスは塩化銅の酸化還元能を利用した点に特徴があり，このような触媒系をレドックス（redox）触媒という。

アセトアルデヒドは石油化学工業の重要な中間原料であり，次に述べるように多くの誘導体が合成される。

酢酸，無水酢酸　　酢酸は，石油化学工業の重要な中間体であり，大量に製造されている。酢酸の製法はアセトアルデヒドの液相酸化法，飽和炭化水素の液相酸化法，メタノールのカルボニル化法が工業化されている。しかし，メタノールが非常に安価に製造されるようになっており，新規の工場はメタノールのカルボニル化法になっている。

アセトアルデヒド酸化法は，酢酸溶媒中，Mn または Co の酢酸塩を触媒とし，アセトアルデヒドを 60℃で液相酸化する。この反応では中間体として過酸化物を生成し，さらに過酢酸とアセトアルデヒド間での付加物を形成後，熱分解する機構が考えられている。また無水酢酸は，高濃度の酢酸銅-酢酸コバルトの混合物を触媒とし，酢酸エチルを溶媒に用い，副生する水を共沸により除去すると得られる。

$$CH_3CHO + O_2 \longrightarrow CH_3COOOH$$
過酢酸

$$CH_3COOOH + CH_3CHO \longrightarrow 2CH_3COOH$$
酢酸

$$CH_3COOOH + CH_3CHO \longrightarrow (CH_3CO)_2O + H_2O$$
無水酢酸

酢酸エチル　　酢酸とエタノールのエステル化により合成されるがコストがかかる。酢酸エチルは溶剤として多量に使用されており，工業的にはアセトアルデヒドから次のようにアルミニウムトリエトキシドを触媒として温和な条件で合成される。この反応は Tischenko 反応とよばれている。

$$2CH_3CHO \xrightarrow[20℃]{Al(OC_2H_5)_3} CH_3COOCH_2CH_3$$
酢酸エチル

n-ブタノール，オクタノール　　n-ブタノールとオクタノールは可塑剤（DBP，DOP）の原料であり，とくにオクタノールは大量に製造されている。アセトアルデヒドを室温で NaOH の希薄な水溶液で処理すると二量化が起こり，3-ヒドロキシブタナールを生成する。この反応は生成物がアルデヒドでもあり，アルコールでもあるためアルドール

(aldol) 反応と呼ばれる。という。アルドール反応は，小さな分子を C-C 間で結合する方法として，有機合成上重要な反応であり，また -OH と -CHO の 2 個の官能基があるため，この官能基を利用して各種反応に応用できる。

　3-ヒドロキシブチルアルデヒドを加熱すると脱水が起こり，クロトンアルデヒドが生成する。これを水素化すると n-ブタノールになる。可塑剤原料として大量に製造されているオクタノールは，ブチルアルデヒドのアルドール反応により合成される。

$$2CH_3CHO \xrightarrow{NaOH} \underset{\text{3-ヒドロキシブチルアルデヒド}}{CH_3CHCH_2CHO} \xrightarrow{-H_2O} \underset{\text{クロトンアルデヒド}}{CH_3CH=CHCHO} \xrightarrow{H_2}$$

$$\underset{n\text{-ブチルアルデヒド}}{CH_3CH_2CH_2CHO} \xrightarrow{H_2} \underset{n\text{-ブチルアルコール}}{CH_3CH_2CH_2CH_2OH} \text{(DBP原料)}$$

$$2\underset{n\text{-ブチルアルデヒド}}{CH_3CH_2CH_2CHO} \longrightarrow CH_3CH_2CH_2\underset{CH_2CH_3}{\overset{OH}{C}H}CHCHO \xrightarrow{-H_2O}$$

$$CH_3CH_2CH_2CH=\underset{CH_2CH_3}{C}CHO \xrightarrow{H_2} CH_3CH_2CH_2CH_2\underset{CH_2CH_3}{C}HCH_2OH \text{(DOP原料)}$$

　　　　　　　　　　　　　　　　　　2-エチルヘキサノール
　　　　　　　　　　　　　　　　　　　（オクタノール）

　可塑剤として知られる DOP や DBP はオクタノールや n-ブタノールと無水フタル酸のエステル化により製造される。

フタル酸ジオクチル　　　　　フタル酸ジブチル
（DOP）　　　　　　　　　　（DBP）

酢酸ビニル　　パラジウム触媒を用いて，酢酸中でエチレンを酸化して得られる。この反応はヘキスト・ワッカー（Hoechst-Wacker）法で示したエチレン-$PdCl_2$ に酢酸が作用して生成する反応とみなすことができる。

$$CH_2=CH_2 + CH_3COOH + \frac{1}{2}O_2 \longrightarrow \underset{\text{酢酸ビニル}}{CH_2=CHOCOCH_3} + H_2O$$

$$XPd\cdots\|\begin{smallmatrix}OAc^-\\CH_2\\CH_2\end{smallmatrix} \longrightarrow XPd-\begin{smallmatrix}OAc\\|\\CH_2\end{smallmatrix} \xrightarrow{\beta\text{-脱離}} \underset{X}{\overset{H}{>}}Pd\cdots\|\begin{smallmatrix}OAc\\CH\\CH_2\end{smallmatrix} \longrightarrow \begin{array}{c}H_2C=CHOAc\\+\\[HPdX]\end{array}$$

　　　　　　　　　　β-アセトキシエチル　　　　　　　　　　　　　　　　　　(X = Cl$^-$, AcO)
　　　　　　　　　　錯体

　酢酸ビニルは合成繊維，接着剤，塗料などの原料として大量に製造されている。ビニロ

ンの商品名で知られるポリビニルアルコール系繊維は，酢酸ビニルを原料として製造される。反応は，酢酸ビニルを付加重合してポリ酢酸ビニルとし，これをケン化してポリビニルアルコールにする。これにホルマリンを作用すると，2個のOH基がメチレン結合(-CH$_2$-)で結ばれて環構造をつくり，水に不溶性となる。この反応をアセタール化とよび，生成したポリビニルアセタールを一般に「ビニロン」と呼んでいる。

$$CH_2=CHOCOCH_3 \xrightarrow{\text{付加重合}} -CH_2-CH-CH_2-CH- \xrightarrow{\text{ケン化}} -CH_2-CH-CH_2-CH-$$
酢酸ビニル　　　　　　　　　　　　　　　OCOCH$_3$　　OCOCH$_3$　　　　　　　　OH　　　OH
　　　　　　　　　　　　　　　　　　　　　　ポリ酢酸ビニル　　　　　　　　　　　　　ポリビニルアルコール

$$\xrightarrow[\text{HCHO}]{\text{アセタール化}} -CH_2-CH-CH_2-CH-CH_2-CH-$$
　　　　　　　　　　　　　　　　　OH　　O　　　O
　　　　　　　　　　　　　　　　　　　　　＼／
　　　　　　　　　　　　　　　　　　　　　CH$_2$
　　　　　　　　　　　　　　　　　　　ビニロン

ビニロンは親水基である-OH基を分子内に有するため適当な吸水性を持ち，また分子間で水素結合を形成するため強度や耐摩耗性にも優れ，保温力が大きいため衣料用に好適であり，またロープや漁網にも使用される。

5) 水和反応（エタノール合成）　エタノールは発酵法により作られていたが，工業的用途が急増し，エチレンの水和によって大量に製造されている。

エチレンを濃硫酸に吸収させ，硫酸エチルにしてこれを加水分解する方法（硫酸法）がある。この方法は，低濃度のエチレンも使用可能であるが，硫酸による腐食や希硫酸の濃縮などのエネルギーコストが大きい。またジエチルエーテルなどが副生する。

$$CH_2=CH_2 \longrightarrow CH_3CH_2OSO_3H$$
　　　　　　　　　　　硫酸エチル

$$CH_3CH_2OSO_3H + H_2O \longrightarrow CH_3CH_2OH + H_2SO_4$$
　　　　　　　　　　　　　　　　　　　　エタノール

そのため，触媒を用いる直接水和法が行われている。気相で固体酸の存在下，エチレンと水蒸気を直接反応させてエタノールを合成する方法であり，反応条件は300℃，70 atmである。触媒にはリン酸をケイソウ土に含浸させた固体リン酸が広く利用されている。またジエチルエーテルの副生も少なく，この触媒法が主流になっている。

$$CH_2=CH_2 + H_2O \xrightarrow[\text{固体酸}]{300℃, 70\text{ atm}} CH_3CH_2OH$$

エタノールは合成化学原料や溶剤などの化学工業用，飲食料品工業用，消毒用などの薬局用試薬，液体燃料としての利用など用途はきわめて広い。

(2) プロピレンから得られる石油化学製品

プロピレンを原料として製造される石油化学製品もきわめて多い。図5.29にプロピレンを原料として製造される主な石油化学製品の系統図を示す。以下，エチレンの場合と同様，1) 重合，2) アルキル化，3) 塩素化，4) 酸化，5) アリル酸化・アンモ酸化，6) ヒドロホルミル化，7) 水和反応について順次のべる。

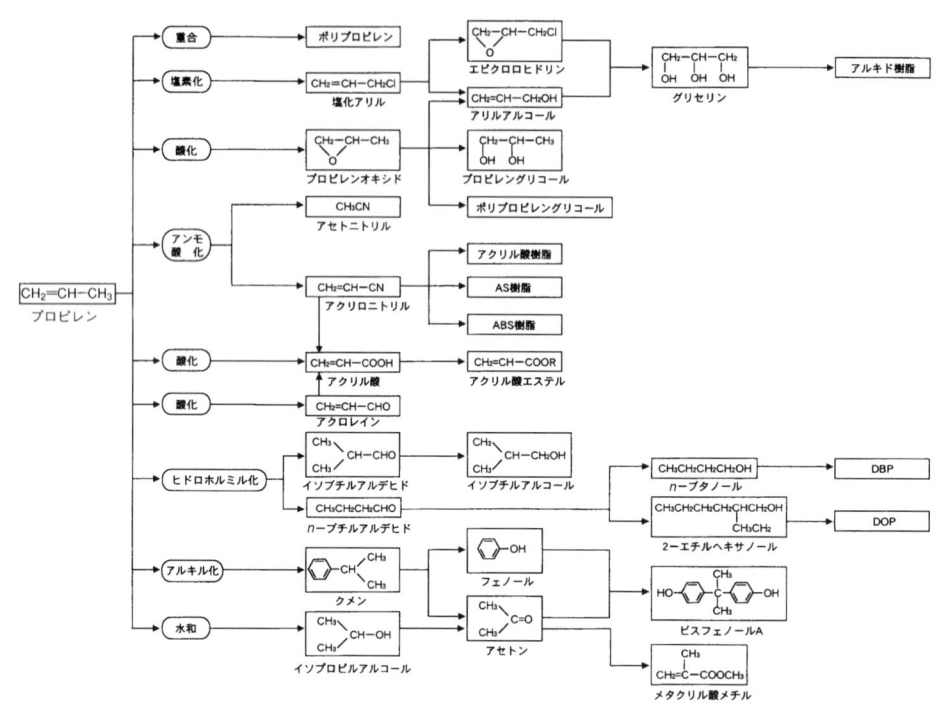

図5.29 プロピレンから得られる石油化学製品

1) **重　合**　プロピレンを重合するとポリプロピレンが得られる。

$$CH_3-CH=CH_2 \xrightarrow{Al(C_2H_5)_3-TiCl_3} -CH_2-CH-CH_2-CH-CH_2-CH-$$
$$\qquad\qquad\qquad\qquad\qquad\qquad\quad | \qquad\quad | \qquad\quad |$$
$$\qquad\qquad\qquad\qquad\qquad\qquad\;\, CH_3 \quad\; CH_3 \quad\; CH_3$$

プロピレンのような置換基を持つモノマーを重合すると，図5.30に示すような置換基の立体配置の異なる3種ポリマーの混合物が生成する。(a)はメチル基が主鎖平面に対して同じ側に位置するアイソタクチック構造，(b)はメチル基が主鎖平面に対して交互に位置するアタクチック構造，(c)はメチル基が主鎖平面に対して規則性なく位置するシンジオタクチック構造とそれぞれ命名されている。

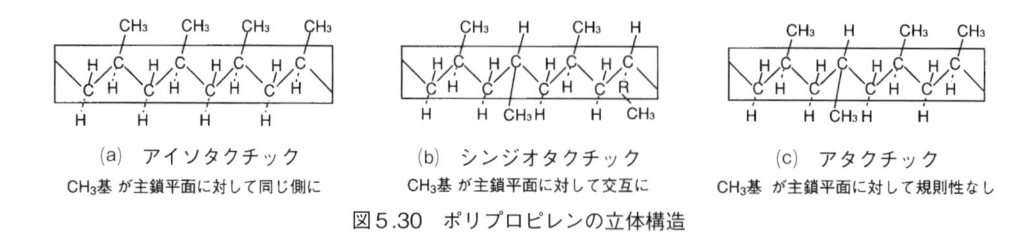

(a) アイソタクチック
CH_3基が主鎖平面に対して同じ側に

(b) シンジオタクチック
CH_3基が主鎖平面に対して交互に

(c) アタクチック
CH_3基が主鎖平面に対して規則性なし

図5.30 ポリプロピレンの立体構造

G.ナッタはエチレン重合に用いられるチーグラー触媒 $Al(C_2H_5)_3$-$TiCl_4$) の $TiCl_4$ を $TiCl_3$ に調製した $Al(C_2H_3)_3$-$TiCl_3$ 触媒を用いてプロピレンを重合すると，非常に結晶性

のよいポリプロピレンが得られることを見い出した。これを X 線で構造解析した結果，図 5.31(a) に示すようにポリマー中の CH_3 基が同じ立体配置を持つため結晶性のよいことがわかった。$Al(C_2H_5)_3$-$TiCl_3$ 系をチーグラー・ナッタ触媒と呼んでいる。

ポリプロピレンはポリエチレンについで生産量の多い石油化学製品で，その性質はポリエチレンと良く似ており，用途は同じであるが，ポリエチレンに比較して耐熱性が高く，機械的強度にすぐれているため，幅広く利用されている。

2) アルキル化　工業的に重要なプロセスはプロピレンとベンゼンからクメン（イソプロピルベンゼン）の合成である。クメンはフェノールとアセトンの合成中間体であり，大量に製造される。クメンの合成は，エチルベンゼンの場合と同様に，フリーデル・クラフツ触媒を用いる液相法と固体リン酸やゼオライトを触媒に用いる気相法があるが，工業的プロセスには気相法が採用されている。主な反応条件を以下のようである。

　　触媒　固体リン酸，ゼオライトなどの固体酸　温度　120～180℃，
　　圧力　20～40 atm，ベンゼン／プロピレン比　3～5 mol

この反応はエチレンに比べプロピレンの反応性が高いため，条件が温和であり，さらに高次アルキル化を防ぐためベンゼンが過剰に供給されている。つづいてクメンを空気酸化するとクメンヒドロペルオキシドが得られる。この際，酸化反応の促進と副生する有機酸を中和するためにアルカリが添加される。生成したクメンを酸で処理すると容易に分解し，フェノールとアセトンが得られる。この方法はクメン法とよばれ，フェノールとアセトンの工業的製法である。

フェノールの用途はフェノール樹脂とビスフェノール A の製造が主であるが，染料，農薬，医薬などの合成原料としても重要である。

フェノール樹脂は，フェノールとホルムアルデヒドが酸触媒の存在下，付加と縮合を繰り返したノボラックを作り，これに硬化剤のヘキサメチレンテトラミンを添加し，加熱成形して得られる。フェノール樹脂は耐熱性，耐薬品性であり，「ベークライト」とも呼ばれ，電気の絶縁材料や化粧板などに用いられる。

ビスフェノール A はフェノールとアセトンを酸触媒で縮合して得られる。ビスフェノール A はエポキシ樹脂やポリカーボネート樹脂原料として重要である。

$$2\,HO\text{-}C_6H_4\text{-}H + O=C(CH_3)_2 \xrightarrow{H_2SO_4 \text{ または } HCl} HO\text{-}C_6H_4\text{-}C(CH_3)_2\text{-}C_6H_4\text{-}OH \quad (\text{ビスフェノール A})$$

3) **塩素化** プロピレンを塩素化すると，低温では付加反応が優先してジクロロプロパンが生成するが，高温になるにつれてメチル基への塩素化が起こるようになる。特に 500 ℃ ではメチル基への置換反応が定量的に進行し塩化アリルが得られる。

$$CH_2=CH\text{-}CH_3 + Cl_2 \xrightarrow{500\,^\circ C} CH_2=CH\text{-}CH_2Cl + HCl \quad (\text{塩化アリル})$$

付加生成物は 1,2-ジクロロエタン（EDC）と異なり工業的利用は少ないが，塩化アリルはエピクロロヒドリンの中間原料であり，エピクロロヒドリンはエポキシ樹脂やグリセリンの原料として重要である。

$$CH_2=CH\text{-}CH_2Cl + HOCl \longrightarrow CH_2(Cl)\text{-}CH(OH)\text{-}CH_2Cl + CH_2(OH)\text{-}CH(Cl)\text{-}CH_2Cl$$
（次亜塩素酸）　　　　　　　　　　　　　　　　　　　　グリセリンジクロロヒドリン

$$2\,CH_2(Cl)\text{-}CH(OH)\text{-}CH_2Cl + Ca(OH)_2 \longrightarrow 2\,CH_2\text{-}CH\text{-}CH_2Cl\ (\text{エポキシド}) + CaCl_2 + 2H_2O$$
　　　　　　　　　　　　　　　　　　　　　　　　エピクロロヒドリン

$$CH_2\text{-}CH\text{-}CH_2Cl\,(\text{エピクロロヒドリン}) + 2H_2O \longrightarrow CH_2(OH)\text{-}CH(OH)\text{-}CH_2(OH) + HCl$$
　　　　　　　　　　　　　　　　　　　　　　　　　　　　グリセリン

4) **酸　化** 主な酸化生成物はプロピレンオキシド，アクリル酸，アクリロニトリルであり，これらを原料として多くの誘導体が合成される。

プロピレンオキシド　① H_2O_2 による直接酸化法　プロピレンオキシドはエチレンオキシドと同様の構造であるが，プロピレンを酸素で直接酸化するとメチル基の酸化も起こってアクロレインの副生が多い。しかし，近年では過酸化水素によって，チタノシリケート触媒を用いる液相法によって，プロピレンを直接酸化するプロピレンオキシドの製造が行なわれるようになっている。

$$CH_3CH=CH_2 + H_2O_2 \xrightarrow{Ti\text{-}Si} CH_3\text{-}CH\text{-}CH_2\,(\text{エポキシド}) + H_2O$$

② **クロロヒドリン法**　大過剰の水の存在下，20～60 ℃ で Cl_2 とプロピレンを撹拌

しながら吹き込む。Cl_2とH_2O間でHOClとHClの平衡混合物が生成し，HOClがプロピレンと反応する。α-，β-クロロヒドリン混合物（9:1）が生成し，これに$Ca(OH)_2$を加えて脱塩化水素反応を行いプロピレンオキシドを得る。反応経路を次式に示す。なお，$Ca(OH)_2$はHClの中和と脱HClの作用をしている。

$$Cl_2 + H_2O \longrightarrow HOCl + HCl$$

$$2CH_3CH=CH_2 + 2HOCl \longrightarrow \underset{\underset{OH}{|}}{CH_3CH}CH_2Cl + \underset{\underset{Cl}{|}}{CH_3CH}CH_2OH$$
クロロヒドリン

$$\xrightarrow{Ca(OH)_2} 2CH_3CH\!\!-\!\!\underset{\underset{O}{\diagdown\diagup}}{CH_2} + CaCl_2 + 2H_2O$$
プロピレンオキシド

③　**間接酸化法**　この方法は過酸化物を酸化剤とし，プロピレンを間接的にエポキシ化する反応で，対応するアルコールが同時に生成する。酸化剤にはエチルベンゼンやイソブタンの過酸化物を用いるプロセスが工業化されている。エチルベンゼン法の反応経路を示す。

C₆H₅-CH₂-CH₃ $\xrightarrow[150℃, 5気圧]{O_2}$ C₆H₅-CH(OOH)-CH₃
エチルベンゼンハイドロパーオキシド

$\xrightarrow[H_2MoO_4]{CH_3-CH=CH_2}$ C₆H₅-CH(OH)-CH₃ + CH₃-CH—CH₂(O)

1-フェニルエチルアルコール　　プロピレンオキシド

C₆H₅-CH(OH)-CH₃ $\xrightarrow[250℃]{TiO_2-Al_2O_3}$ C₆H₅-CH=CH₂ + H₂O
スチレン

エチルベンゼン法ではエチルベンゼンの自動酸化による過酸化物の生成，プロピレンのエポキシ化によるプロピレンオキシドの合成，副生したアルコールの脱水によるスチレンの合成の3工程からなっている。このプロセスではプロピレンオキシドの他にポリスチレンの原料であるスチレンモノマーが合成できるため工業的プロセスとして成り立っており，ハルコン（Halcon）法とよばれている。

プロピレンオキシドは次のように水和により容易にプロピレングリコールに誘導され，ポリウレタン原料，食品添加剤，化粧品原料として使用される。

$$CH_3CH\!\!-\!\!\underset{\underset{O}{\diagdown\diagup}}{CH_2} + H_2O \xrightarrow{水和} CH_3-\underset{\underset{OH}{|}}{CH}-\underset{\underset{OH}{|}}{CH_2}$$
プロピレングリコール

また，リン酸リチウムを触媒とし，気相で加熱すると異性化して次式に示すように，アリルアルコールが得られ，これに過酸化水素付加するとグリセリンになる。

$$CH_3CH-CH_2 \xrightarrow[250\,℃]{Li_3PO_4} CH_2=CH-CH_2OH \xrightarrow{H_2O_2} \underset{OH\ \ OH\ \ OH}{CH_2-CH-CH_2}$$
$$\ O \phantom{\xrightarrow[250\,℃]{Li_3PO_4}}\ \text{アリルアルコール}$$

5) **アリル酸化とアンモ酸化**　プロピレンを部分酸化すると，メチル基が酸化されてアクロレインが生成する。一方，アンモニアの存在下で酸化するとメチル基がシアノ基に変わり，アセトニトリルが生成する。これらの反応は Standard Oil of Ohio（SOHIO）社が酸化触媒として Bi_2O_3-MoO_3 系の複合酸化物触媒の開発により可能になった反応で，それぞれアリル酸化およびアンモ酸化とよばれ，それぞれアクリル酸とアクリロニトリルの工業的製法となっている。

アクリル酸　アクリル酸は，従来，アセチレンのカルボニル化法およびアクリロニトリルの加水分解法により合成されていたが，現在はプロピレンのアリル位の水素を引きぬくアリル酸化法が開発されている。

この方法は式に示すように，プロピレンからアクロレインを経由してアクリル酸に酸化するもので，二段酸化法とよばれている。この反応では触媒の作用が重要であり，Mo-Bi 系酸化物と Mo-V 系酸化物にそれぞれ多くの金属を添加した複合酸化物が触媒として用いられている。

$$CH_2=CH-CH_3 \xrightarrow[MoO_3\text{-}Bi_2O_3]{280\sim350\,℃} CH_2=CH-CHO \xrightarrow[MoO_3\text{-}V_2O_5]{250\sim300\,℃} CH_2=CH-COOH$$
$$\phantom{CH_2=CH-CH_3 \xrightarrow[MoO_3\text{-}Bi_2O_3]{280\sim350\,℃}}\ \text{アクロレイン}\phantom{\xrightarrow[MoO_3\text{-}V_2O_5]{250\sim300\,℃}}\ \text{アクリル酸}$$

アクリル酸はメチル，エチル，ブチル，2-エチルヘキシルアルコールとエステル化し，アクリル酸エステルとして用いられる。アクリル酸およびそのエステル類は樹脂，塗料，接着剤などの原料として多くの用途がある。特に紙おむつなどに用いられる高吸水性樹脂の用途は急増している。

アクリロニトリル　アクリロニトリルはアセチレンに HCN を付加して製造されていたが，プロピレンをアンモニア存在下，一段で空気酸化するアンモ酸化法（SOHIO 法）が開発され，現在はこの方法により製造されている。プロピレンのアンモ酸化によるアクリロニトリルの合成を式に示す。

$$CH_2=CH-CH_3 + NH_3 + \tfrac{3}{2}O_2 \longrightarrow CH_2=CH-CN + 3H_2O$$
$$\phantom{CH_2=CH-CH_3 + NH_3 + \tfrac{3}{2}O_2 \longrightarrow}\ \text{アクリロニトリル}$$

（副反応）
$$CH_2=CH-CH_3 + 3NH_3 + 3O_2 \longrightarrow 3HCN + 6H_2O$$
$$\ \text{シアン化水素}$$

$$CH_2=CH-CH_3 + \tfrac{3}{2}NH_3 + \tfrac{3}{2}O_2 \longrightarrow \tfrac{3}{2}CH_3-CN + 3H_2O$$
$$\phantom{CH_2=CH-CH_3 + \tfrac{3}{2}NH_3 + \tfrac{3}{2}O_2 \longrightarrow}\ \text{アセトニトリル}$$

この反応は等モルのプロピレンとアンモニアおよび 1.5 倍モルの O_2 混合ガスを流動層反応器で行われるが，最も重要な因子はアクリル酸と同様に触媒である。触媒はシリカ担体に金属酸化物を担持した粉体で，金属酸化物には Mo-Bi 系や Fe-Sb 系が用いられる。その他に助触媒として Co，Ni，Mg など多くの成分が添加され，高活性，高選択性が維持されている。また，この反応では式に示す副反応が生じ，アクリロニトリル 1000 kg に

つき HCN 140～180 kg, アセトニトリル 30～40 kg が副生する。アセトニトリルは溶剤として利用される。

アクリロニトリルの主な用途は合成繊維, 合成ゴム, 合成樹脂原料で 80 % 以上を占めるが, 各種合成中間体としても利用される。

メタアクリル酸　HCN をアセトンに付加してアセトンシアンヒドリンとし, これを加水分解してメタクリル酸アミドを合成する。

これを次のようにメチルエステル化して得られるメタクリル酸メチルの重合物（ポリメタクリル酸メチル）は透明性, 光安定性, 接着性などに優れ, 有機ガラスとして自動車や航空機の風防ガラスに用いられており, また人工歯や医療器材など多くの用途がある。

$$CH_3\overset{O}{\overset{\|}{C}}CH_3 + HCN \xrightarrow{\text{アルカリ触媒}} CH_3\underset{CN}{\overset{OH}{\underset{|}{\overset{|}{C}}}}CH_3 + H_2SO_4 \longrightarrow$$
アセトン　　　　　　　　　　　　　　　　アセトンシアンヒドリン

$$CH_2=\underset{CONH_2}{\overset{CH_3}{\underset{|}{\overset{|}{C}}}}\cdot H_2SO_4 + CH_3OH \longrightarrow CH_2=\underset{COOCH_3}{\overset{CH_3}{\underset{|}{\overset{|}{C}}}} + NH_4HSO_4$$
メタクリル酸アミド硫酸塩　　　　　　　　　メタクリル酸メチル

6) **ヒドロホルミル化反応（オキソ法）**　触媒の存在下, 高温, 高圧のもとで, プロピレンに CO と H_2 を付加させると, ブチルアルデヒドとイソブチルアルデヒドが生成する。さらに水素化するとブチルアルコールとイソブチルアルコールが得られる。

$$CH_2=CH-CH_3 + CO + H_2 \begin{cases} CH_3CH_2CH_2CHO \longrightarrow CH_3CH_2CH_2CH_2OH \\ \quad\quad n\text{-ブチルアルデヒド} \quad\quad\quad\quad n\text{-ブタノール} \\ CH_3CHCH_3 \longrightarrow CH_3CHCH_3 \\ \quad\quad | \quad\quad\quad\quad\quad\quad\quad | \\ \quad\quad CHO \quad\quad\quad\quad\quad\quad CH_2OH \\ \quad\text{イソブチルアルデヒド}\quad\text{イソブチルアルコール} \end{cases}$$

この反応はオレフィンに対して CO と H_2 を付加し, 炭素数が 1 個多いアルデヒドにするもので, ヒドロホルミル化反応またはオキソ反応とよばれている。

石油化学工業において非常に重要な反応で, C2～C15 のオレフィン類がヒドロホルミル化によりアルデヒドを経由してアルコールに変換され, 可塑剤や洗剤用の原料になる。プロピレンから作られる n-ブチルアルコールと n-ブチルアルデヒドとのアルドール縮合で得られる 2-エチルヘキサノールは可塑剤原料として大量に製造されている。

ヒドロホルミル化反応では触媒が n/iso の生成割合や反応条件に大きく影響する。当初は Co 触媒が用いられたが, 選択性, 反応条件ともに優れた Rh 触媒が開発された。さらに, Co や Rh 触媒に $P(n\text{-Bu})_3$ や PPh_3 の三級ホスフィンを配位子として添加すると, n/iso 比の選択性が著しく改良されている。なお, この反応では n/iso 比が非常に重要である。これは洗剤用として用いるアルコールが n-体では微生物分解をうけるが, iso-は分解されにくいためである。表 5.19 にヒドロホルミル化反応触媒の特徴を示す。

表5.19 ヒドロホルミル化反応触媒系の定性的な特徴

触 媒	主生成物	反応速度	アルデヒド選択性	n/iso 比	反応条件	
					温度（℃）	圧力（MPa）
Co	－CHO	中	中	～4	100～200	>20
Co-P $(n$-Bu$)_3$	－CHO, －OH	低	低	～7	160～200	～10
Rh	－CHO	非常に速い	非常に高い	1	100～130	20
Rh-PPh$_3$	－CHO	速い	非常に高い	～15	90～120	<2.5

7) 水和反応　プロピレンの水和反応では　イソプロパノールだけが生成し，n-プロパノールは生成しない。エタノールの製法と同じく，硫酸法と触媒法がある。なお，n-プロパノールはエチレンのヒドロホルミル化反応により得られる。イソプロパノールは消毒用，医薬品，溶剤，合成化学原料など広く利用されている。また脱水素によりアセトンの製造にも使用される。

① 硫酸法　プロピレンを硫酸に吸収して硫酸イソプロピルとし，これを加水分解する方法であり，反応状件は 60～70℃，20～28 atm，75％H_2SO_4である。

$$CH_3CH=CH_2 + H_2SO_4 \xrightarrow[20\sim28\,\text{atm}]{60\sim70\,℃} \underset{\text{硫酸イソプロピル}}{CH_3\underset{OSO_3H}{\overset{|}{C}}HCH_3} \longrightarrow \underset{\text{イソプロパノール}}{CH_3\underset{OH}{\overset{|}{C}}HCH_3} + H_2SO_4$$

この方法による　イソプロパノールの製法は1920年代にStandard Oil社で工業化され，世界最初の石油化学製品として知られている。

② 触媒法　気相で固体リン酸のような酸触媒の存在下，プロピレンと水蒸気を直接反応させる。プロピレンはエチレンに比較して反応性が高いため，低温，低圧で高収率が得られる。

(3) ブタジエンから得られる石油化学製品

1) 重　合　ブタジエンを遷移金属化合物と有機アルミニウム系の触媒を用いて重合すると，シス-1,4-ポリブタジエン得られる。

$$n\text{CH}_2=\text{CH}-\text{CH}=\text{CH}_2 \longrightarrow \underset{\text{シス-1,4-ポリブタジエン}}{{\Large\{}\text{CH}_2\overset{\text{CH}=\text{CH}}{}\text{CH}_2{\Large\}}_n}$$

1,3-ブタジエン　　　　シス-1,4-ポリブタジエン

これは，耐摩耗性，低温特性，反発弾性などに優れ，自動車タイヤやゴム工業用品として利用される。ブタジエンは共重合性にも優れており，次式のようにしてスチレンとスチレン-ブタジエンゴム（SBR），また，アクリロニトリルとアクリロニトリル-ブタジエンゴム（NBR）も共重合により製造されている。

$$n\mathrm{CH_2=CH-C_6H_5} + m\mathrm{CH_2=CH-CH=CH_2} \longrightarrow \mathrm{-[CH_2-CH(C_6H_5)]}_n\mathrm{-[CH_2-CH=CH-CH_2]}_m\mathrm{-}$$

スチレン-ブタジエンゴム

　SBR は合成ゴムのなかで最も生産量が多く，用途は自動車タイヤ，ベルト，一般工業用品など幅広く利用されている。一方，NBR は耐油性に優れており，用途は燃料ホース，パッキング，印刷ロール，安全靴など多種多様である。

　天然ゴムの構造は，イソプレンが重合した cis-1,4-ポリイソプレンである。イソプレンを重合するとプロピレンで示したように，イソプレンの付加形式により，1,2-，3,4-，cis-1,4-，trans-1,4-付加体の混合物が生成する。しかし 1950 年代にチーグラー・ナッタ触媒やアルキルリチウム触媒が開発され，天然ゴムの cis-1,4-ポリイソプレンの構造に近い，立体規則性ポリイソプレンが製造されるようになっている。性質は天然ゴムとほとんど同じで，主な用途は自動車用タイヤやチューブである。

　2) 塩素化　　ブタジエンを高温で気相塩素化すると，1,2-付加体と 1,4-付加体が生成する。1,4-付加体を 1,2-付加体に異性化して脱塩素化するとクロロプレンが得られる。

$$\mathrm{CH_2=CH-CH=CH_2} \xrightarrow[300\,^\circ\mathrm{C}]{\mathrm{Cl_2}} \mathrm{CH_2-CH=CH-CH_2} + \mathrm{CH_2-CH-CH=CH_2}$$
　　　　　　　　　　　　　　　　　　　　　　　Cl　　　　　　Cl　　　Cl　Cl
　　　　　　　　　　　　　　　　　　　　　　　1,4-付加体　　　　　　1,2-付加体

異性化（CuCl 触媒）

$$\mathrm{CH_2-CH-CH=CH_2} \xrightarrow{\mathrm{NaOH}} \mathrm{CH_2=C-CH=CH_2} + \mathrm{HCl}$$
　Cl　Cl　　　　　　　　　　　　　　Cl
　　　　　　　　　　　　　　　　クロロプレン

　クロロプレンを重合したポリクロロプレンゴムは耐熱性，耐油性，耐薬品性に非常に優れており，電線被覆，ベルトコンベア，ガソリンホースなどの工業部品に用いられる。

　3) 酸化　　ブタジエンを酸素雰囲気下，酢酸とアセトキシ化すると 1,4-ジアセトキシブテンが得られる。これを水素化して 1,4-ジアセトキシブタンとし，さらに加水分解して 1,4-ブタンジオールを合成する。触媒には活性炭に Pd-Te 系を担持したものが用いられる。

$$\mathrm{CH_2=CH-CH=CH_2 + 2\,CH_3COOH + \tfrac{1}{2}O_2}$$
$$\longrightarrow \mathrm{CH_3COOCH_2CH=CHCH_2OCCH_3 + H_2O}$$
1,4-ジアセトキシブテン

$$\xrightarrow{\mathrm{H_2}} \mathrm{CH_3COOCH_2CH_2CH_2CH_2OCCH_3}$$
1,4-ジアセトキシブタン

$$\xrightarrow[\mathrm{H_2O}]{\text{加水分解}} \mathrm{HOCH_2CH_2CH_2CH_2OH + 2\,CH_3COOH}$$
1,4-ブタンジオール

1,4-ブタンジオールはポリウレタンやポリブチレンテレフタレート，また高性能溶剤として需要の多いテトラヒドロフラン（THF）などの原料として重要である（6.3.5(1)参照）。

(4) イソブチレンから得られる石油化学製品

1) アルキル化　工業的プロセスはイソブチレンとフェノールから $p\text{-}t\text{-}$ ブチルフェノールと 2,6-ジ-t-ブチルフェノールの合成である。ブチルフェノール類は石油製品や合成ゴムなどの酸化防止剤として利用されている。

2) 酸　化　イソブチレンを触媒の存在下，空気酸化するとメタクリル酸が得られる。この反応は，次式に示すように，メタクロレインを経由してメタクリル酸を合成するもので，二段の酸化反応である。触媒も同様なものが用いられる。

$$\underset{\text{イソブチレン}}{\underset{\text{CH}_3}{\overset{}{\text{CH}_2=\text{C}-\text{CH}_3}}} \xrightarrow[\text{MoO}_3-\text{Bi}_2\text{O}_3]{300\sim400\,^\circ\text{C}} \underset{\text{メタクロレイン}}{\underset{\text{CHO}}{\text{CH}_2=\text{C}-\text{CH}_3}} \xrightarrow[\text{MoO}_3-\text{V}_2\text{O}_5]{270\sim350\,^\circ\text{C}}$$

$$\underset{\text{メタクリル酸}}{\underset{\text{COOH}}{\text{CH}_2=\text{C}-\text{CH}_3}} \xrightarrow{\text{CH}_3\text{OH}} \underset{\text{メタクリル酸メチル}}{\underset{\text{COOCH}_3}{\text{CH}_2=\text{C}-\text{CH}_3}}$$

メタクリル酸は，エステル化してメタクリル酸メチル（MMA）とし，ポリメタクリル酸メチルの原料となる。

3) 水　和　C4留分からブタジエンを回収したブテン混合物を 50～65% H_2SO_4 で処理すると，イソブチレンが吸収される。これを加水分解すると t-ブタノールが得られる。

t-ブタノールは溶媒や石油製品の添加剤などに利用される。

メチル-t-ブチルエーテル（MTBE）合成　イソブチレンとメタノールを酸触媒を用いて反応させると，常温付近の温和な条件でMTBEが生成する（p.196参照）。

(5) n-ブテンから得られる石油化学製品

1) 酸　化　n-ブテンには2-ブテンと1-ブテンの異性体が存在するが，いずれも触媒存在下，高温で空気酸化すると，無水マレイン酸となる。触媒には Al_2O_3 担体に V_2O_5-P_2O_5 を担持したものが用いられており，反応温度は 350～420℃ である。無水マレイン酸はベンゼンの空気酸化によっても製造されている（次節参照）。

$$\begin{matrix}CH_3CH=CHCH_3\\CH_2=CHCH_2CH_3\end{matrix}\Big\} \xrightarrow[2\sim 3\ \text{atm}]{\underset{350\sim 450℃}{O_2,\ V_2O_5}} \text{(無水マレイン酸)} + 3H_2O$$

無水マレイン酸

無水マレイン酸は不飽和ポリエステル樹脂，可塑剤，アルキド樹脂，医薬品などの合成原料として幅広く使用されている。

2) 水 和　C4留分からブタジエンとイソブチレンを回収したC4留分を75％以上のH_2SO_4で処理すると，1-ブテンと2-ブテンが同じ硫酸エステルを与える。これを加水分解すると2-ブタノールとなる。2-ブタノールを脱水素するとメチルエチルケトン（MEK）が得られる。

$$\begin{matrix}CH_2=CHCH_2CH_3\\CH_3CH=CHCH_3\end{matrix}\Big\} \xrightarrow{H_2SO_4} CH_3-\underset{\underset{OSO_3H}{|}}{CH}-CH_2CH_3 \xrightarrow[-H_2SO_4]{H_2O} CH_3-\underset{\underset{OH}{|}}{CH}-CH_2CH_3$$

2-ブタノール

$$CH_3-\underset{\underset{OH}{|}}{CH}-CH_2CH_3 \xrightarrow[400℃]{ZnO} CH_3-\underset{\underset{O}{\|}}{C}-CH_2CH_3$$

メチルエチルケトン（MEK）

(6) ベンゼンから得られる石油化学製品

ベンゼンからはニトロ化，スルホン化，ハロゲン化，アルキル化などにより多くの有機合成誘導体が合成される。図5.31にベンゼンを原料として得られる主な誘導体を示すが，

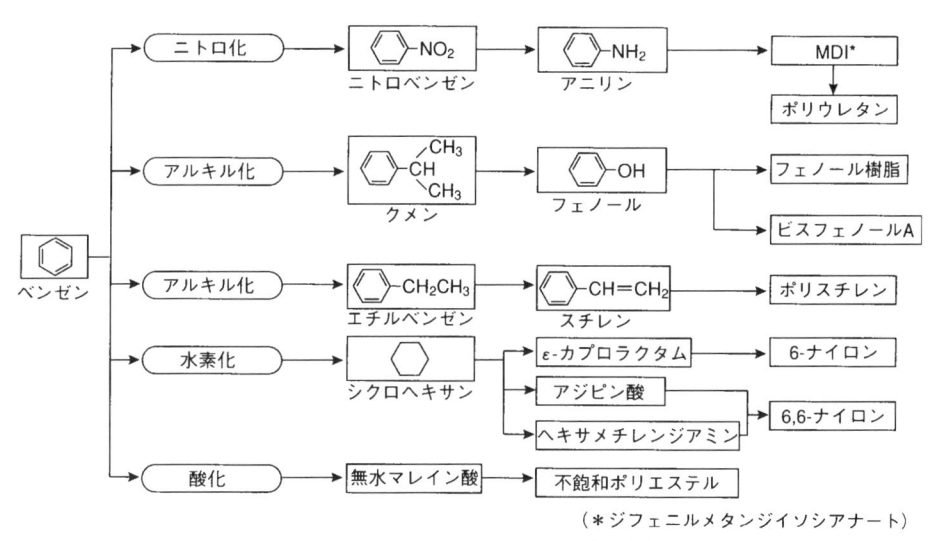

図5.31 ベンゼンから得られる石油化学製品

（＊ジフェニルメタンジイソシアナート）

石油化学工業で重要な反応は先に記したエチルベンゼンとクメンの合成で，ベンゼン需要の70％近くを占めている。大部分はすでにふれているので，ここではその他の重要な反応について記す。

1) **水素化** ベンゼンをニッケル触媒で水素化すると，純度99％以上のシクロヘキサンが得られる。シクロヘキサンは90％以上がナイロンの原料であるカプロラクタムとアジピン酸の製造に用いられる。

$$\text{ベンゼン} \xrightarrow[\substack{150\sim250℃ \\ 25\sim30\text{ atm}}]{Ni/Al_2O_3} \text{シクロヘキサン}$$

ε-カプロラクタムの製法 6-ナイロンの原料である ε-カプロラクタムの製法には多くの方法が開発されている。

① **直接酸化法** シクロヘキサンをコバルト系の触媒を用いて液相で空気酸化すると，シクロヘキサノールとシクロヘキサノンの混合物が生成する。シクロヘキサノールを脱水素してシクロヘキサノンとし，硫酸ヒドロキシルアミンと反応させるとシクロヘキサノンオキシムが得られる（硫酸ヒドロキシルアミンは酸化窒素の還元により合成される）。次に濃硫酸中でベックマン転位によってオキシムからアミドへの異性化が起こり，ε-カプロラクタムが生成する。

$$\text{シクロヘキサン} \xrightarrow[Co^{3+},\ 2\sim10\text{ atm}]{O_2,\ 140\sim160℃} \text{シクロヘキサノール} + \text{シクロヘキサノン} \xrightarrow[-H_2O]{NH_2OH} \text{シクロヘキサノンオキシム} \xrightarrow[\text{Beckmann 転位}]{H_2SO_4} \text{ε-カプロラクタム}$$

$$2NO + 3H_2 + H_2SO_4 \longrightarrow (NH_2OH)_2 \cdot H_2SO_4$$
硫酸ヒドロキシルアミン

② **光ニトロソ化法** シクロヘキサンに水銀灯を照射しながら塩化ニトロシル（NOCl）を反応させると，室温でシクロヘキサノンオキシムが得られる。このプロセスは PNC法（Photonitrosation of Cyclohexane）とよばれ，日本で開発された世界的な技術である。シクロヘキサンオキシムは濃硫酸中でベックマン転位によって ε-カプロラクタムになる。

塩化ニトロシルはアンモニアを酸化して三酸化二窒素とし，これを硫酸で脱水縮合して硫酸水素ニトロシルとし，さらに塩化水素処理によって合成される。

$$\text{シクロヘキサン} \xrightarrow[h\nu,\ -HCl]{NOCl} \xrightarrow{\text{転位}} \text{シクロヘキサノンオキシム} \xrightarrow[\text{Beckmann 転位}]{H_2SO_4} \text{ε-カプロラクタム}$$

$$2NH_3 + 3O_2 \longrightarrow N_2O_3 + 3H_2O$$
　　　　　　　　　　　三酸化二窒素
$$N_2O_3 + 2H_2SO_4 \longrightarrow 2NOHSO_4 + H_2O$$
　　　　　　　　　　　硫酸水素ニトロシル
$$NOHSO_4 + HCl \longrightarrow NOCl + H_2SO_4$$
　　　　　　　　　　塩化ニトロシル

　ε-カプロラクタムの製造工程であるベックマン転位には大量の濃硫酸が用いられ,その中和にNH₃を使用するが,1トンのε-カプロラクタム当り1.7～2.3トンの$(NH_4)_2SO_4$が副生する。そのため近年ではほとんど行われていない。

　③　**ゼオライト触媒法**　現在では,ゼオライトの一種であるZSM-5のAlを含まない形のものを触媒として用い,シクロヘキサノンオキシムのメタノール溶液を250℃に加熱してε-カプロラクタムを選択的に合成する技術がわが国の企業によって開発され稼働している。この場合は,硫酸アンモニウムを全く副生しない。

　アジピン酸とヘキサメチレンジアミンの製法　6,6-ナイロンの原料であるアジピン酸は,シクロヘキサンの液相酸化で得られるシクロヘキサノールとシクロヘキサノンの硝酸酸化により生成する。次にアジピン酸を大過剰のアンモニアで処理するとアジポニトリルが生成し,これを水素化するとヘキサメチレンジアミンになる。

シクロヘキサン $\xrightarrow{O_2}$ シクロヘキサノール(OH) + シクロヘキサノン(=O) $\xrightarrow{HNO_3}$ HOOC–(CH₂)₄–COOH
　　　　　　　　　　　　　　　　　　　　　　　　　　　　　　　　　　アジピン酸

$\xrightarrow[SiO_2, -H_2O]{340℃, NH_3}$ NC–(CH₂)₄–CN $\xrightarrow[Ni 触媒]{H_2}$ H₂N–(CH₂)₆–NH₂
　　　　　　　　　　　アジポニトリル　　　　　　　　ヘキサメチレンジアミン

　シクロヘキサンの液相酸化におけるシクロヘキサノールおよびシクロヘキサノンへの選択率は最大90%である。これに対して,ベンゼンをRu触媒によって選択的水素化してシクロヘキセンとし,これをゼオライト触媒ZSM-5を用いて水和すると,選択率99%でシクロヘキサノールを合成することができる。さらにこれをCu-Zn系触媒で脱水素して99%の選択率でシクロヘキサノンとする技術が,わが国の企業で開発されている。

　ε-カプロラクタムの重合で得られる6-ナイロンやアジピン酸とヘキサメチレンジアミンの重合で得られる6,6-ナイロンのようにアミド結合(-CONH-)の繰り返しで結合している高分子をポリアミドといい,その中で脂肪族鎖を主とするポリアミドを「ナイロン」と呼んでいる。

ε-カプロラクタム $\xrightarrow{開環重合}$ ～—NH(CH₂)₅CONH(CH₂)₅CONH(CH₂)₅CONH—～
　　　　　　　　　　　　　　　　　　　　　　　6-ナイロン

HOOC(CH₂)₄COOH + H₂N(CH₂)₆NH₂ $\xrightarrow[重縮合]{-H_2O}$
アジピン酸　　　　　ヘキサメチレンジアミン

～—CO(CH₂)₄CONH(CH₂)₆NHCO(CH₂)₄CONH(CH₂)₆NH—～
　　　　　　　　　　　　6,6-ナイロン

ナイロンは1930年代にW.カローザースよって開発された非常に馴染み深い合成繊維である。またナイロンは強度，耐熱性，耐油性などに優れるため，自動車部品，機械部品，建材などに幅広く利用されている。

2) **酸化**　ベンゼンを触媒存在下，高温で空気酸化すると無水マレイン酸が得られる。触媒にはV_2O_5-MoO_3が用いられ，反応温度は350～400℃である。この反応では，ベンゼンと空気の混合ガスが接触時間0.1秒で触媒層を通過し，無水マレイン酸に酸化され，同時に多量のCO_2が副生する。

$$\text{C}_6\text{H}_6 + \frac{9}{2}\text{O}_2 \longrightarrow \underset{\text{無水マレイン酸}}{\begin{array}{c}\text{CH-CO}\\ \| \quad\quad\text{O}\\ \text{CH-CO}\end{array}} + 2\text{CO}_2 + 2\text{H}_2\text{O}$$

無水マレイン酸は不飽和ポリエステル樹脂，可塑剤，アルキド樹脂，医薬品などの合成原料として重要である。

3) **アルキル化**　C10～C16程度のn-パラフィンを金属触媒を用いて脱水素し，モノオレフィンとする。ベンゼンとモノオレフィンをHF触媒のもとでアルキル化すると，長鎖のアルキルベンゼンが得られる。

$$n\text{-パラフィン}\begin{cases}\xrightarrow{\text{脱水素}}\text{モノオレフィン}\xrightarrow{\text{ベンゼン}}\text{直鎖アルキルベンゼン}\\ \xrightarrow{\text{塩素化}}\text{クロロパラフィン}\xrightarrow{\text{ベンゼン}}\text{直鎖アルキルベンゼン}\end{cases}$$

これをスルホン化してアルキルベンゼンスルホン酸とし，これをNa塩にしたものが陰イオン性界面活性剤で，ソフトな合成洗剤として広く利用されている。長鎖のアルキルベンゼンは陰イオン性洗剤の原料として大量に製造されている。

$$\text{R-C}_6\text{H}_5 + \text{SO}_3 \longrightarrow \text{R-C}_6\text{H}_4\text{-SO}_3\text{H} \quad (\text{R:アルキル基})$$

$$\text{R-C}_6\text{H}_4\text{-SO}_3\text{H} + \text{NaOH} \longrightarrow \text{R-C}_6\text{H}_4\text{-SO}_3\text{Na}$$

4) **ニトロ化**　ベンゼンをニトロ化した後，還元するとアニリンが得られることは古くから知られている。アニリンは有機合成化学の中間体として非常に重要であるが，最も大きな需要はジフェニルメタンジイソシアネート（MDI）の製造原料である。MDIは，

$$2\,\text{C}_6\text{H}_5\text{-NH}_2 + \text{HCHO} \xrightarrow{\text{HCl}} \underset{\text{ジアミノジフェニルメタン（MDA）}}{\text{H}_2\text{N-C}_6\text{H}_4\text{-CH}_2\text{-C}_6\text{H}_4\text{-NH}_2}$$

$$\xrightarrow{2\text{COCl}_2\,(\text{ホスゲン})} \underset{\text{ジフェニルメタンジイソシアナート（MDI）}}{\text{OCN-C}_6\text{H}_4\text{-CH}_2\text{-C}_6\text{H}_4\text{-NCO}}$$

ポリウレタンの原料となるが，アニリンとホルムアルデヒドの縮合によりジアミノジフェニルメタン（MDA）を合成し，続いてホスゲンを吹き込んで製造する。

(7) トルエンから得られる石油化学製品

トルエンからも医薬品や染料などの出発原料となる多くの有機合成誘導体が合成されているが生産量は少ない。トルエンを原料とする重要な石油化学製品はポリウレタンの主要原料であるトリレンジイソシアナート（TDI）である。

TDI トルエンをジニトロ化した後，水素化によりジアミノトルエンにし，続いてホスゲンを吹き込んで合成される。TDIはさきのMDIと同様ポリオールとの反応によりウレタン結合(-NHCOO-)を有する樹脂が得られる。

ウレタン樹脂はマットレス，保温材，自動車部品，その他多くの需要があり，幅広く利用されている。

(8) キシレンから得られる石油化学製品

キシレンから得られる主要な石油化学製品は，o-キシレンから無水フタル酸，p-キシレンからテレフタル酸のみで，m-キシレンの利用は少ない。しかしテレフタル酸から製造されるポリエチレンテレフタレート（PET）はその優れた特性により，繊維，ボトル，フィルム，その他多くの需要が急増しており，キシレンの生産量はベンゼンの生産量を追いこすほどである。

無水フタル酸 o-キシレンを触媒存在下，高温で空気酸化すると，無水フタル酸が得られる。触媒にはV_2O_5-TiO_2系に助触媒としてアルカリ金属を添加したものが用いられ，反応温度は350〜380℃で，o-キシレンと空気の混合ガスが触媒層を通過して無水フタル酸に酸化され，同時に多量のCO_2が副生する。無水フタル酸はナフタレンを原料としても製造されている。

$$\text{o-キシレン} + 3O_2 \longrightarrow \text{無水フタル酸} + 3H_2O$$

$$\text{ナフタレン} + \frac{9}{2}O_2 \longrightarrow \text{無水フタル酸} + 2CO_2 + 2H_2O$$

　無水フタル酸は塩化ビニル用の可塑剤であるDOPの原料として大量に利用されている。その他にアルキド樹脂，染料などの原料として需要が多い。アルキド樹脂は，無水フタル酸，グリセリン，脂肪酸を重縮合した樹脂で，これを脂肪酸で変性したものがアルキド樹脂塗料である。アルキド樹脂は光沢性，粘着性，耐候性にすぐれた塗料として広く利用されている。アルキド樹脂の基本骨格構造を次に示す。

テレフタル酸（TPA）およびテレフタル酸ジメチル（DMT）　p-キシレンを酸化すると，p-トルイル酸までの酸化は容易に進行する。しかしトルイル酸は溶解性が悪くて析出しやすく，またカルボキシル基が電子吸引性のため2つ目のメチル基の酸化が起こりにくくなる。そこでエステル化してp-トルイル酸メチルとし，条件を厳しくして次の酸化を行うと共に，エステル化によりテレフタル酸ジメチルが得られる。このプロセスは4工程で行われるため4段空気酸化法とも言われる。

　一方，Co，Mnの酢酸塩を触媒とし，NaBrを助触媒として酢酸溶媒中でp-キシレンを空気酸化すると，1段でテレフタル酸が得られる。この反応は酢酸溶媒中で助触媒であるNaBrからHBrが生成し，HBrよりBrラジカルが生成する。Brラジカルは強力な水素引き抜き作用を持っており，メチル基より水素を引き抜き酸化反応が進行する。この場合の触媒およびBrラジカルの作用は次式のように説明されている。

$$\text{ArCH}_3 + \text{Br}\cdot \longrightarrow \text{ArCH}_2\cdot + \text{HBr}$$
$$\text{ArCH}_2\cdot + \text{O}_2 \longrightarrow \text{ArCH}_2\text{O}_2\cdot$$
$$\text{ArCH}_2\text{O}_2\cdot + \text{Co}^{2+} \longrightarrow \text{ArCHO} + \text{OH}^-\cdot + \text{Co}^{3+}$$
$$\text{Co}^{3+} + \text{HBr} \longrightarrow \text{Co}^{2+} + \text{Br}\cdot + \text{H}^+$$
$$\text{ArCHO} + \frac{1}{2}\text{O}_2 \longrightarrow \text{ArCOOH}$$

(Ar：⟨◯⟩—CH₃ または ⟨◯⟩—COOH)

　このプロセスは1段でテレフタル酸が得られることから1段空気酸化法ともよばれ，テレフタル酸合成の主流になっている。

　エチレングリコールとテレフタル酸からポリエチレンテレフタレート（PET）の製法を次に示す。

[Reaction scheme: HOOC–C₆H₄–COOH and H₃COOC–C₆H₄–COOCH₃ + HOCH₂CH₂OH → HOCH₂CH₂OOC–C₆H₄–COOCH₂CH₂OH → (−HOCH₂CH₂OH) → [−OC–C₆H₄–CO–O–CH₂CH₂O−]ₙ　ポリエチレンテレフタレート（PET）]

　ポリエチレンテレフタレート需要の70％が繊維である。ポリエステル繊維は，耐久性に優れ，しわにならず織り目が崩れないなど多くの利点があり，衣類やインテリアなど広い分野に利用されている。また，繊維以外にもボトル容器，写真用フィルム，磁気テープなどの需要も多い。

参考文献

1) 石油学会編，『石油精製プロセス』，講談社（1998）．
2) 石油学会編，『石油化学プロセス』，講談社（2001）．
3) 日本エネルギー学会JOGMEC調査部編，『石油資源の行方―石油資源はあとどれくらいあるのか』，コロナ社（2009）．
4) ジェレミー・レゲット，『ピーク・オイル・パニック―迫る石油危機と代替エネルギーの可能性』，作品社（2006）．
5) 石井吉徳，『石油ピークが来た―崩壊を回避する日本の「プランB」』，日刊工業新聞社（2007）．
6) 石井彰，藤和彦，『世界を動かす石油戦略』，ちくま新書（2003）．
7) 菊池良樹，『上流部門から見た「石油の過去・現在・未来」』，文芸社（2010）．
8) 田口一雄，『石油の成因―起源・移動・集積』，共立出版（1998）．
9) 田口一雄，『石油はどうしてできたのか』，青木書店（1993）．

コラム　化石資源の生産曲線

　アメリカの地質学者 M.King Hubbert（ハバート，1903-1989）が，1956年，テキサス州の原油生産に関して図1のような予測を発表し1970年代初めにピークを迎えると主張した（同時に発表された世界の石炭の生産曲線は4章トビラに示した）。実際，70年代に至って全米の原油生産が予測通りに減少し始め，ハバートによる"オイル・ピーク"理論として認められるようになった。

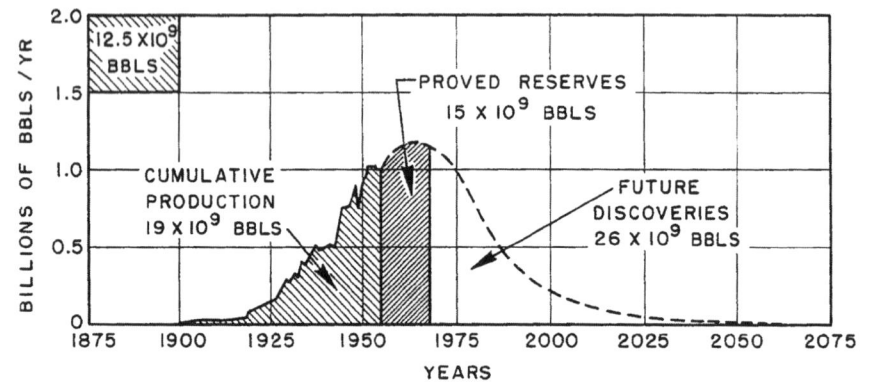

図1　ハーバートによるテキサス州原油に関する生産曲線予測（1956）

　世界全体の原油生産曲線の予測（1971）は5章トビラに示したが，その後，こちらも2005年前後にピークを示すことが現実となっている。石炭ピークに関しては，4.1.2に述べたような理由から，ハバートの予測より百年以上も早まるというのが近年の見透しである。図2のような化石資源の生産曲線・ピークが最近発表されている。天然ガスのピークは2023年となっているが，これは在来型の天然ガスの確認可採埋蔵量をもとにして計算したもので，その量に匹敵あるいは数倍量あるとされる非在来型天然ガス（6.1.3）がカウントされていない。

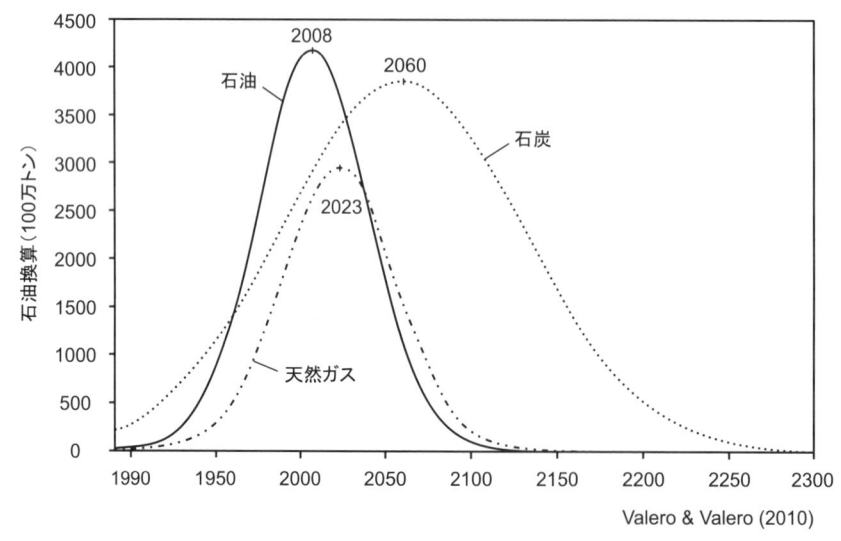

図2　化石資源の生産曲線・ピークに関する最近の予測（2010）

6

天然ガス

6.1 天然ガス資源
6.2 燃料としての利用
6.3 化学工業原料としての利用

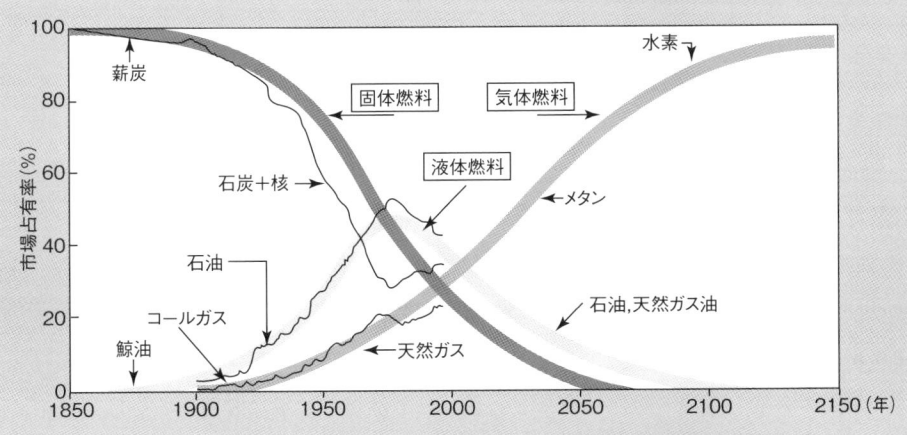

天然ガス会社 GHK 社の R.A.Hefner Ⅲ 会長によるガス燃料時代の予言（2002）
一次エネルギー供給形体（固体・液体・気体）について従来の変遷と将来予測。近年ウラン燃料（原子力）増加が目立つが，近い将来それも減少に転じ，これからのミレニアムは天然ガスさらには水素というガス燃料による循環型社会になると期待をもって予言している。

6.1 天然ガス資源

6.1.1 天然ガスの成因と分類

　天然ガスは，メタンを主成分とする炭化水素資源の総称である。従来知られている天然ガスはいずれも生物が起源であり，図6.1に示したような動植物遺体の分解過程において発生したものである。湖海底に堆積した動植物（多くはプランクトン）の遺体を基に形成された油母（ケローゲン），あるいは植物中のリグニンなどから生じた泥炭（ピート）が，さらに地熱の作用によって分解して石油あるいは石炭となる際に生じたガス成分であり，これらの化石資源とともに存在しているものが大部分である。

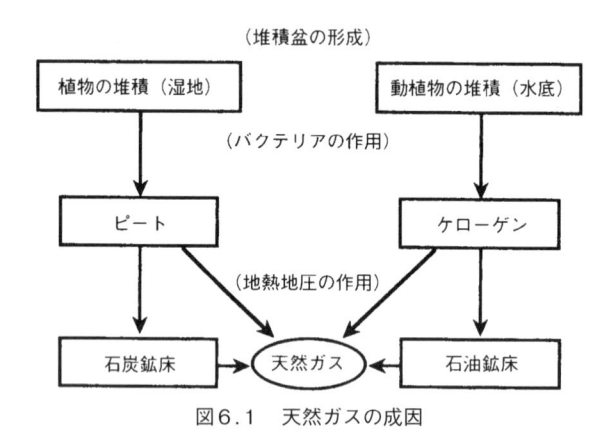

図6.1　天然ガスの成因

　これに対して，非生物（無機）起源のものとして地球深層ガスの存在が調査されている。これは，星雲ガスや太陽系外惑星の大気中にメタンなどの炭化水素が含まれていることから類推して，地球創生期以来のメタンがマントル内に閉じ込められているに違いないという説である（6.1.3(4)参照）。これらと次項に述べる非在来型の天然ガスの地球上での存在を模式的に表したのが図6.2である。

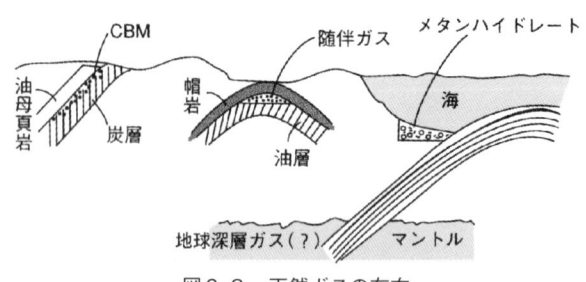

図6.2　天然ガスの存在

　現在利用されている天然ガス（在来型）は，その存在によって次の3つに分類される。
　① 油田ガス　　石油（随伴）ガスとも言われ，油層の上部に貯留あるいは油層中に溶解しているガスで，石油の掘削過程において同時に回収される。世界的に見て，商業的に採取されている天然ガスの大部分を占める。C2〜C4の炭化水素を含み，とくにこれらの含量が多いものを湿性ガスということもある。わが国では，新潟・秋田で産する。

なお，随伴ガスに対して，油層と接していない非随伴ガスのことを構造性ガスということもある。

② 炭田ガス　炭層ガスとも言われ石炭を含む地層から産出するガスで，古代の樹木などが石炭化する過程において発生したガスの一部が，大気中に放散せず砂岩層の亀裂や孔隙に遊離集積したものである。

炭坑内で発生する坑内ガスの主成分はメタンであり，坑内爆発の原因となるので十分な注意を払う必要がある。近年，米国・中国ではこの炭層ガス（CBM）の回収利用が進んでいる（6.1.3参照）。

③ 水溶性ガス　深さ1千m程の地下水層に溶存しているガスの呼称である。地下水を汲み上げることによって，その体積の2倍程度のガスが分離される。太古の海水中の有機物が微生物によって分解されたものと考えられ，ほとんど純粋のメタンであることが特徴で，湿性ガスに対して乾性ガスとも言われる。

わが国では，千葉県茂原市付近で地下水（かん水）を汲み上げ，気液分離によって年間LNG換算で170万tほど生産され地元の都市ガスとして利用されている。世界的にも希少な例である。さらに，かん水からはヨウ素の生産も行われ，チリに次いで世界第2位の生産高で，わが国の数少ない輸出資源である。

6.1.2　資源量と消費量

(1)　埋蔵量

すでに発見されている資源のうち，現在の技術・経済条件のもとに今後利用可能な資源量を可採埋蔵量という。全世界の在来型天然ガスに関する値は145兆m^3で，同じエネルギーが得られる石油量（bbl-OE，石油（バーレル）相当量）に換算すると石油にわずかに及ばない程度である。現在の生産高を基準にして可採年数を計算すると62.5年となる。今後非在来型天然ガス（6.1.3参照）の探査が進めば，この年数は大幅に延長されることが予想できる。

(2)　分　布

天然ガス確認埋蔵量の地域分布を図6.3に示す。原油が65％以上中東に偏在するのに対して，天然ガスの場合は，旧ソ連・欧州（33％），中東（40％）と比較的偏りがなく，

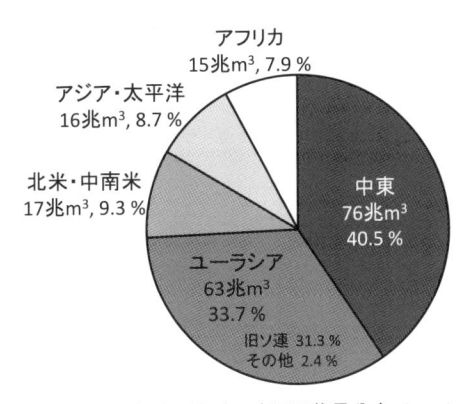

図6.3　在来型天然ガス確認埋蔵量分布（2010）

石油が産出しない地域にも広く分布しているのが特徴である。

わが国にも，新潟県（67 %）・千葉県（19 %）・福島県（10 %）を中心に産出する。新潟のものは油田随伴ガスであり，千葉のものは水溶性ガスである。

(3) わが国の輸入と消費動向

国内の産出量は，わが国の年間消費量の4 %弱にしかならないので，残りは液化天然ガス（LNG, liquefied natural gas）として輸入している。LNGの輸入は1970年代に始まり図6.4のように急激な伸びを見せている。輸入元としては，インドネシア・マレーシア・西オーストラリア・カタールで7割以上の輸入量を占める。

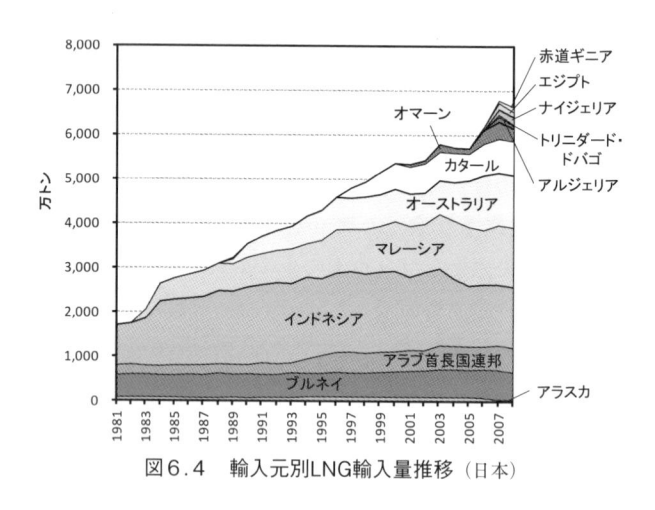

図6.4 輸入元別LNG輸入量推移（日本）

LNG輸入量は，わが国の一次エネルギー供給の伸びと対応して伸びており，近年では一次エネルギー消費量の15 %余りをLNGが占めるに至っている（図6.5）。国内消費のうち，約6割を発電，残りが都市ガスなどとして利用されている。このように，天然ガスが発電に用いられるようになったのは，環境対策のためである（6.2.1参照）。

北米では天然ガス（湿性ガス）にわずかに含まれるC2あるいはC3成分からエチレ

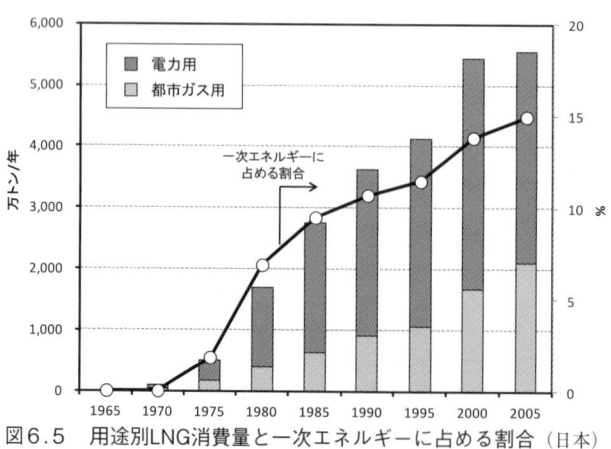

図6.5 用途別LNG消費量と一次エネルギーに占める割合（日本）

ン，プロピレンを製造して石油化学基礎製品原料としているが，わが国では，天然ガスは化学工業品原料としてはほとんど使われていない。天然ガスのようにほぼ単一成分（すなわちメタン）で産出される炭素資源はほかにない。これをもっぱら燃料としてのみ利用するのは理屈に合わないことであり，現代社会にあった新しい天然ガス化学工業のプロセスを開発することが，とくに日本の化学技術者には期待されている。したがって，後述（6.3.4）するように，C1化学あるいはメタン化学に関する研究が盛んである。

6.1.3 非在来型天然ガス
(1) タイトサンドガス，コールベッドメタン，シェールガス

在来型のガスは坑井から自噴するものが多く比較的低コストで収集できるのに対して，これらの非在来型のものは地層に何らかの刺激を与えないと回収できない。以前は経済的に採算がとれるのは難しかったが，天然ガス需要の高まり，ガス価の上昇とともに，主としてアメリカを中心に回収技術が進歩し，図6.6のように，2008年には全米の天然ガス生産量の半分以上を占めるようになった。

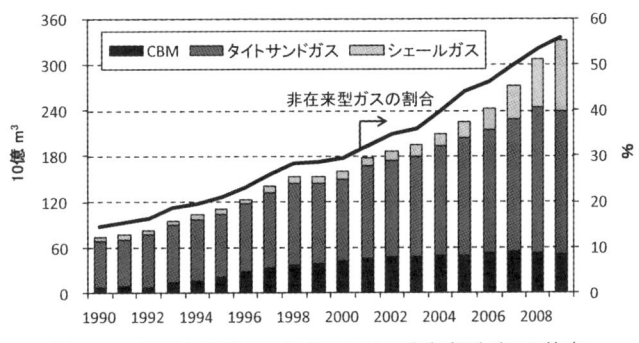

図6.6 米国内天然ガス生産における非在来型ガスの比率

タイトサンド (tight sand) は浸透性の低い砂岩のことで，これを水圧破砕することで閉じ込められていたガスが回収される。アメリカでは石油危機後の1980年代から開発されてきて，近年天然ガス生産量のほぼ20％を占めるに至っている。

コールベッドメタン (Coal Bed Methane, CBM, 炭層メタン) は，石炭層に吸着したメタンのことである（これが炭坑では爆発の原因となる坑内ガスである）。炭層内に飽和している水分を，地上からポンプで減圧し脱水するとメタンも脱離するようになる。アメリカでは，1990年代から開発が進み近年生産が伸びている（図6.6）。新しい試みとしては，回収したガスで発電し，そこで発生したCO_2を炭層に注入することによってメタンガスの回収率を高める増進回収法 (Enhanced Coal Bed Methane Recovery, ECBMR) が進められている（図6.7）。

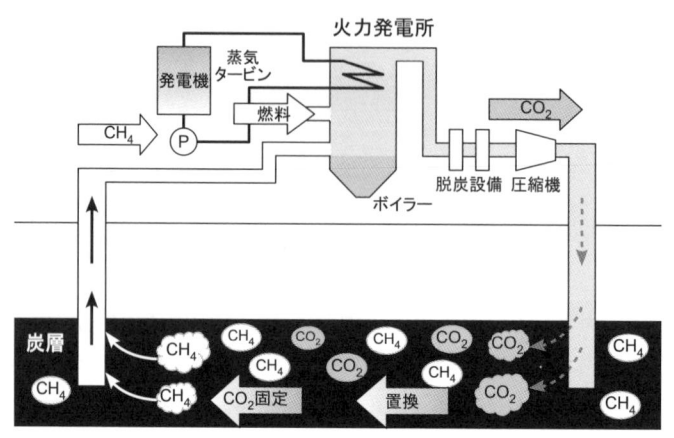

図6.7　ECBMRの概念図

　シェールガス（shale gas）は，薄片状に剥がれやすい泥岩の一種である頁岩（shale）から回収される天然ガスである。頁岩は有機物を多く含み，その分解によって生じたガスが吸蔵されている。2000年代になってから開発が進み，現在はまだ少ないが（図6.6），資源量的には非常に多く，2035年には在来型を含む全天然ガス生産量の45％を占めると予測されている。シェールガスは，世界的に広く分布し，賦存量は図6.8のように非常に多いと期待されている。その総量は，在来型の埋蔵量に匹敵する。

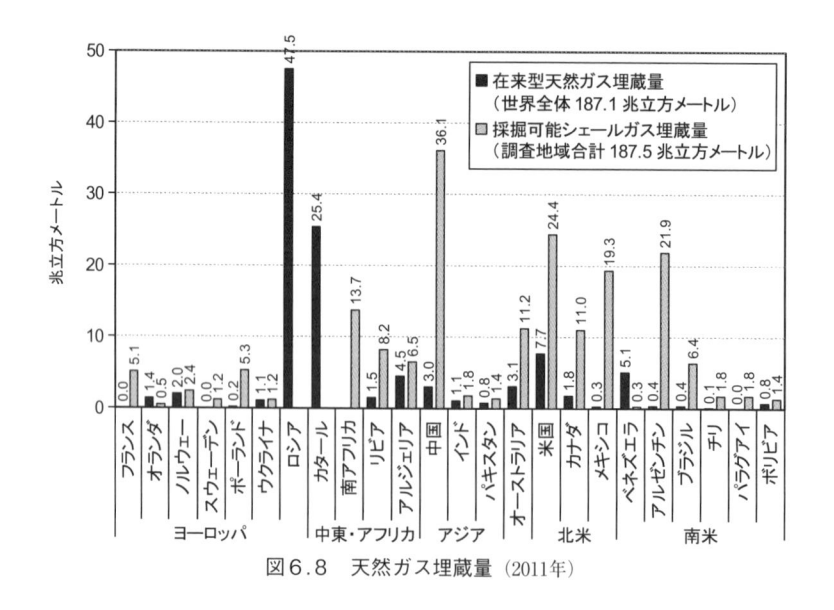

図6.8　天然ガス埋蔵量（2011年）

(2) メタンハイドレート（methane hydrate）

　水分子によってメタン分子が閉じ込められた包接化合物（クラスレート，図6.9）をメタンハイドレートといい，一定の温度・圧力条件下でこれらがいくつか集まって形成される氷状の固体である。この固体は，その体積の164倍もの体積のメタンを包接できる。

メタンハイドレートは，シベリアのような凍土の地中ばかりでなく，世界中の地温地圧条件が合う大陸棚海底下の地層（図6.10(a)）にも存在していることが掘削探査によって判明している。その総埋蔵量は，全世界で20,100兆m³と見積られている。これは在来型天然ガスの究極可採埋蔵量の60倍にもなる莫大な量なので近年にわかに注目を集めている。

わが国の海域においても，図6.10(b)のように南海トラフ，北海道周辺に，わが国の年間天然ガス消費量の百数十年分に相当するメタンが賦存されている。その回収技術の開発が進められている。

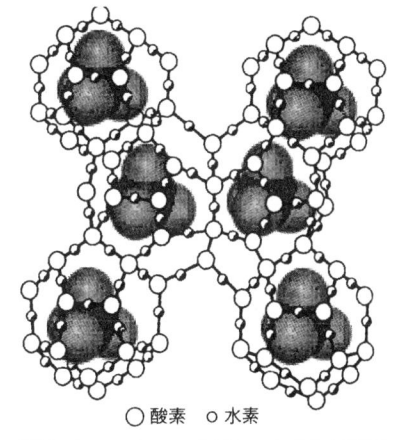

●酸素　○水素

図6.9　メタンハイドレートの包接格子

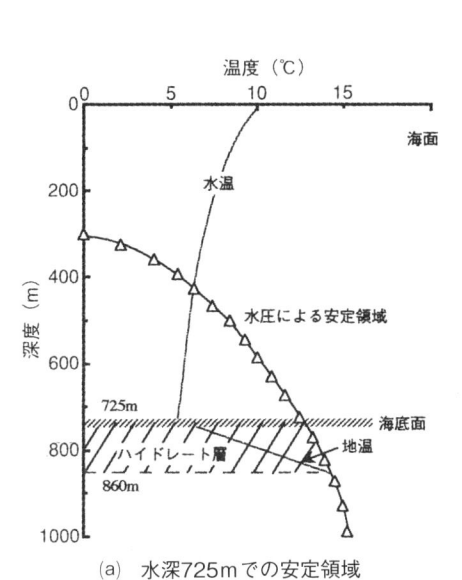

(a) 水深725mでの安定領域　　(b) 日本近海の分布

図6.10　メタンハイドレート

(3) 地球深層ガス

石油・石炭を含めた総化石炭素資源の10万倍量の炭素が地球創生時に地球深層に閉じ込められたメタン（無機起源ガスともいう）として存在しているのではないかという説がある。もしこれが事実であり，資源として利用できるようになれば炭素資源枯渇の問題は遠い将来にわたって解消するはずなので，アメリカ・スウェーデンを中心に調査されているがまだ確証を得るに至っていない。

天然ガスはまだまだ夢のつきない資源であるといえる。

6.1.4 天然ガスの輸送

(1) 液化天然ガス（LNG）

わが国は，海に囲まれている関係から，輸入天然ガスの全量をLNGの海上輸送によっている。液化することによって体積が約1/600になるからである。全世界のLNG年間生産量約6,500万tのうち約4,800万tがわが国の輸入量である。

LNGを輸送するためには，天然ガス田の開発のほかに，① 液化プラント，② LNG輸送船，③ 受入・貯蔵基地と再ガス化プラントなど特殊な設備を建設しなければならない。それらのコストは，原料ガスコストの7～8倍にもなる。

① ガス田からパイプラインで送られてきた原料ガスは，「コンデンセートスタビライザー」でC5以上の重質炭化水素を取り除いた後，「酸性ガス除去設備」でCO_2とH_2Sを除去（それぞれ，100 ppm，＜4 ppm），「脱水設備」で脱水（≪0.1 ppm），「脱水銀設備」で脱水銀（0.01 ppm）されたあと「液化設備」に入る（図6.11）。液化は，メタン・エタン・プロパンの混合冷媒とするコンプレッサーを用いて行われる。

② 極低温（－162℃），低比重（0.4）であり，洩れた場合に引火・爆発の危険があるLNGの輸送船は，原油タンカーより格段と厳しい安全性基準のもとに建造される。

③ 受入基地に貯蔵されたLNGは，需要に応じて海水によって暖め気化されてガス管を通して消費者に供給される。

この際，そのままではLNGの冷熱は海水として捨てられることになるので，LNG冷熱発電，空気の液化分離，冷凍などへの応用が進められている。

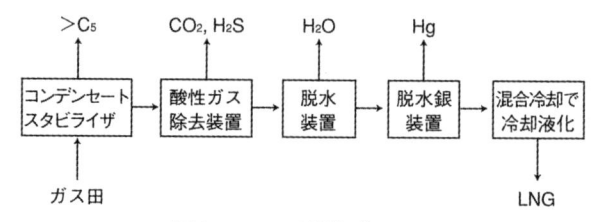

図6.11 LNG製造プロセス

(2) 新しい構想

メタンハイドレートとして輸送する構想もある。天然ガスを水と混ぜ合わせ，体積を1/160に圧縮して貯蔵・輸送しようとするもので，全体の体積はLNGの約4倍となるが，－10℃程度の冷却で製造できるので全体としてコストが削減できると見込まれる。

さらに，エネルギーが安価な採掘地において，メタンを合成ガスあるいはメタノールに転換（いずれも吸熱反応でエネルギーを要する）してから消費地へ輸送しようという発想もある（6.3.5(3)）。

(3) パイプライン

全世界の天然ガス生産量の約2割が国際取引されているが，そのうち4分の3を占めるカナダ→アメリカ，旧ソ連→西欧の輸送がパイプラインによっている（図6.12）。

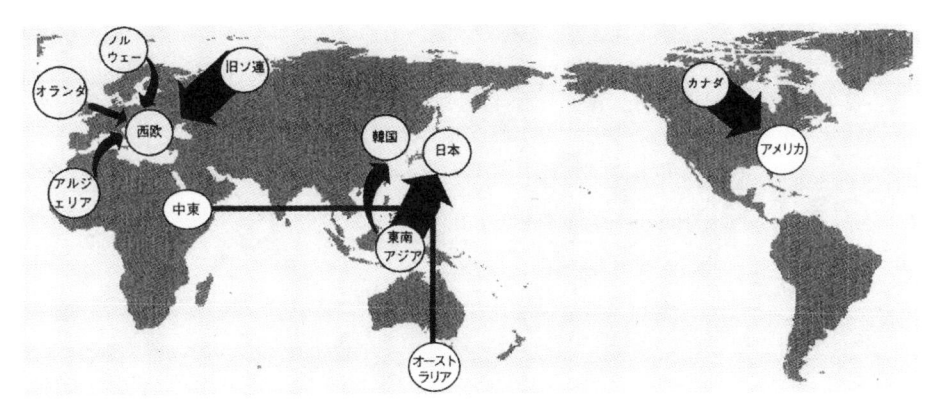

図6.12　世界の天然ガス貿易

　これに対して，わが国は国内輸送に関してもパイプラインの設置が遅れている。大規模ガス田がなかったことや，港湾が大消費地近くにありLNG受入基地をつくることが容易であることがその理由である。しかし，近年サハリン（樺太）あるいは東南アジアから海底パイプラインで天然ガスを輸入する構想とともに国内幹線パイプラインの建設が計画されている（図6.13）。

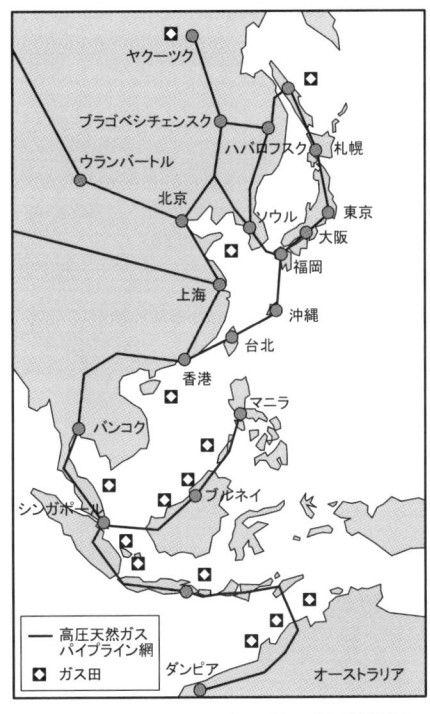

図6.13　アジア・エネルギー共同体構想

6.2 燃料としての利用

6.2.1 燃料としての天然ガスの評価
(1) 資源寿命

今後の世界の一次エネルギー供給の短期的見通しでは，石油の占める割合が減少，天然ガス・石炭の割合が増加すると予想されている。これらの化石資源の長期的見通し（図6.14）によれば，石油は21世紀半ばに枯渇する。天然ガスも在来型のものだけで計算すると22世紀始めには枯渇することになる。しかしながら6.1.3で述べた非在来型天然ガスの開発が本格的に進めば，その寿命はさらに大幅に延長する可能性がある。

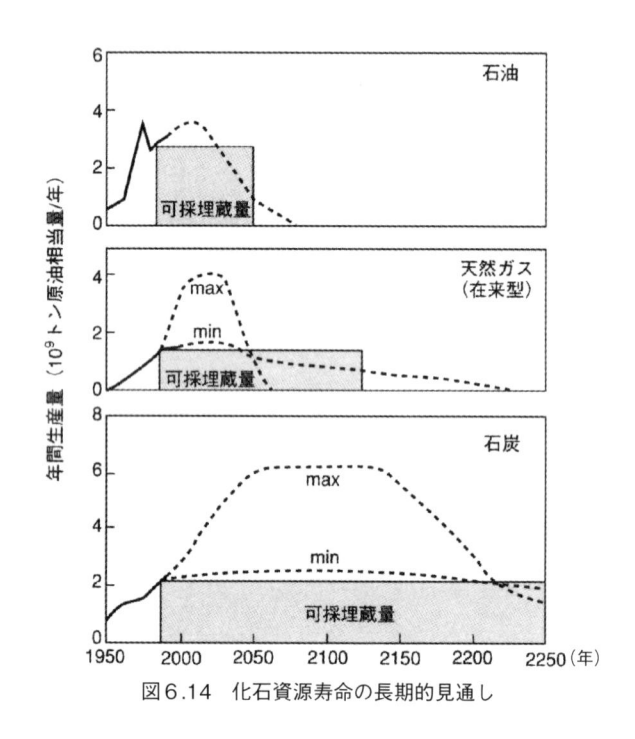

図6.14 化石資源寿命の長期的見通し

(2) 環境性

液化過程において精製されているLNGは，SあるいはN化合物をほとんど含まないので極めて低公害の燃料であると考えられている。さらに，燃焼時のエネルギー発生量あたりのCO_2排出量が，他の化石燃料に比べて小さいと言われている。天然ガスのH/C比（$=4$）が，石油（H/C$\doteqdot$2），石炭（H/C$\doteqdot$1）に比べて大きいからである。

しかし，表6.1に示したように，LNG製造は，採掘・液化工程において石油に比べてはるかに多くのエネルギーを消費し，脱炭酸段階では随伴CO_2を大気中に排出している。また，冷却しながらの海上輸送においても石油の2倍以上のCO_2を放出する。したがって，採掘から燃焼までのCO_2排出量で比較すると，LNGが1～2割少ないだけである。

表6.1　化石燃料のCO_2排出量（g-C換算/4,186 kJ）

ライフサイクル	石　油	天然ガス（LNG）	石　炭
採掘（液化）など	0.27	6.78	3.08
フレア燃焼	0.32	0.58	—
メタン放出 a)	2.36	0.97	6.35
随伴CO_2排出	0.03	2.20	
海上輸送	0.81	2.22	2.79
国内製造	1.86	0.29	
冷熱利用 b)	—	△0.32	—
燃焼	78.1	56.4	103.2
合計（指数）	84 (73)	69 (60)	115 (100)

a) 温暖化係数21として換算，b) 冷熱発電等によるエネルギー獲得

　地球温暖化が深刻になるのは21世紀後半と考えられているが，その頃には，化石燃料のライフサイクルが図6.14の予測通りであれば，石油は燃やしつくされ，天然ガスも枯渇に向かっているはずである。クリーンな燃料だといって局部的に石油から天然ガスに転換しても，長期的・グローバルに見れば最終的な総CO_2排出量は変わらない。こう考えると，地球温暖化対策は，省エネルギーあるいは恒久的なCO_2固定化技術の開発しかないことがわかる。

6.2.2　エネルギー利用の実際
(1)　都市ガス

　都市ガスとしては，古くから石炭の乾留ガス（主成分：水素，メタン，CO）が利用されてきたが，わが国では1952年に石油を原料とするガス製造が開始された。さらに1972年には天然ガスへの転換が始まり，現在では，全国の都市ガス原料の83％が天然ガスとなっている。天然ガスを都市ガスとして利用することは，高エネルギーガスを供給できるばかりでなく，漏洩によるCOガス中毒を防止する効果がある。

　都市ガスは石油に比べて低公害で省エネルギーできるため，産業用ガスとしての需要が伸び，現在では一般家庭用の需要を上回っている。

(2)　LNG発電

　1960年代，重質油火力発電は大気汚染の元凶の1つとして社会問題化され，その対策として，とくにわが国では重油の脱硫技術や排煙脱硫技術が大いに進展した。その一方，クリーンな原料としてLNGの導入が図られ，1970年にはLNG火力発電が開始した。中東紛争による2度の石油危機（1973年と1978年）を経験して一次エネルギー原料の分散・多様化の重要性が認識され，天然ガスの産地は政治的に安定している国々が多いことも考慮された。2000年度には，LNG火力発電所は全国で23箇所あり全発電電力量の24％を占めるに至っているが，その後も増え続けている。また，LNGを気化させるときの膨張力を利用する冷熱発電は15基あり，1％ほど発電出力が向上している。

　LNG火力発電設備としては，従来型のボイラー・蒸気タービン（図6.15）に加えて，

高圧の天然ガスを供給して回転させるガスタービンと排熱回収ボイラーによる蒸気タービンとを組み合わせたコンバインドサイクル型（図6.16）が開発され，従来型の熱効率が30％程度であったものが48％にまで向上した。

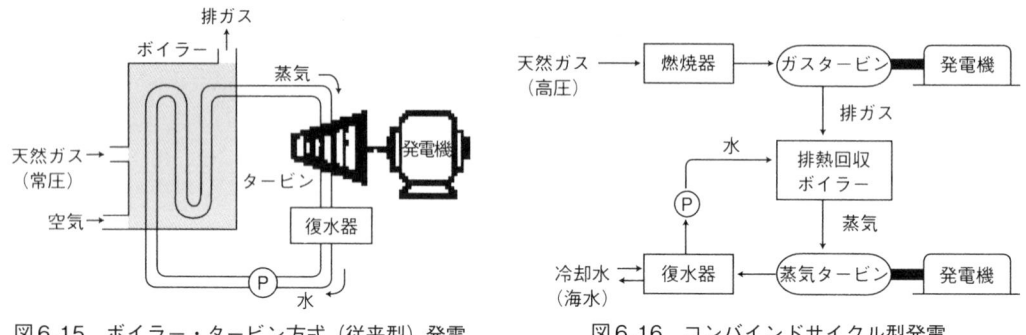

図6.15　ボイラー・タービン方式（従来型）発電　　　図6.16　コンバインドサイクル型発電

(3)　コージェネレーション（cogeneration）

熱電併給システムのことである。発電するには高温のガスあるいは蒸気によってタービンを高速回転させなければならないが，高温度の排熱を生ずるため熱効率は30数％に留まる。そこで排熱の温度に応じて何段階も利用して効率を上げるカスケード利用（図6.17）が考え出され，これにより総合効率が70〜80％にまで達するといわれている。

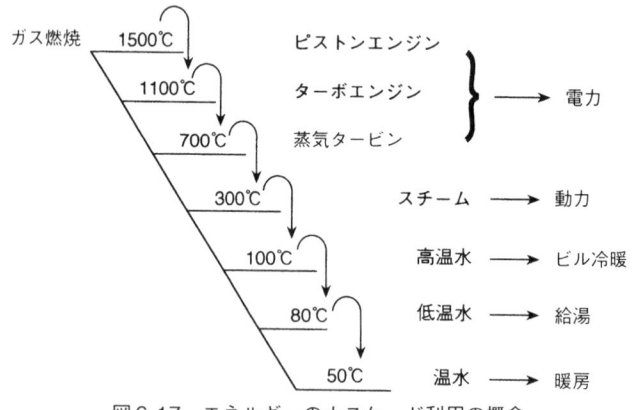

図6.17　エネルギーのカスケード利用の概念

具体的には，都市ガスの燃焼による小型のガスタービンで発電機を回転させ発電すると同時に，排熱を蒸気ボイラーあるいは冷却水を温水として回収し冷暖房，給湯に利用する（図6.18）。これにより従来システムよりCO_2が30％削減できる。熱を遠くまで輸送すると効率の低下が著しいため地域を限定してコージェネレーションシステムが構築され，「地域冷暖房」として近年著しく普及している（図6.19）。

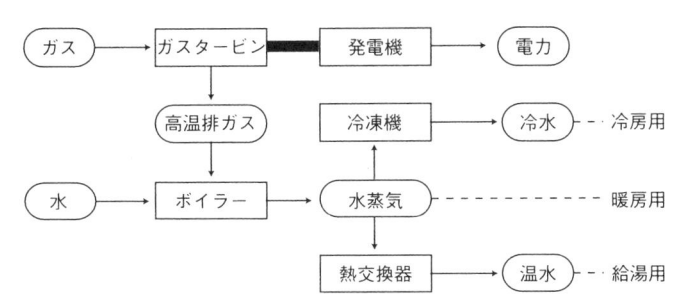

図6.18 熱電併給（コージェネレーション）システムの一例

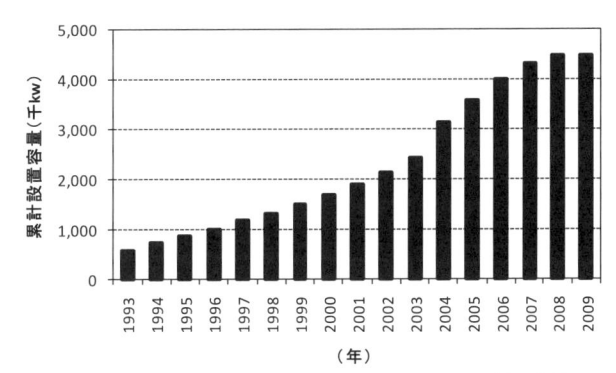

図6.19 ガスコージェネレーションシステムの普及状況

(4) 燃料電池（fuel cell）

燃料電池のアイデア自体は19世紀はじめに遡ることができる。当時水が電気分解されて水素と酸素を与えることが発見され，逆に水素と酸素を反応させれば水と電気が得られるだろうという発想であった。次式のように水の電気分解の逆が燃料電池の原理である。起電力はプロトンの移動によって発生する。

$$\left.\begin{array}{l} \text{anode}\ :\ H_2 \longrightarrow 2H^+ + 2e^- \\ \text{cathode}\ :\ 2H^+ + 1/2O_2 + 2e^- \longrightarrow H_2O \end{array}\right\} H_2 + 1/2O_2 \longrightarrow H_2O$$

還元剤と酸化剤を組み合わせて電気を得るのが通常の電池の原理であるが，燃料電池の場合は，水素（燃料）と酸素（空気）を外部から供給する点が違うところである。これは，燃料を供給し続ける限り電気が発生すること，つまり発電機となることを意味し，これが燃料電池とよばれる所以である（図6.20）。

図6.20 燃料電池の機作

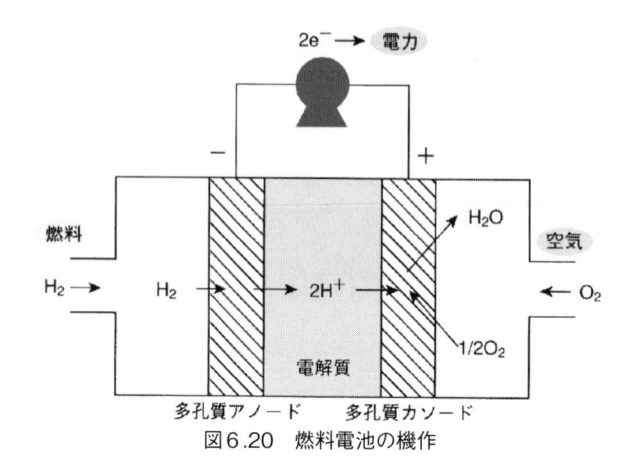

　従来の火力発電が，化学→熱→機械→電気のエネルギー変換を経てタービンを回転させる方式によるため，前述のように非常に低効率（30％程度）であるのに対して，直接，化学→電気エネルギー変換する燃料電池の発電効率は80％近くに達するものもある。さらに，従来のLNG発電よりも環境性に優れていると考えられ，わが国では1980年代から実用試験研究が始まり，現在表6.2にまとめたように電解質によって分類される燃料電池がそれぞれの特徴に応じて実用化されている。

表6.2 燃料電池の種類と特徴

種類	固体高分子型	リン酸型	溶融炭酸塩型	固体酸化物型	アルカリ型
電解質	フッ素系陽イオン交換膜	リン酸	リチウム・カリウム炭酸塩	安定化ジルコニア	水酸化カリウム溶液
媒体イオン	H^+	H^+	CO_3^{2-}	O^{2-}	OH^-
作動温度	約100℃	約220℃	約700℃	約1000℃	約80℃
発電効率	33〜44％	39〜46％	44〜66％	44〜72％	70％
特徴	白金触媒 高コスト	白金触媒 高コスト	低コスト 排熱利用可	低コスト 排熱利用可	小型化 高純度水素
用途	家庭用小型発電	熱電併給	大規模発電向	火力発電代替	宇宙船

　天然ガスを燃料電池の水素源として利用することもでき，実際の発電設備は水素製造のためのメタン改質器を組み合わせたプラントになる（図6.21）。メタンの改質によって製造された合成ガス中のCOの方は燃料として別途発電に利用される。水素源としては，天然ガスのほかにメタノール改質ガス，石炭ガスも用いることができる。化石燃料からクリーンに効率よく発電する決め手として期待されている（4.3.3(4)参照）。

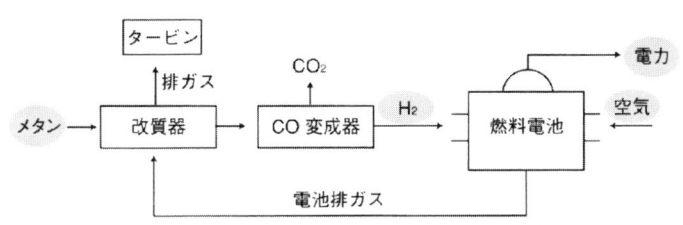

図6.21 メタン改質炉と組み合わせた燃料電池プラント

(5) 天然ガス自動車 (natural gas vehicle, NGV)

自動車燃料として天然ガスを考えた場合，メタンのオクタン価が高くエンジンの燃焼効率を高めることができるメリットがある反面，気体燃料であるため重量のある圧縮容器を車に搭載しなければならないデメリットがある。しかし，とくに粒子状物質を排出しない低公害車として普及が計られ，ゴミ収集車などの公用車を中心に街で見かけられるようになった。

天然ガス自動車のほかに水素自動車，メタノール自動車，電気自動車などの代替エネルギー車が開発されている。それらの排出ガスの環境性，車両性能の優劣をガソリン車と比較した結果を表6.3に示す。今後それぞれの特性を生かした使われ方で普及して行くことが計画されている。

表6.3 各種代替エネルギー車の排出ガスと車両性能の比較

		排出ガス				車両性能	
		NOx	CO/HC	PM (黒煙)	CO_2	出力	航続距離
現行車	ガソリン自動車	0	0	0	0	0	0
	ディーゼル車	－－	0	－－	＋	－	＋
	LPG車	0	0	0	0	－	－
	ハイブリッド車	－	0	－	＋		＋
代替エネルギー車	天然ガス自動車	0	0	0	＋		－－
	メタノール車	0	0	0	0	0	－
	電気自動車	＋＋	＋＋	＋＋	＋＋	－－	－－
	水素自動車	0	＋＋	＋＋	＋＋		
	ソーラーカー	＋＋	＋＋	＋＋	＋＋	－－	－－

ガソリン車基準＝0，＋＋：優れる，＋：やや優れる，－：やや劣る，－－：劣る

6.3 化学工業原料としての利用

6.3.1 メタンの化学的特性

天然ガスの主成分であるメタンの分子構造は，sp^3混成オービタル炭素の正四面体角（109°28′）方向に水素が結合した対称性が極めて高い球状の構造である。そのため，他のアルカンに比べて極めて安定性が高い。このことが，メタンを化学的に変換しようとす

るとき最大の問題点となる。

数値をあげて説明すると，アルカンの C-H 結合が次のようにラジカル解裂する反応

$$R-H \longrightarrow R\cdot + H\cdot$$

の結合解離エネルギーも，メタンが飛びぬけて大きく，炭素数が増すと減少していく（表6.4）。C-C 結合の結合エネルギーは C-H 結合より低いので，C2 以上のアルカンの分解は C-C 結合の解裂から始まると考えられる。

表6.4　低級アルカンの結合解離エネルギー（kJ/mol）

CH_3-H	439	CH_3-CH_3	377
C_2H_5-H	410	C_2H_5-CH_3	360
C_3H_7-H	410	C_3H_7-CH_3	364
$(CH_3)_2CHCH_2$-H	410	C_2H_5-C_2H_5	343
$(CH_3)_2CH$-H	396	$(CH_3)_2CH$-CH_3	360
$(CH_3)_3C$-H	389	$(CH_3)_3C$-CH_3	352

反応管中心部に電熱したタングステン線を張り外部を水冷した反応管（熱拡散反応管という）中に低級アルカンガスを導入して測定したその分解率と熱線の温度との関係を図6.22 に示した。たとえば，熱線の表面温度 1100 ℃ ではエタン以上はほとんど分解されてしまうのに対して，メタンの分解率は非常に低い。メタンと他の低級アルカンとの反応性の違いを如実に表わす実験結果である。

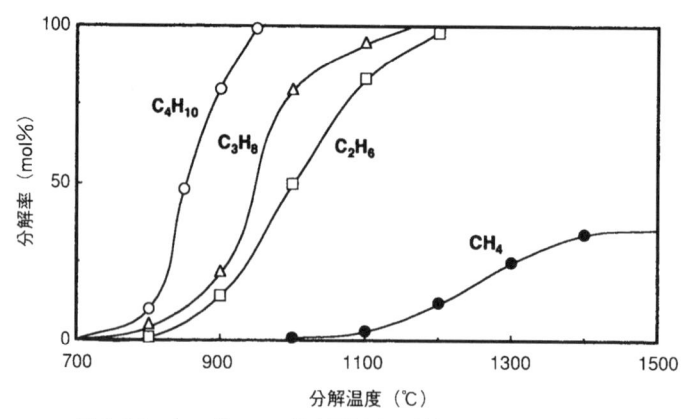

図6.22　タングステン線表面温度と低級アルカンの分解率

6.3.2　天然ガス化学工業

(1) 天然ガス成分の化学的利用

天然ガスには主成分であるメタンのほかに，エタン・プロパンなどの炭化水素，さらに，二酸化炭素・硫化水素などの無機ガスが少量含まれている。アメリカ・カナダおよび中東産油国においては，この C2 以上の炭化水素を脱水素してアルケン（オレフィン）と

し，いわゆる石油化学製品の原料としている。これに対してわが国では，石油ナフサの熱分解によってエチレン・プロピレンを製造している。輸入されるLNGは産出地でほぼ純粋なメタンに精製されC2以上の炭化水素を含まないからである。「天然ガス＝メタン」と思うのはわが国独特の誤った常識である。

(2) メタンを原料とする化学品

メタンを原料として製造される一次的化学製品を図6.23に示す。これらのうち最も重要なのが，合成ガス（CO+H_2）を経るメタノールおよびアンモニアの合成である（次項参照）。その他のものの製造法を以下に概括する。

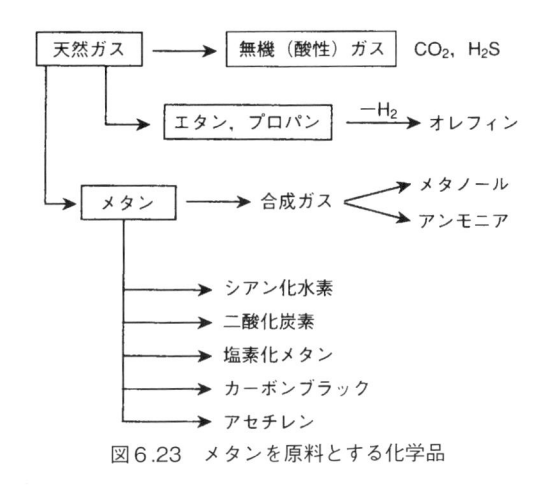

```
天然ガス ──→ 無機（酸性）ガス   CO₂, H₂S
        └─→ エタン，プロパン ─−H₂→ オレフィン
        └─→ メタン ──→ 合成ガス ──→ メタノール
                                  └→ アンモニア
                 ├→ シアン化水素
                 ├→ 二酸化炭素
                 ├→ 塩素化メタン
                 ├→ カーボンブラック
                 └→ アセチレン
```

図6.23 メタンを原料とする化学品

シアン化水素 メタンにアンモニアと空気を混ぜて約1000℃に加熱し，網状の白金触媒を通過させる。シアン化ナトリウム，メタクリル酸メチルなどの原料となる。

$$CH_4 + NH_3 + \frac{3}{2}O_2 \longrightarrow HCN + 3H_2O$$

二硫化炭素 メタンと硫黄（蒸気）を約900℃に加熱して反応させる。ゴムの加硫促進剤，殺虫剤，ビスコースレーヨンなどに用いられる。

$$CH_4 + 4S \longrightarrow CS_2 + 2H_2S$$

塩素化メタン メタンを塩素とともに350～400℃に加熱すると順次塩素化されて塩化メタン，塩化メチレン，クロロホルム，四塩化炭素を与える。これらは，有機溶剤として多く用いられるが，塩素系溶剤であるので規制が進められている。

$$CH_4 + Cl_2 \xrightarrow{-HCl} CH_3Cl \text{（塩化メタン）}$$

$$CH_3Cl + Cl_2 \xrightarrow{-HCl} CH_2Cl_2 \text{（二塩化メチレン）}$$

$$CH_2Cl_2 + Cl_2 \xrightarrow{-HCl} CHCl_3 \text{（クロロホルム）}$$

$$CHCl_3 + Cl_2 \xrightarrow{-HCl} CCl_4 \text{（四塩化炭素）}$$

カーボンブラック　メタンに適量の空気を加えて燃焼炉に送り込み不完全燃焼させる。主な用途は，ゴムの補強剤あるいは電極である。

$$CH_4 = C + 2H_2 - 74.5\,kJ$$

アセチレン　古くは炭化カルシウム（カーバイド）に水を加えて製造していたが，近年では低級炭化水素の分解によって製造されている（石油アセチレンという）。高温（1400℃以上）では，アセチレンの方がエチレン，エタンなどより生成自由エネルギーが低く安定であるので，電弧などによる高温条件で製造する。

$$CH_4 = \frac{1}{2}C_2H_2 + \frac{3}{2}H_2 - 302.5\,kJ$$

かつてはアセチレンが化学工業製品の主原料であったが，1960年代以降エチレンを中心とする石油化学に順次転換されてきた。現在わが国での原料としての用途は，ポリウレタンの原料となる1,4-ブタンジオールの合成（5.3.3(3)，6.3.5参照）など，極めて限定的になっている。

6.3.3　天然ガスを原料とする合成ガス工業
(1) 改質

一般に，一酸化炭素と水素の混合ガスのことを合成ガス（syngas）という。原料ガスと呼ばれることもある。後で述べるようにメタノール合成，アンモニア合成，オキソ合成，フィッシャー・トロプッシュ合成の原料となるからである。

かつては石炭あるいは重質油を原料として合成ガスを製造していたが，天然ガスを原料とするものの方がイオウ化合物などの不純物が少ないので現在では主流になっている。メタンを合成ガスに転換することをメタンの改質（reforming）という。

水蒸気改質　現在主として行われているのは，水蒸気改質法である。メタンと水蒸気をニッケル系触媒を用い800℃に加熱，圧力2MPa程度で反応させる。主反応は

$$CH_4 + H_2O = CO + 3H_2 - 206\,kJ \tag{1}$$

で吸熱反応となる。この式からはメタンと水蒸気のモル比は1でよいはずであるが，この条件では触媒上に炭素が析出して失活しやすいため，実際には水蒸気を過剰に加えて行わなければならない。そのため，次の発熱反応（シフト反応と呼ばれる）

$$CO + H_2O = CO_2 + H_2 + 41\,kJ \tag{2}$$

も併発する。その結果，生成ガス中の水素は過剰となりCO_2も含まれる。

式(1)の反応は800℃前後では$-\varDelta H$値が大きい吸熱反応である。そこで反応熱を外から効率よく与える必要があるために，図6.24のように多数の細い反応管を改質炉中に並べて反応させる。

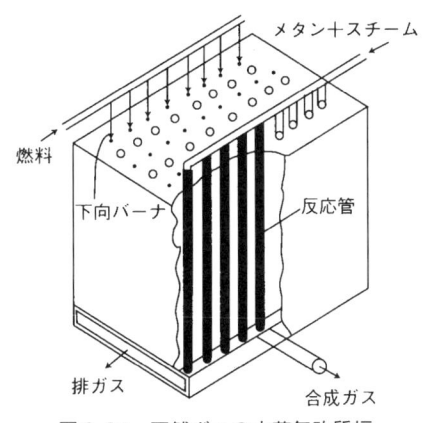

図6.24 天然ガスの水蒸気改質炉

酸素改質 酸素改質法は，高温高圧で限定的に酸素を加えて部分酸化させる方法である。反応式は

$$CH_4 + 1/2 O_2 = CO + 2H_2 + 35.5 \text{ kJ} \tag{3}$$

で，発熱反応であり触媒を必要としない。

水蒸気改質と組み合わせることによって，(1)式で得られる余剰の水素を酸素で燃やしてエネルギーを獲得すると同時に，メタノール合成のための原料としての理論値に近いガス比（$H_2/CO = 2$）に調節することもできる。

CO_2改質 ジメチルエーテル（DME）は，ハンドリングのよさから新しい化学品前駆体あるいはエアロゾル・冷媒利用されているほかに新燃料としても期待されているが（6.3.5(1)），その原料として適当なH_2/CO比が1程度の合成ガスを得るには，CO_2による改質

$$CH_4 + CO_2 = 2CO + 2H_2 - 248 \text{ kJ} \tag{4}$$

による方がコスト的に有利であり，CO_2の資源化にもなる点が注目されている。

(2) メタノール製造

メタノール合成工程は，通常，合成ガス製造に引きつづいて行われるが，100気圧に加圧下200～300℃で銅・亜鉛系触媒が用いられる。触媒反応機構は図6.25のように考えられている。

$$CO + 2H_2 = CH_3OH + 90.4 \text{ kJ}$$

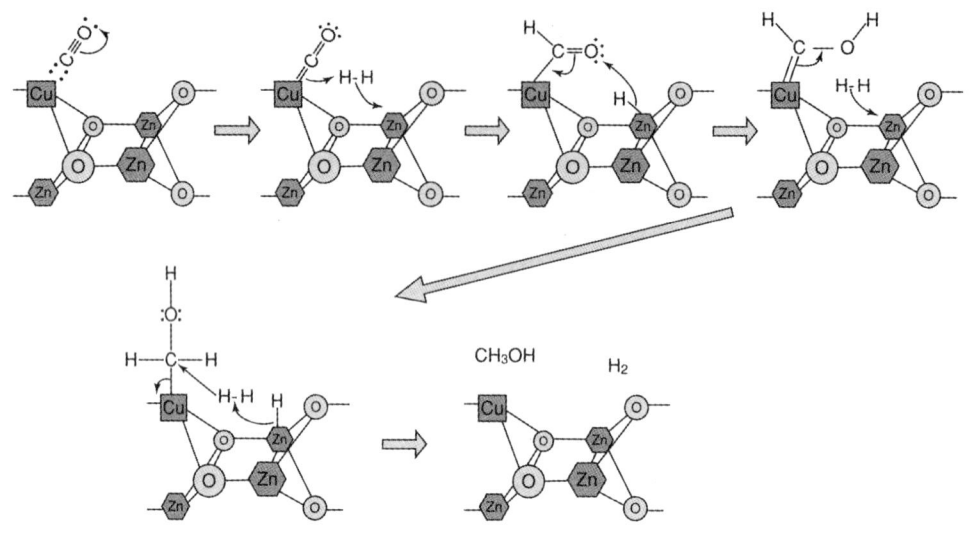

図6.25 CuO・ZnO触媒によるメタノール合成反応機構

メタノールを従来のように単なる有機溶媒として用いるだけでなく，化学品合成の原料，さらには燃料として活用することが近年行われている（6.3.5(2)参照）のでメタノール需要はますます高まる傾向にある。

メタノールを新たに液体燃料として利用しようとすると，安価に製造できなければ経済的に成り立たない。天然ガス基準で考えると，吸熱反応である合成ガス製造の部分でのエネルギー損失が圧倒的に多いと考えられる。そこで，合成ガスを経ないで，メタンから直接にメタノールを得る部分酸化法などが研究されているが，メタンよりメタノールのほうが反応性が高いために酸化反応制御が困難であり，いまだ有望なプロセスは完成していない。

$$CH_4 + 1/2 O_2 \longrightarrow CH_3OH$$

(3) 水素製造とアンモニア合成

空気中の窒素の化学的固定は，窒素化学肥料の生産を目的として19世紀末から意欲的に研究されていた。窒素と水素からアンモニアを生成する反応（元素からのアンモニア合成）

$$N_2 + 3H_2 = 2NH_3 + 99\,kJ$$

は，発熱反応であるためアンモニアの平衡濃度をあげるには低温ほど好ましい（ル・シャトリエの原理）が，低すぎると反応速度が遅くなるというジレンマがあった。このことは，図6.26のような実験装置を用いて生成したアンモニアを冷却圧縮し液化させて気相の反応系から除去することで克服された。

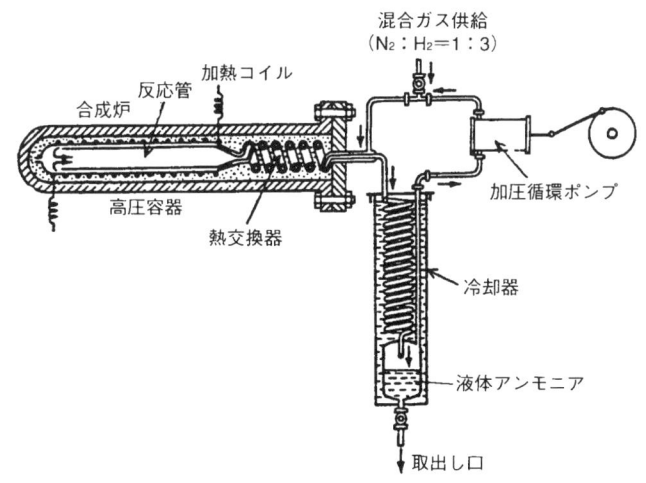

図6.26 アンモニア合成装置

触媒研究・装置開発の末，ハーバー・ボッシュ法アンモニア合成が工業化したのは1913年であった。それ以来，現在では自然界での空中窒素固定量に匹敵する量が工業的に生産されるようになっている（表6.5）。

表6.5 人工的アンモニア合成と地球生態系での窒素固定量（万t／年）

	陸 上	海 中
アンモニア合成	5,113	—
生物固定	4,400	1,000
大気中固定	400	360
新発生固定	15	5

水素製造法としては，水電解法，コークスの水性ガス化（水蒸気との反応），石炭・石油のガス化が行われたが，純度などの面から現在では天然ガスを原料とする方法が主流となっている。天然ガスからのアンモニアの合成は，合成ガスに対してH_2対N_2比が3：1になるように空気を加えて改質する。この際，合成ガス中のCOは触媒毒となるため，その前にCO_2に酸化した後，完全に脱炭酸する工程が必要となる。アンモニア合成は，鉄系触媒下450～550℃，4～40 MPaで行われる。

6.3.4 天然ガス利用化学プロジェクト

天然ガスは，唯一単純な組成の気体化石資源である。環境性・利便性がよいからといって，エネルギー源としての利用にとどまらず，化学品原料としても高度利用されることが必然である。石油資源の枯渇が近づいている今日，石油代替原料となることが期待されている。

(1) C1化学プロジェクト

基礎化学品の原料転換　　2度にわたる石油ショックの後，1980年代からわが国で

はＣ１化学プロジェクトが開始された（1980）。石油のナフサ留分のクラッキングによるエチレンを原料として現在製造されている石油化学製品（基礎化学品，5.3.3(1)参照）を，合成ガスあるいはメタノールから新しいプロセスで合成しようとするものであった。Ｃ１化学プロセスの構想を石油化学プロセスと対比させて図6.27に示す。

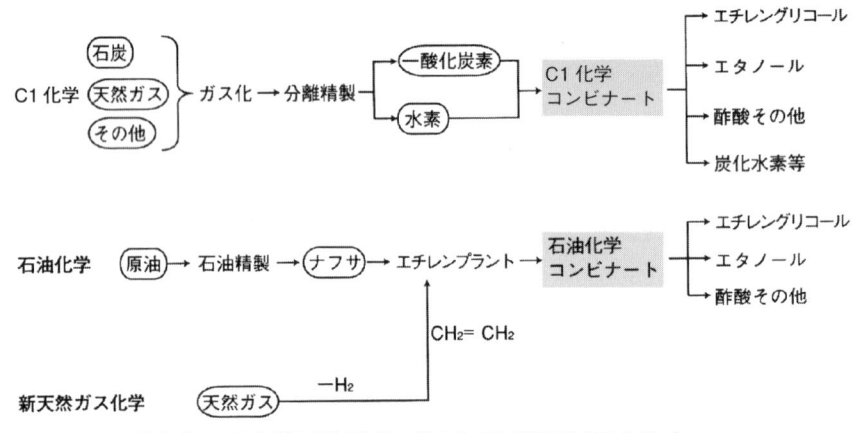

図6.27 C1化学と石油化学工業の比較と新天然ガス化学プロセス

Ｃ１化学工業の原料多様性　石炭，オイルシェール，タールサンド，バイオマス，さらには有機系廃棄物などを石油代替資源として活用すること（原料の多様化，炭素資源の化学的有効利用）が目的であった。これらの炭素・水素を含む資源を空気の供給を制限して乾留（部分酸化）すると，いずれも一酸化炭素と水素を主成分とするガスが得られるからである。したがって，現在石油化学プロセスで製造されている含酸素化合物の原料を合成ガスあるいはメタノールへ転換することが，このプロジェクトの当面の目的であった。

含酸素化合物合成と触媒開発　Ｃ１化学プロジェクトとしては，エチレングリコール，エタノール，酢酸などの含酸素基礎化学品や低級オレフィンの合成が試みられた。その際，触媒技術の開発が非常に重要な位置を占めていた。新しく開発される化学工業プロセスとしては，「省エネルギー・環境調和型」であることが要求されていたからである（これをグリーンケミストリープロセスと呼称している）。つまり，塩素系化合物のように反応性は高いが有毒である原料を用いずに，なるべく低温・低圧で効率よく合成できるためには，高性能の触媒の探査が重要であった。Rh系触媒が主として研究された。

エチレングリコール合成：

$$2CO + 3H_2 \xrightarrow{\text{Rh-MBP-NOPD-PMCP/TGM}} HOCH_2CH_2OH$$

（注）MBP：混合ホスフィン，NOPD：N-オクチルピロリジン，
PMCP：p-メトキシフェノール，TGM：トリグライム（溶媒）

エタノール合成：

$$2CO + 4H_2 \xrightarrow{\text{Rh-Mn-Li/SiO}_2+\text{Cu-Zn/SiO}_2} C_2H_5OH + H_2O$$

酢酸合成：

$$2CO + 2H_2 \xrightarrow{\text{Rh-Mn-Ir-Li-K/SiO}_2} CH_3COOH$$

低級オレフィン合成：

$$nCH_3OH\ (\rightarrow CH_3OCH_3) \xrightarrow{\text{Ca/Zeolite}} C_2", C_3", C_4"\ （オレフィン）$$

C1化学の現状　C1化学プロジェクトの研究は，表6.6のように，国家プロジェクトとしては当初の目標をほぼ達成できた（1986）が，現在まだ実用化されていない。

表6.6　C1化学プロジェクトの目標値と達成値

	目標値 / 達成値			
	圧力（kg/cm²）	温度（℃）	CO利用率（%）	STY（g/L.hr）
エチレングリコール	<500 /500	<300 /230	>60 /67	>250 /259
エタノール	<150 /28	<350 /328	>60 /71	>200 /225
酢　酸	<100 /100	<300 /328	>70 /71	>300 /344
オレフィン	<100 /10	<400 /350	>60 /65	>290 /450

STY＝空時収率（space time yield）

その理由は，省エネルギーの努力による石油消費量増加の抑制などによって，石油価格の見通しが中期的には楽観的になってきたためである。また，エチレンを主体とする石油化学プラントを新たにC1化学プラントに切り替えられる経済情勢にないことも大きい。

このようなことから，近年では，天然ガス（メタン）を直接原料としてエチレンを製造しようとする新しいC1化学が研究されている（次項参照）。

(2)　天然ガスから炭化水素製造法の開発

1)　天然ガスから液体燃料の製造

メタンを化学的に高沸点炭化水素に転換する技術は，液体燃料を得るために古くから研究され，さまざまなプロセスが開発されている。石炭乾留ガスからの合成ガスを利用するフィッシャー・トロプシュ（FT）合成（4章コラム（p.78）参照）については，すでにプラントが稼動している。

これに対して，天然ガスを直接原料とするSMDS（Shell Midle Distillate Synthesis）法（図6.28）と呼ばれるプラントが，1993年マレーシアに建設され，現在も稼働中である。天然ガスを部分酸化法で合成ガスとし，FT合成でワックスを製造，このワックスを

水素化分解して，ガソリン，灯油，軽油などを得る。これらの最終製品の比率が水素化条件によって換えられ，需要量に応じて調節できるのが特徴である。

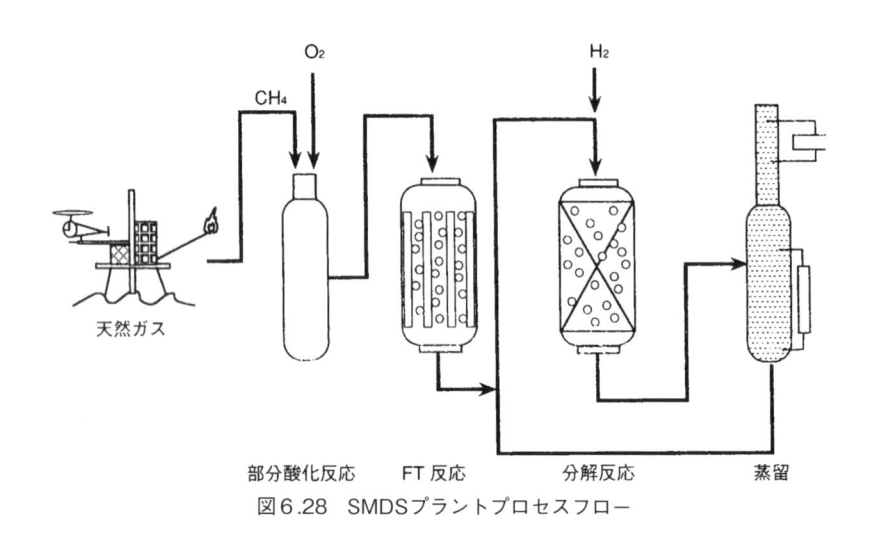

部分酸化反応　FT反応　分解反応　蒸留

図6.28　SMDSプラントプロセスフロー

一方，天然ガスからメタノールをへてガソリンを製造する工場（MTG, Methanol To Gasoline プロセス）が，1985年はじめてニュージーランドに建設され大いに注目を集めた。図6.29のように，プロセスの前半はメタノール製造であって，後半部でZSM-5と呼ばれる特殊なゼオライト触媒によってメタノールを脱水してガソリンを製造するものであった。しかし，石油ガソリンとの価格差が縮まらず1993年には操業停止となった。

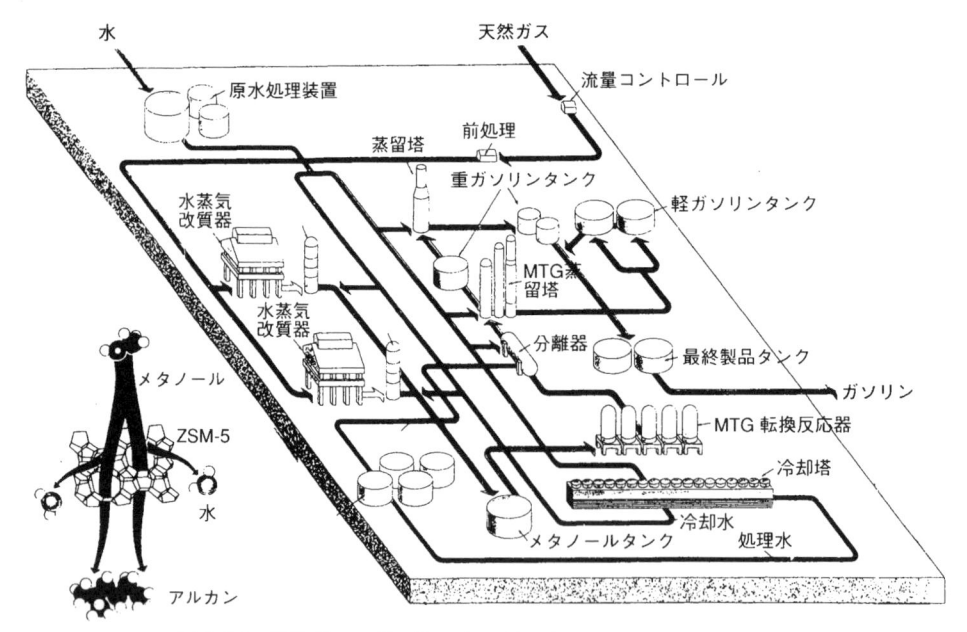

図6.29　天然ガス→ガソリン（MTG）プロセス（ニュージーランド）

2) メタンからエチレンの合成

メタンから直接にエチレンを製造できれば，図6.27に記したように現在の石油化学プラントを利用することができ，石油から天然ガスへの化学品原料転換が容易になるはずである。

そこで，次のような反応によるメタンからエチレンへのカップリング反応が研究されている。

酸化カップリング：$2CH_4 + O_2 = CH_2=CH_2 + 2H_2O + 282\,kJ$

脱水素カップリング：$2CH_4 = CH_2=CH_2 + 2H_2 - 254\,kJ$

前者は，酸素を用いるため発熱反応となるが，メタンがCO_2に酸化されてロスするのが欠点である。後者は，吸熱反応でありエネルギーを要するが，副生する水素は原料・エネルギー源としても有用である。いずれにしても800℃以上の高温を要するので，反応温度を低下させるために触媒開発が重要となる。

6.3.5 メタノール化学

(1) 原料用メタノール

合成ガスの原料が天然ガスに転換しているということは，現在，メタノールの多くが天然ガスからつくられていることになる。酢酸，ホルムアルデヒドなどの化学品原料としてのメタノールの需要は年々増加している。メタノールを原料とする化学品を図6.30に示す。

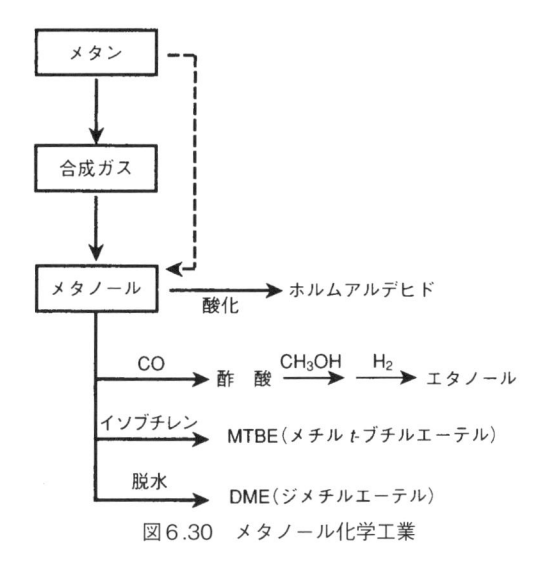

図6.30 メタノール化学工業

1) 酢酸製造

石油化学工業における酢酸合成は，エチレンを液相酸化して（ヘキスト・ワッカー法という）得られるアセトアルデヒドをさらに酸化する方法（p.148参照）によっていたが，

近年，Rh錯体を触媒として用いるメタノールのカルボニル化によって，温和な条件で選択率よく（選択率99％以上）酢酸が得られ，工業的にも実施されている。その触媒反応機構は図6.31に示したように考えられている。

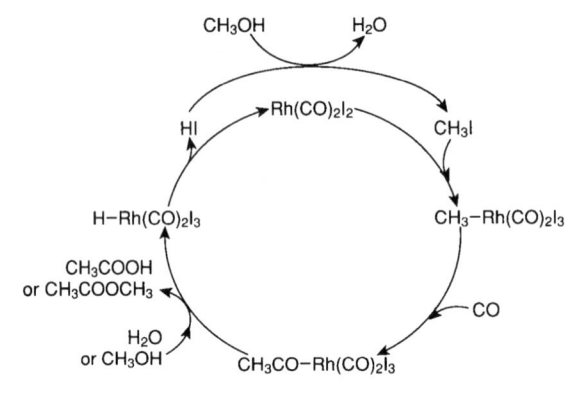

図6.31 メタノールのカルボニル化の機構

さらに，得られた酢酸をメタノールでエステル化し，得られた酢酸エチルを水素化してエタノールを製造するプロセス（$CH_3OH \rightarrow C_2H_5OH$，ホモログ化 homologation）も開発されている。全体の流れを示すと次式のようになる。

$$CH_3OH \xrightarrow{CO} CH_3COOH \xrightarrow{CH_3OH} CH_3COOCH_3 \xrightarrow{H_2} C_2H_5OH + CH_3OH$$

2) ホルムアルデヒド製造とそれを中間原料とする化学品

メタノールと空気の混合ガスを加熱した触媒上に送って反応させ，生成したホルムアルデヒドを水に吸収させて，37％の水溶液（ホルマリン）とする。この反応に際して，完全酸化によって二酸化炭素にならないようにすることが肝要である。メタノールと空気の混合ガスの爆発限界が6.5～37.5％であるため，工業的には，この範囲外の空気過剰法（CH_3OH濃度5 vol%，Fe_2O_3-MoO_3触媒，350～450℃）あるいはメタノール過剰法（CH_3OH濃度50 vol%，Ag触媒，600～720℃）が行われている。前者では反応によって発生する熱を除去しながら製造される。後者では次式のように，部分的酸化反応（発熱）と脱水素反応（吸熱）が同時に起こり，二酸化炭素への完全酸化反応が抑制される。

$$CH_3OH + 1/2 O_2 = HCHO + H_2O - 154.8 \, kJ/mol$$
$$CH_3OH = HCHO + H_2 + 121.3 \, kJ/mol$$

ホルムアルデヒドは，フェノール樹脂・尿素樹脂などの原料としてのほか1,4-ブチンジオールの合成原料として重要である。これは，1930年代にW.Reppeらによって開発されたアセチレンを原料とするレッペ合成と呼ばれる一連のプロセスうちのエチニル化反応によるもので，図6.32に示すように1,3-ブタンジオールを経て各種の化合物の合成中間体になる（5.3.3(3)参照）。

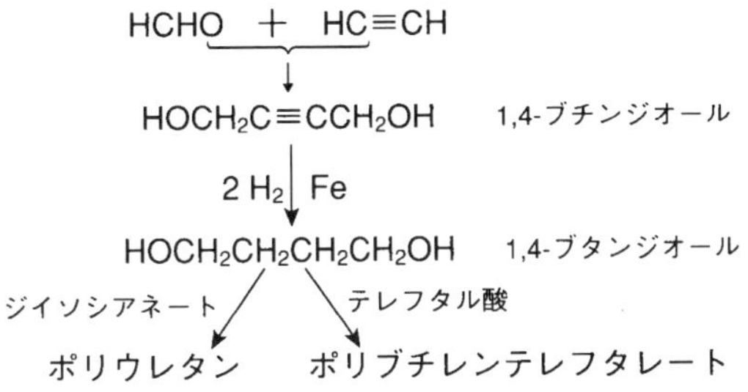

6 天然ガス 195

```
        HCHO  +  HC≡CH
              ↓
        HOCH₂C≡CCH₂OH        1,4-ブチンジオール
              2H₂│ Fe
              ↓
        HOCH₂CH₂CH₂CH₂OH     1,4-ブタンジオール
        ジイソシアネート／      ＼テレフタル酸
        ポリウレタン          ポリブチレンテレフタレート
```

図6.32 レッペ合成-エチニル化反応の製品

3) DME（dimethyl ether）の製造とそれを中間原料とする化学品

メタノールの蒸気を250℃以上に加熱したシリカアルミナ触媒上を通過させると脱水されてDMEとなる。

$$2CH_3OH = CH_3OCH_3 + H_2O - 22.2 kJ$$

DMEはフロン代替のエアロゾルや冷媒としての利用が伸びているばかりでなく，オレフィン（合成オレフィン）さらにはガソリン留分の炭化水素やエーテル化合物の先駆体にもなる。また，DMEは，ススやNO$_x$を排出しないクリーンなディーゼル燃料となることで近年注目されており，より安価に製造するためH$_2$/CO=1の合成ガスから，次式のように，1段で合成するプロセスが開発されている。このプロセスは，次の反応(1)〜(3)から成り立っており，メタノール合成触媒（Cu/ZnO）とメタノール脱水触媒（アルミナなど）の複合触媒が用いられる。

$$3CO + 3H_2 \xrightarrow{-CO_2} CH_3OCH_3$$

(1) $2CO + 4H_2 \longrightarrow 2CH_3OH$
(2) $2CH_3OH + CH_3OCH_3 + H_2O$
(3) $CO + H_2O + CO_2 + H_2$

このように，合成ガスを原料としてDMEが製造されるということは，原料の多様性（マルチソース）を意味する。また，その用途としても，フロン代替のスプレー剤としてすでに使われている以外に，燃料用途として軽油代替，LPG代替，さらには燃料電池燃料，図6.33のようにオレフィンなどの化学品原料としての用途も広められている（マルチユース）。

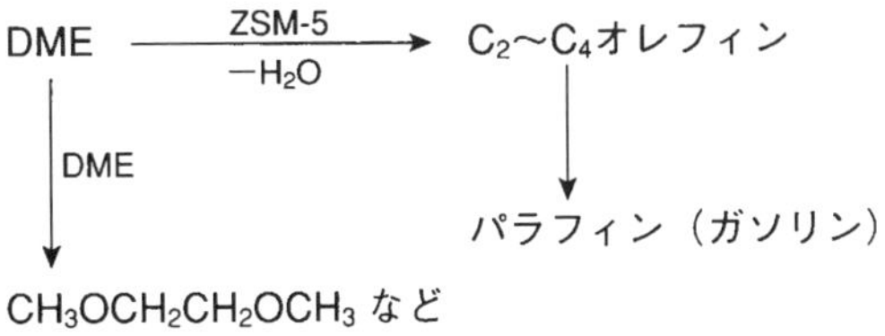

```
        DME ──ZSM-5──→ C₂〜C₄オレフィン
              -H₂O              │
         │DME                   ↓
         ↓                 パラフィン（ガソリン）
   CH₃OCH₂CH₂OCH₃ など
```

図6.33 DMEの化学的転換

(2) 燃料用メタノール

メタノールは天然ガスの液体燃料化の観点からも注目され，大型化プロジェクトが進められている。石油代替燃料として注目される理由は，常温で液体であるため取り扱いが容易であり，硫黄などを含まないので低公害燃料だからである。

メタノールを直接燃料とするエンジンが開発され，いわゆるメタノール自動車の検討が盛んである。メタノールは，オクタン価（104〜114）がガソリンより高いが，容積あたりの発熱量はガソリンの半分である。

さらに，メタノールは，新しい燃料として開発されているDMEの中間原料であるとともに，MTBE（methyl t-butyl ether）の原料なる。MTBEは，次式のように，メタノールとイソブチレンを原料とし，強酸性イオン交換樹脂触媒によって合成される。オクタン価が118できわめて高く，ガソリンの助燃剤（無鉛ハイオクガソリン）としてわが国でも利用されていた（1991年）。しかし，環境汚染の問題があるとの報告が出され調査が進められた結果，2001年には製造が中止された。

$$CH_3OH + CH_2=C(CH_3)_2 \longrightarrow CH_3OC(CH_3)_3$$

(3) 輸送用メタノール

メタノールは，図6.34に示したように，エネルギーあたりの輸送コストがLNGの約半額である。

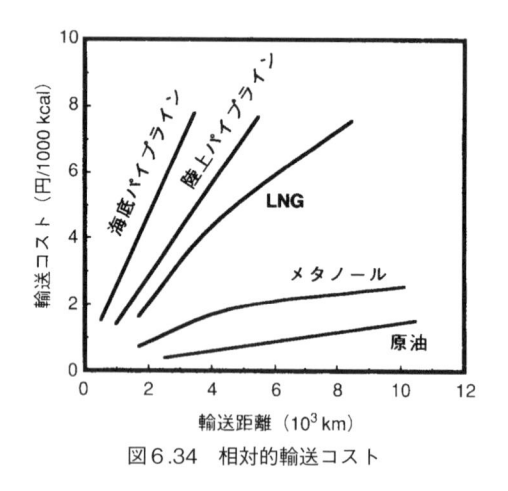

図6.34 相対的輸送コスト

輸送・貯蔵コストが比較的安いことから，採掘地近くの工場でメタノールとして輸送し，消費地近傍（オンサイト）でメタン化反応によって高エネルギーの都市ガスへ変換，あるいは改質・分解による水素を製造して燃料電池などに利用することが計画されている（図6.35）。

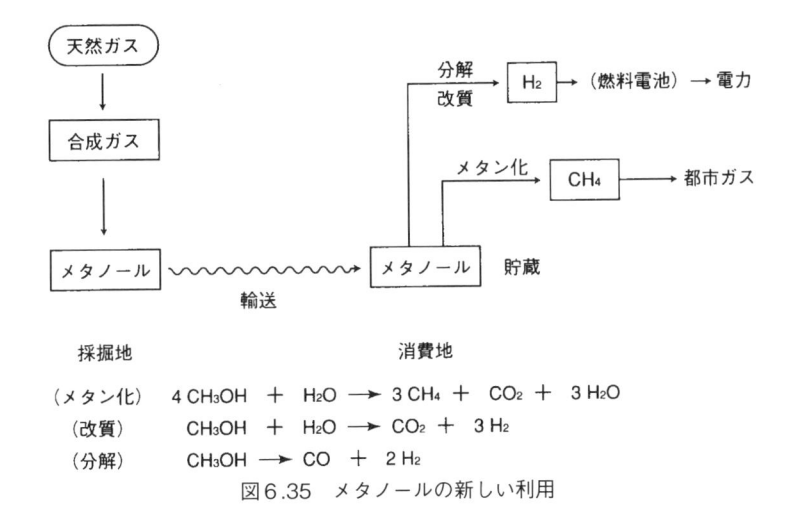

(メタン化) $4\,CH_3OH + H_2O \rightarrow 3\,CH_4 + CO_2 + 3\,H_2O$
(改質) $CH_3OH + H_2O \rightarrow CO_2 + 3\,H_2$
(分解) $CH_3OH \rightarrow CO + 2\,H_2$

図6.35 メタノールの新しい利用

参考文献
1) 日本エネルギー学会天然ガス部会編,『天然ガスのすべて―その資源開発から利用技術まで』, コロナ社 (2008).
2) 日本エネルギー学会天然ガス部会編,『よくわかる天然ガス』, コロナ社 (1999).
3) 藤和彦,『石油神話―時代は天然ガスへ』, 文春新書 (2001).
4) 石井彰,『天然ガスが日本を救う』, 日経BP (2008).

コラム　化石燃料と原子力

チェルノブイリ原発事故（1986年）のあと，欧米諸国が原子力発電所の新規建設を見合わせているのに対して，わが国の発電は火力から原子力へと転換を続けてきた。その推進理由としてあげられていた化石燃料による火力発電の問題点は

① CO_2を排出して地球を温暖化する，② その燃料である化石資源は枯渇する，③ ほとんど輸入に頼り，輸出元は政情不安定な国が多い，④ それらの結果，コスト高となる，といった事柄であった。このような見方は，石油に関する問題だけを取り上げているにすぎない。その後発電に関しては，脱石油が進み（図5.8），このような議論が当を得ていないことは，本書を読み通し化石燃料全体について考察すれば明らかである。

わが国の石油輸入元は石油危機（1973，1978）のもととなった中近東諸国への依存度は依然として高い。2005～6年に「石油ピーク」を迎え，枯渇も目に見えてきている。しかし，その後中東紛争は回避されているし，現在回収率3割程度でしか採掘されていない石油鉱床から，コストをかけさえすれば（つまり二次回収・三次回収すれば）まだまだ生産できるはずである。また，石炭のピーク年は，中国の大量消費により以前の予測より一段と早まると考えられるが，問題となるのはもう少し先である。一方，天然ガス資源に関しては，在来型のものの寿命こそ石油と同程度とされているが，本章で述べたように非在来型ものが次々と開発されているので，本章トビラに図示したように今後ますます利用されるようになるであろう。

一方，ウラン資源のほうも，現在オーストラリアなどからの輸入に頼っているが，枯渇性は石油と大差ないということである。今後多くの原発建設を計画している中国あたりとの争奪戦による高値も予測される。輸入量を減らして自給率を上げるためにと開発した高速増殖炉の稼働も夢で終わりそうである。原発のコストが，他の発電方法に比べて大幅に低いという計算が公表されているが，事故を起こせばその費用が収入をはるかに超えるものとなるのは誰の目にも明らかだったはずである。

化石燃料を焚く火力発電はいずれもCO_2を排出するので地球環境に好ましくない影響を与えるという観念が社会一般に定着している。この批判に対しては4章で述べたようにすでに工学的な対策が立てられており，現在，石炭火力発電所で排ガスからCO_2回収の長期実証試験が実施されている。CO_2を大気中に放出せずに回収し，深海に貯留したり，有効利用する計画である。すでに排ガス中の脱硫，脱硝技術は確立しているわけであるから，原発建設に要するほどの費用をかければすぐにでも実行可能であろう。その費用も使用済み核燃料の処理費用に比べればはるかに少ないことは考えるまでもない。いずれにしても，核燃料廃棄物をはるか先の子孫にまで残す原子力発電は，根本的に循環型社会の理念に外れるわけであるから，今後は容認されるはずはない。

化石資源は，大気中のCO_2が太陽エネルギーによって光合成固定化されてできたバイオマスが，地熱などの自然エネルギーによって低エントロピー化された状態で貯蔵されたものである。これらが燃焼してCO_2となるエントロピー増大過程で，それまで投入されたエネルギーが回収されるわけである。太陽エネルギーの利用が持続可能なエネルギー対策の究極であるが，広く分散しているので，活用するためにはエントロピーの概念による省察が必要である。はるか昔，宇宙船地球号に給油された燃料エネルギーのヘソクリである化石資源，これを今も地球外系から供給され続けている唯一のエネルギーである太陽光の資源化（低エントロピー化）のための資金として積極的に投資すべき時機である。そうすることで使い慣れた化石燃料の寿命も延びるはずである。

索　引

あ　行

アイソタクチック構造　152
アクリル酸　156
アクリロニトリル　156
アジピン酸　163
アスファルテン　55
アスファルト　106, 128
アセチレン　186
アセトアルデヒド　148
アタクチック構造　152
アミロース　8, 14
アミロペクチン　8, 14
アリル酸化　156
アルカリ加水分解法　22
アルキル化　144
アルキルベンゼン　139
アルキレート　121, 125
アルドース　12
アルドール反応　150
アンモ酸化　156
アンモニア合成　186

硫　黄　114
異性化　118, 120, 122
イソプロパノール　158
一次回収　98
移動床　116

液化石油ガス　124
液化天然ガス　172, 175
エステル化合物　10
エステル交換　23
エタノールアミン　148
エタノール合成　151, 191
エチニル化反応　194
エチレンオキシド　147
エチレンカーボネート　148
エチレングリコール　147
エピクロロヒドリン　154
エポキシ樹脂　154
塩　害　41
塩化ビニリデン　146
塩化ビニル　145
塩素化メタン　185

オイル　55
オイルシェール　174
オイルショック　101
オキシ塩素化法　146
オキソ反応　157
オクタン価　108, 120, 121, 125
オゾン層　2
オリゴ糖　13
α-オレフィン　143

ABS樹脂　145
AS樹脂　145
FT合成　20
IGCC　80
IGFC　81
IHSS法　31
LNG　172, 175
LNG発電　179
LPG　112, 124
MALDI-TOFMS　34
MTBE　122, 160, 196
RDF発電　19

か　行

改　質　186
改質ガソリン　119, 134
確認可採埋蔵量　99
可採年数　100, 177
加水分解性タンニン　25
ガス化　20
可塑剤　149
褐炭液化　89
ε-カプロラクタム　162
カーボンニュートラル　17
カーボンブラック　186
環　化　118
環境修復資源　37
環境性　178
還元的代謝　25
かん水　171
乾性ガス　171
乾性油　16
間伐材　11

ギ　酸　25
キシレン　137
キノン骨格　38
吸着分離プロセス　138
凝　固　23
共沸混合物　135
共沸蒸留法　135

クエン酸回路　25
クメン法　153
クラウス法　112
グリコシド結合　12
グリセリン　10, 154
クリンカー　77
クリーンコールテクノロジー　68
グルコース　8
グルコピラノース　13
クロロフェノール　38
クロロプレン　159

軽　油　126
頁　岩　96
結合エネルギー　184
ケトース　12
ケミカル攻法　99
ケローゲン　3, 31, 168
嫌気性細菌　24
嫌気性消化　22
原始埋蔵量　99

高オクタン価ガソリン　121
孔隙構造　50
光合成細菌　24
合成ガス　185, 186

構造性ガス　171
酵素分解　22
酵素分解法　22
酵母　22
高密度ポリエチレン　143
高炉　72
コーキング　115
コーキング反応　85
コークス　69
コークス炉　70
コージェネレーション　180
コージェネレーションシステム　20
コッパース炉　70
湖泥　40
固定床　116
固定炭素　50
ごみ発電　18
コールケミカルズ　73
コールタール　74
コールベッドメタン　173
コンクリート減水剤　43
根源岩　96
コンバインドサイクル型発電　180

さ　行

再生可能　5
再生不能　5
再生フミン酸　40
酢酸　149, 193
酢酸エチル　149
酢酸ビニル　150
サトウキビ　8
沙漠緑化　41
サプロペル　40
酸化エチレン　147
酸化カップリング　193
酸加水分解法　22
酸化的代謝　25
三次回収法　98
サンシャイン計画　87
酸素改質　187
産炭国　47

シアノバクテリア　2
シアン化水素　185
ジェット燃料　126
シクロペンタジエン　133
1,2-ジクロロエタン　145
脂質　16
湿性ガス　171
脂肪酸　10
脂肪酸メチルエステル　23
ジメチルエーテル　187
重金属イオン吸着材　43
重油　127
縮合型タンニン　25
潤滑油　128
常圧残油　112
植物成長促進効果　42
シンジオタクチック構造　152
深冷結晶化プロセス　137

水蒸気改質　186
水性ガス反応　76
水攻法　98
水素化精製法　113
水素製造　188
水溶性ガス　171
水溶性腐植物質　39
スチレン　144
スチレン-ブタジエンゴム　159
ストロマトライト　2
スーパーごみ発電　19

生態ピラミッド　17
製鉄　72
生物量　5
生分解性プラスチック　26
ゼオライト　117
赤外線吸収スペクトル　55
石炭化作用　46
石炭ガス化燃料電池複合発電　81
石炭ガス化複合発電　80
石炭火力発電　80
石油エーテル　126
石油化学コンビナート　104, 128
石油ガス　170
石油鉱床　96
石油ベンジン　126
石油モノカルチャー　101
セタン価　108
接触改質　119
接触解質反応　119

接触分解　116
β-切断　118
セルロース　9, 14
セルロース系樹脂　26
C1化学プロジェクト　189
C4留分　132
C5留分　133
CO_2改質　187
CO_2回収型水素製造技術　80
CO_2回収技術　68
CO_2回収装置フロー　68
CO_2固定化技術　179
CO_2排出量　179
SCOPE21　71

た　行

代替天然ガス　75
堆積物中の腐植物質　39
脱水素カップリング　193
脱硫脱硝技術　68
タールサンド　174
単位構造　61
炭酸エチレン　148
単純脂質　16
炭水化物　12
炭層ガス　171
炭田ガス　171
タンニン　15, 25
団粒構造形成　41
地球深層ガス　175
チーグラー触媒　152
チーグラー・ナッタ触媒　152, 159
チャー　69
抽出蒸留法　136
泥炭　40, 170
低品位炭　49
低密度ポリエチレン　143
テキサコガス化プロセス　78
テトラクロロエチレン　146
テトラヒドロフラン　160
テトラリン　87
テレフタル酸　166
テンサイ　8
天然ガス自動車　183

索　引　201

天然フミン酸　40
デンプン　8

糖　質　8
灯　油　126
都市ガス　179
土壌改良剤　40, 41
土壌改良材　40
土壌団粒構造　37
土壌団粒構造形成　41
トランスアルキル化　139
トリクロロエチレン　146
トリレンジイソシアナート　165

daf　52
DME　195
DME 合成　20
dmmf　52
TCA サイクル　25

な　行

ナイロン　163
ナフサ　112, 130
ナフテン　105, 106

二次回収　98
ニトロ化　164
ニトロセルロース　26
ニトロフミン酸　40
日本工業規格　123
乳　酸　25
ニューサンシャイン計画　87
二硫化炭素　185

熱拡散反応管　184
熱攻法　99
熱電併給システム　180
粘結性　51
粘土・腐植複合体　37
燃料電池　181

農業廃棄物　10
ノーブルユース　27

NEDOL　87

は　行

バイオエタノール　22
バイオディーゼル　23
バイオマス　5, 8
廃棄物発電　18
パイプライン　176
パイライト　53
バガス　11
熱電併給システム　178
発熱量　50
ハーバー・ボッシュ法　189
パラフィン　105, 106
ハルコン法　155
半再生可能　5

光ニトロソ化法　162
微細藻類　24
ビスフェノール A　153
ビスブレーキング　115
ピート　170
ヒドロキシバリレート　26
ヒドロキシヘキサノエート　26
ヒドロホルミル化反応　157
ビニロン　151
ヒューミン　31
肥沃化　37
ピラノース　13
肥　料　40
ピルビン酸　25

フィッシャー・トロプッシュ法　78
フェノール系樹脂　26
フェノール樹脂　153
不均化　139
複合脂質　16
複合発電方式　20
腐　植　5
腐植化　37
腐植の更新　37
腐植の進行　37
腐植物質　30
腐植物質の化学構造　33
腐植物質のキャラクタリゼーション　32
ブタジエン　158
1,3-ブタジエン　131
フミン酸　31
フラノース　13

フリーラジカル　37
フルボ酸　31
プレミアム　125
プレミアムガソリン　121
プロピレン　152
プロピレンオキシド　154
分解ガソリン　134
分子構造モデル　62

ヘキサメチレンジアミン　163
ヘキスト・ワッカー　148, 150, 193
ヘキソース　12
ベークライト　153
ベックマン転位　162
ヘミセルロース　9, 15
ベルギウス法　82
ペントース　12

帽　岩　96
芳香族炭化水素　140
ホモログ化　194
ポリエチレンテレフタレート　167
ポリ塩化ビニル　146
ポリカプロラクトン　26
ポリスチレン　144
ポリ乳酸　26
ポリヒドロキシブチレート　26
ポリプロピレン　152
ホルムアルデヒド　194

B-B 留分　131
Brown-Ladner 法　60
BTX　134
HYCOL　79
HyPr-RING　80
PET　165
PHB　26
van Krevelen　48, 49

ま　行

マーカサイト　53
マセラル　50

無機起源ガス　175
無水フタル酸　165

無水マレイン酸　164
無水無鉱物質ベース　52
無水無灰ベース　52

メタアクリル酸　157
メタクリル酸　160
メタノール　187, 193, 196
メタノール合成　20
メタン　183
メタンハイドレート　174
メタン発酵　22
メチルエチルケトン　161

や　行

誘導脂質　16
油脂　10
油井掘削スラリー　42
油田ガス　170
油母　17, 96, 170

溶剤抽出法　136

ら　行

酪酸　25
ラジカル連鎖反応　115

リグニン　9, 15, 25
リグノセルロース　9
リグロイン　126
リパワリングシステム　19
リフォメート　119
流動床　117
流動床式接触分解　116

ル・シャトリエの原理　188
ルルギ式ガス化炉　77

レギュラー　125
レッペ合成　194
レドックス触媒　149
連鎖反応　115

著者略歴

平野 勝巳（ひらの かつみ）
- 1981年 神戸大学工学部化学工学科卒業
- 現　在 日本大学理工学部教授　博士（工学）
- 専　攻 資源環境工学

真下 清（ましも きよし）
- 1968年 日本大学大学院理工学研究科修士課程修了
- 現　在 日本大学名誉教授　工学博士
- 専　攻 資源利用化学

古川 茂樹（ふるかわ しげき）
- 1986年 日本大学大学院生産工学研究科博士前期課程修了
- 現　在 日本大学生産工学部教授　博士（工学）
- 専　攻 資源・エネルギー工学, 触媒化学

鈴木 庸一（すずき よういち）
- 1966年 日本大学大学院理工学研究科修士課程修了
- 現　在 日本大学名誉教授　工学博士
- 専　攻 有機資源化学

菅野 元行（すがの もとゆき）
- 1992年 日本大学大学院理工学研究科博士前期課程修了
- 元日本大学理工学部准教授　博士（工学）

山口 達明（やまぐち たつあき）
- 1968年 東京工業大学大学院理学研究科博士課程修了
- 現　在 千葉工業大学名誉教授　理学博士
- 専　攻 有機化学

新・有機資源化学――エネルギー・環境問題に対処する
（しん・ゆうきしげんかがく――えねるぎー・かんきょうもんだい たいしょ）

2011年11月1日　初版第1刷発行
2025年3月20日　初版第3刷発行

Ⓒ　著　者　平野　勝巳 ほか
　　発行者　秀島　功
　　印刷者　萬上　孝平

発行所　三共出版株式会社　東京都千代田区神田神保町3の2
　　　　　　　　　　　　　振替 00110-9-1065
郵便番号 101-0051　電話 03-3264-5711（代）　FAX 03-3265-5149
https://www.sankyoshuppan.co.jp

一般社団法人 日本書籍出版協会・一般社団法人 自然科学書協会・工学書協会 会員

Printed in Japan　　　　　　　　　　印刷・製本　恵友印刷

JCOPY ＜(社)出版者著作権管理機構 委託出版物＞
本書の無断複写は著作権法上での例外を除き禁じられています．複写される場合は，そのつど事前に，㈳出版者著作権管理機構（電話03-3513-6969, FAX03-3513-6979, e-mail: info@jcopy.or.jp）の許諾を得てください．

ISBN 978-4-7827-0661-9